高职高专"十二五"规划教材

工厂供电技术

张晓娟　于秀娜　　　主　编
宋　宇　丛中笑　王佰红　副主编
　　　　李　颖　　　　主　审

化学工业出版社

·北京·

本书按照高职高专学生的认知规律安排内容,并结合工厂供电技术的发展和工厂供电的实际情况,从实用的角度出发,重点介绍工厂变配电所、变配电实用技术、室内供配电系统实用技术。全书共分 8 章,主要内容包括:工厂供配电技术概论,电力负荷及计算,变配电实用技术,工厂变配电所,室内供配电系统实用技术与电气照明,短路计算及电气设备的选择与校验,供配电系统的保护,防雷、接地与电气安全等。

本书论述深入浅出,图文并茂,内容选取具有很强的针对性和实用性,便于读者学习和自学。本书既可作为高职高专和成人教育供电技术专业、电气自动化技术专业、自动控制等专业相关课程的教材,也可作为企业培训人员、有关工程技术人员的学习用书。

图书在版编目(CIP)数据

工厂供电技术/张晓娟,于秀娜主编. ―北京:化学工业出版社,2014.8(2024.8重印)
高职高专"十二五"规划教材
ISBN 978-7-122-21231-3

Ⅰ.①工… Ⅱ.①张…②于… Ⅲ.①工厂-供电-高等职业教育-教材 Ⅳ.①TM727.3

中国版本图书馆 CIP 数据核字(2014)第 148505 号

责任编辑:王听讲 刘 哲 石 磊　　　　　　装帧设计:韩 飞
责任校对:王素芹

出版发行:化学工业出版社(北京市东城区青年湖南街 13 号　邮政编码 100011)
印　　装:北京天宇星印刷厂
787mm×1092mm　1/16　印张 14½　字数 387 千字　2024 年 8 月北京第 1 版第 8 次印刷

购书咨询:010-64518888　　　　　　　　　　　　售后服务:010-64518899
网　　址:http://www.cip.com.cn
凡购买本书,如有缺损质量问题,本社销售中心负责调换。

定　价:39.00 元　　　　　　　　　　　　　　　　版权所有　违者必究

前　言

工厂供配电技术是研究电力供应、分配和控制技术的一门专业课程。本课程的任务，是培养学生掌握中小型工业企业 10kV 及以下供配电系统设计、安装、维护、检修和试验所必需的技术和技能，具有安全用电、计划用电、节约用电的基本知识和系统运行管理的初步能力。为了适应新形势下高职高专教育对技术技能型人才培养的要求，本书在内容安排和编写思路上突出培养高素质技能型人才的要求，力争做到重点突出、层次清晰、深入浅出、学以致用的目的。本书在编写过程中，通过教学实践反馈，根据职业教育的特点，突出工厂供电技术课程内容的实用性，突出职业能力的培养。

本书从实用的角度出发，重点介绍工厂变配电所、变配电实用技术、室内供配电系统实用技术。全书共分 8 章，主要内容包括：工厂供配电技术概论、电力负荷及计算、变配电实用技术、工厂变配电所、室内供配电系统实用技术与电气照明、短路计算及电气设备的选择与校验、供配电系统的保护、防雷接地与电气安全等。

本书按照高职高专学生的实际情况和认知规律来编写。在每章的章首都有具体的教学目标，使学生在学习新知识前，既明确学习内容，又明确学习目标；为了学生能更好地理解理论知识，各章都精选了适量的例题；章末配有思考题与习题，有助于学生巩固所学知识。

我们将为使用本书的教师免费提供电子教案等教学资源，需要者可以到化学工业出版社教学资源网站 http://www.cipedu.com.cn 免费下载使用。

本书由吉林电子信息职业技术学院张晓娟教授、于秀娜老师担任主编，吉林电子信息职业技术学院宋宇高级工程师、丛中笑工程师、王佰红老师担任副主编，广州华商职业学院郑汉尚老师、广东海洋大学寸金学院杜永峰老师和河南化工技师学院张应金老师也参加了本书的编写工作。全书由张晓娟统稿，由李颖高级工程师主审。

在本书的编写过程中，作者参考了多位同行专家的著作和文献，主审以高度负责的态度审阅全书，并提出了许多宝贵意见，在此向他们表示真诚的谢意。

随着工厂供电技术的新发展，工厂供电技术领域中新产品、新技术的应用越来越广泛，加之编者水平有限，因此本书需要在实践中不断完善，敬请使用本书的广大教师、学生和读者批评指正。

编　者
2014 年 6 月

目 录

第1章 概论 ············· 1
1.1 供配电系统的基本构成 ········· 1
1.1.1 电力系统简介 ··········· 1
1.1.2 电力系统的运行特点 ······ 4
1.1.3 用户供配电系统概况 ······ 5
1.2 电力系统的电压 ············ 7
1.2.1 电力网和电气设备的额定电压 ··· 7
1.2.2 供电质量的指标及对用户的影响 ··· 8
1.2.3 用户供配电系统电压的选择 ···· 10
1.3 电力系统的中性点运行方式 ······ 11
1.3.1 概述 ················ 11
1.3.2 中性点不接地的电力系统 ···· 13
1.3.3 中性点经消弧线圈接地的电力系统 ··· 15
1.3.4 中性点直接接地的电力系统 ···· 16
1.4 电力用户供配电系统的特点 ······ 16
1.4.1 电力用户的分类 ········· 16
1.4.2 电力用户供配电系统的特点 ···· 17
1.5 工厂供电设计的一般知识 ········ 18
1.5.1 一般设计原则 ··········· 18
1.5.2 工厂供电设计的内容 ······ 18
1.5.3 工厂供电设计的程序与要求 ···· 19
思考题与习题 ················ 20

第2章 电力负荷及计算 ············ 21
2.1 电力负荷及负荷曲线 ··········· 21
2.1.1 电力负荷 ·············· 21
2.1.2 负荷曲线 ·············· 23
2.1.3 计算负荷的定义 ········· 24
2.1.4 计算负荷的意义和目的 ····· 25
2.2 用电设备的工作制与设备容量 ····· 25
2.2.1 用电设备按工作制分类及其主要特征 ··· 25
2.2.2 用电设备的设备容量的确定 ···· 26
2.3 求计算负荷的方法 ············ 28
2.3.1 概述 ················ 28
2.3.2 用电设备组计算负荷的确定 ···· 28
2.3.3 功率损耗和电能损耗 ······ 31
2.3.4 全厂计算负荷的确定 ······ 32
2.3.5 工厂的功率因数、无功补偿及补偿后的计算负荷 ··· 34
2.4 尖峰电流及其计算 ············ 36
2.4.1 单台用电设备的尖峰电流的计算 ··· 36
2.4.2 多台用电设备尖峰电流的计算 ··· 36
思考题与习题 ················ 37

第3章 变配电实用技术 ············ 38
3.1 电力设备概述 ··············· 38
3.1.1 电气一次设备 ··········· 38
3.1.2 电气二次设备 ··········· 38
3.1.3 电器设备的主要额定参数 ···· 39
3.2 电力变压器 ················ 40
3.2.1 变压器简介 ············ 40
3.2.2 电力变压器的结构 ········ 41
3.2.3 电力变压器的铭牌和额定值 ···· 43
3.2.4 电力变压器的并列运行条件 ···· 46
3.3 电流互感器和电压互感器 ········ 46
3.3.1 概述 ················ 46
3.3.2 电压互感器 ············ 47
3.3.3 电流互感器 ············ 49
3.4 高压开关电器 ··············· 52
3.4.1 电弧 ················ 52
3.4.2 高压隔离开关 ··········· 55
3.4.3 高压负荷开关 ··········· 55
3.5 高压断路器 ················ 56
3.5.1 概述 ················ 56
3.5.2 高压断路器的结构及工作原理 ··· 57
3.5.3 断路器的操作机构 ········ 60
3.6 高压熔断器 ················ 62
3.6.1 高压熔断器的基本结构、工作原理 ··· 62
3.6.2 高压熔断器的分类 ········ 63
3.7 自动线路分段器和重合器 ········ 65
3.8 低压电器 ·················· 67
3.8.1 低压刀开关和负荷开关 ····· 67
3.8.2 低压熔断器 ············ 68
3.8.3 低压断路器 ············ 70
3.9 成套配电装置 ··············· 72
3.9.1 高压成套配电装置 ········ 73
3.9.2 低压成套配电装置 ········ 75
思考题与习题 ················ 76

第4章 工厂变配电所 ············· 77
4.1 工厂变配电所概述 ············ 77
4.1.1 工厂变配电所的任务及类型 ···· 77

4.1.2 工厂变配电所的选址、布置与
　　　结构 …………………………… 78
4.2 工厂变配电所的一次主接线 ………… 83
　4.2.1 高压配电所主接线方案 …………… 83
　4.2.2 总降压变电所的主接线方案 ……… 85
　4.2.3 6～10kV车间变配电所的主接线
　　　方案 …………………………… 88
4.3 工厂电力线路的接线方式 …………… 89
4.4 工厂电力线路的结构、敷设与维护 …… 92
　4.4.1 架空线路的结构、敷设与维护 …… 92
　4.4.2 电力电缆的结构、敷设与维护 …… 99
　4.4.3 车间线路的结构、敷设与维护 … 103
4.5 导线和电缆截面的选择计算 ………… 105
　4.5.1 按发热条件选择导线和电缆的
　　　截面 …………………………… 106
　4.5.2 按经济电流密度选择导线和电缆
　　　的截面 ………………………… 108
　4.5.3 按允许电压损耗选择导线和电缆
　　　截面 …………………………… 109
4.6 变配电所的二次回路 ………………… 113
4.7 变配电所安全操作 …………………… 117
　4.7.1 变配电所的值班制度及值班员的
　　　职责 …………………………… 117
　4.7.2 倒闸操作 ……………………… 118
思考题与习题 ……………………………… 120

第5章　室内供配电系统实用技术与电气
　　　　照明 ………………………… 122
5.1 室内供配电要求及配电方式 ………… 122
　5.1.1 室内供配电要求 ……………… 122
　5.1.2 室内配电系统的基本配电方式 … 123
　5.1.3 室内配电系统的形式和构成
　　　原则 …………………………… 123
　5.1.4 高层建筑的供配电系统 ……… 124
5.2 室内供配电系统的保护装置及选择 … 125
　5.2.1 用电设备及配电线路的保护 … 125
　5.2.2 短路保护 ……………………… 126
　5.2.3 过负载保护 …………………… 126
　5.2.4 接地故障保护 ………………… 127
　5.2.5 低压熔断器的选择 …………… 127
　5.2.6 低压空气断路器的选择 ……… 128
5.3 低压配电箱 …………………………… 129
　5.3.1 标准电力配电箱 ……………… 129
　5.3.2 标准照明配电箱 ……………… 130
　5.3.3 总配电装置 …………………… 131
　5.3.4 配电箱选择与布置 …………… 131
　5.3.5 新型配电箱和非标准配电箱 … 131
5.4 照明技术概述 ………………………… 132

　5.4.1 照明技术的有关概念 ………… 132
　5.4.2 电光源和灯具 ………………… 133
　5.4.3 电气照明的照度计算 ………… 135
　5.4.4 照明配电 ……………………… 137
思考题与习题 ……………………………… 140

第6章　短路计算及电气设备的选择与
　　　　校验 ………………………… 141
6.1 概述 …………………………………… 141
　6.1.1 短路的原因 …………………… 141
　6.1.2 短路的后果 …………………… 141
　6.1.3 短路的种类 …………………… 142
　6.1.4 计算短路电流 ………………… 142
6.2 无限大容量电源系统供电时短路过程
　的分析 ………………………………… 143
　6.2.1 无限大容量电源系统的定义 … 143
　6.2.2 三相短路的物理过程 ………… 144
6.3 短路电流的计算 ……………………… 144
　6.3.1 三相短路电流的短路参数和短路
　　　计算 …………………………… 144
　6.3.2 短路电流的效应与校验 ……… 150
　6.3.3 两相和单相短路电流的计算 … 153
6.4 电气设备的选择与校验 ……………… 155
　6.4.1 选择电气设备的一般条件 …… 155
　6.4.2 高压一次设备的选择与校验 … 155
　6.4.3 低压一次设备的选择与校验 … 158
思考题与习题 ……………………………… 159

第7章　供配电系统的保护 ……………… 161
7.1 继电保护的基本知识 ………………… 161
　7.1.1 继电保护装置的任务 ………… 161
　7.1.2 继电保护装置的基本要求 …… 161
　7.1.3 继电保护的基本工作原理 …… 162
7.2 常用的保护继电器 …………………… 163
　7.2.1 电磁式继电器 ………………… 163
　7.2.2 感应式电流继电器 …………… 166
7.3 继电保护装置的接线方式和操作
　电源 …………………………………… 168
　7.3.1 继电保护装置的接线方式 …… 168
　7.3.2 保护装置的操作电源 ………… 170
7.4 工厂高压线路的继电保护 …………… 171
　7.4.1 带时限的过电流保护 ………… 171
　7.4.2 电流速断保护 ………………… 176
　7.4.3 单相接地保护 ………………… 177
　7.4.4 线路的过负荷保护 …………… 179
7.5 电力变压器的继电保护 ……………… 179
　7.5.1 电力变压器的常见故障和保护
　　　装置 …………………………… 179
　7.5.2 变压器的继电保护 …………… 180

  7.5.3 变压器的瓦斯保护 …………… 181
  7.5.4 变压器的差动保护 …………… 183
  7.5.5 变压器的单相接地保护 ……… 184
 思考题与习题 ……………………………… 185

第8章 防雷、接地与电气安全 ……… 187
 8.1 雷电及雷电过电压防护 ……………… 187
  8.1.1 雷电及过电压的有关概念 …… 187
  8.1.2 防雷装置 ……………………… 189
  8.1.3 防雷措施 ……………………… 195
 8.2 电气设备的接地 ……………………… 196
  8.2.1 接地的有关概念 ……………… 196
  8.2.2 接地的类型 …………………… 197

  8.2.3 电气装置的接地和接地电阻及其
    要求 …………………………… 199
  8.2.4 接地装置的敷设 ……………… 200
  8.2.5 低压配电系统的等电位连接 … 202
  8.2.6 接地装置的计算 ……………… 203
 8.3 电气安全 ……………………………… 205
  8.3.1 电气安全的一般措施 ………… 205
  8.3.2 触电及其急救 ………………… 207
 思考题与习题 ……………………………… 210

附录 ………………………………………… 211

参考文献 …………………………………… 225

第1章 概 论

> **教学目标**
> - 了解各种发电厂的能量转换过程。
> - 了解电力系统和电力网的基本组成。
> - 了解电力系统的运行特点。
> - 掌握决定供电质量的主要指标及其改善措施。
> - 学会选择电力用户供配电的电压。

1.1 供配电系统的基本构成

1.1.1 电力系统简介

由于电能与其他能量之间转换方便,易于传输和使用,目前电力是现代工业的主要能源。由于电能的生产、输送、分配和使用的全过程是在同一瞬间实现的,必须将各个环节有机地连成一个整体,因此在详细介绍供配电系统之前,先对发电厂和电力系统的总体情况做一简单介绍。

电能是由发电厂生产的,发电厂多数建在一次能源所在地,一般距离人口密集的城市和用电集中的工业企业很远,因此,必须采用高压输电线路进行远距离输电,从发电厂到用户的送电过程如图1-1所示。

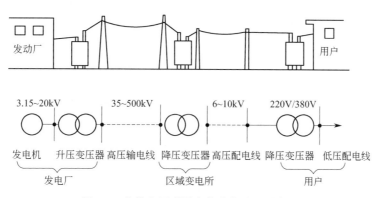

图1-1 从发电厂到用户的送电过程示意图

由各种电压的电力线路将一些发电厂、变电所和电力用户联系起来的发电、输电、变电、配电和用电的整体,称为电力系统。现在典型电力系统在我国分为地区级、省级、省际级系统几类,在不久的将来,我国会成为一个联合电力系统。大型电力系统的示意图如图1-2所示。现将电力系统中从电能生产到电能使用的各个环节做如下说明。

1) 发电厂

发电厂又称发电站,是将自然界蕴藏的各种一次能源转换为电能(二次能源)的工厂。发电厂按其所利用的能源不同,分为水力发电厂、火力发电厂、核能发电厂以及风力发电厂、地热发电厂、太阳能发电厂等类型。

(1) 火力发电厂

火力发电厂，简称火电厂或火电站，它利用燃料（煤、石油、天然气）的化学能来生产电能。我国的火电厂以燃煤为主。为了提高燃料的效率，现代火电厂都将煤块粉碎成煤粉燃烧。煤粉在锅炉的炉膛内充分燃烧，将锅炉内的水烧成高温高压的蒸汽，推动汽轮机转动，使与它联轴的发电机旋转发电。其能量转换过程是：燃料的化学能→热能→机械能→电能。

火力发电不受地域限制，建设周期短，是目前广泛使用的一种发电形式，但火力发电使用的是消耗性能源，使用效率低，发电成本高，技术要求也高。我国传统能源煤炭、石油、天然气在一次能源的使用中占到93%左右，其中占主导地位的煤炭发电污染极为严重。为了保护生态环境，提高经济效益，现代火电厂一般都考虑了"三废"（废水、废汽、废渣）的综合利用，并且不仅发电，而且供热。这类兼供热能的火电厂，称为热电厂或热电站。热电厂一般建在靠近城市或工业区的地方。

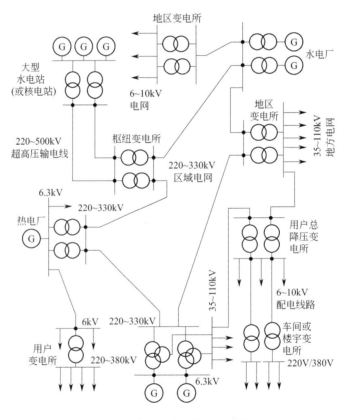

图1-2 大型电力系统的示意图

(2) 水力发电厂

水力发电厂，简称水电厂或水电站，它利用水流的位能来生产电能。当控制水流的闸门打开时，水流沿进水管进入水轮机蜗壳室，冲动水轮机，带动发电机发电。其能量转换过程是：水流位能→机械能→电能。

由于水电厂的发电容量与水电厂所在地点上下游的水位差（即落差，又称水头）及流过水轮机的水量（即流量）的乘积成正比，所以建造水电厂往往需要修建拦河大坝等水工建筑物以形成集中的水位差，并依靠大坝形成具有一定容积的水库来调节河水流量。

水力发电厂的优点是生产过程简单，易于实现自动化生产，水轮机组的效率很高，电能成本明显比火力发电厂低得多,并且水能资源是最干净、廉价的可再生的清洁能源。但是,水力发电厂建设投资较大,工期长,运行方式受气象、水文等条件的影响,不如火电厂稳定。

我国的水资源丰富,但水力资源开发距发达国家还有一定的差距。最近几十年,我国加速了大中型水电站的建设,百万千瓦以上的特大水电站越来越多。尤其是1994年12月14日正式动工的三峡工程,是具有防洪、发电、航运、养殖、灌溉、旅游等有巨大综合效益的战略性跨世纪工程。三峡电厂装机26台70万千瓦的发电机组,装机总容量1820万千瓦,年发电量847亿千瓦。

(3) 核能发电厂

核能发电厂通常称为核电站。它主要是利用原子核的裂变(中子轰击铀-235)或核聚变所产生的巨大能量来生产电能的。其生产过程与火电厂基本相同,只是以核反应堆(俗称原子锅炉)代替了燃煤锅炉,以少量的核燃料代替了大量的煤炭。其能量转换过程是:核裂变能→热能→机械能→电能。

核能发电厂在节省一次能源和环境保护上均优于火电厂,1000g铀-235放出的能量相当于2700t标准煤,并且核反应不排放二氧化碳等有害物质,不会造成温室效应和酸雨,从而有利于保护人类赖以生存的生态环境。而且,同样装机容量的核电成本比火电低得多。

目前世界核发电占总发电量的17%左右,已有28个国家建成核电站。我国的核能发电起步较晚,但秦山核电站的并网发电,证明中国无核电已成为历史,秦山二、三期工程及大亚湾、连云港等一大批核电站的上马,使我国核电发电量明显增加。

(4) 风力发电厂

风力发电厂又称风电厂、风电站,是利用风力的动能来生产电能。它一般建在有丰富风力资源的地方。

我国风力资源储量丰富,尤其是新疆、内蒙古一带。在人口分散、集中供电困难的情况下,发展风力发电是一条重要途径。为了充分利用风力资源,创建我国新型的环保电力行业,我国制订了"乘风计划",通过先进的风机制造技术,逐步实现大型风力发电。

(5) 太阳能发电厂

太阳能发电厂就是利用太阳光能或太阳热能来生产电能。利用太阳光能发电,是通过光电转换元件如光电池等直接将太阳光能转换为电能,这已广泛应用于人造地球卫星和宇航装置上。利用太阳热能发电,可分直接转换和间接转换两种方式。温差发电、热离子发电和磁流体发电,均属于热电直接转换。而通过集热装置和热交换器,加热给水,使之变为蒸汽,推动汽轮发电机发电,与火电厂的发电原理相同,属间接转换发电。太阳能发电厂建在常年日照时间长的地方。

我国拥有丰富的太阳能资源,每年我国陆地接收的太阳辐射总能量相当于24000亿吨标准煤。随着当前世界光电技术应用材料的飞速发展,光电材料成本成倍下降,光电转换率不断提高,预计在不久的将来,太阳能发电的成本将会接近甚至低于煤电。我国自行研制生产的太阳能热水器,已越来越多地在全国城乡推广使用。

(6) 地热发电厂

地热发电厂利用地球内部蕴藏的大量地热能来生产电能。一般建在有足够地热资源的地方。

进一步大量发展火电存在石油天然气资源限制、煤炭远距离运输困难及影响生态环境等问题;水电虽好,但我国的水能资源主要集中在西南地区,其发展具有一定的局限性。从长远来看,充分利用和发挥我国的铀资源优势,大力发展核电,是对火电与水电发展不足的一种补充，是非常必要的。作为无污染、可再生的太阳能发电和风力发电，在世界各国普遍重视环境保护的今天，具有广阔的发展前景。

2) 电力网

电力系统中各级电压的电力线路及其联系的变电所称为电力网简称电网。电力网往往按电压等级来区分，如 10kV 电力网、380V/220V 电力网等，这里的电力网实际上是指某一电压的互相联系的整个电力线路。电力网的作用是将电能从发电厂输送并分配到用户，因此它是发电厂和用户不可缺少的中心环节。

电网可按作用不同分为输电网和配电网。输电网是输电线路的电网，是由 35kV 及以上的输电线路与其连接的变电所组成。输电网是电力系统的主要网络（简称主网），也是电力系统中电压最高的网络，在电力系统中起骨架作用，因而又称为网架。它的作用是将电能输送到各个地区的配电网，或直接送给大型工业企业用户。配电网是由 10kV 及以下的配电线路与其相连的配电变电所组成，它的作用是将电能分配到各类用户。

电网可按电压高低和供电范围大小分为区域电网和地方电网。区域电网的范围大，电压一般在 220kV 及以上；地方电网的范围小，最高电压一般不超过 110kV。

目前，我国百万千瓦以上装机容量的电网有 11 个，华东、华北、东北、华中电网装机容量都在 3000 万千瓦以上，大电网已经覆盖了全国的全部城市和大部分乡村。

3) 变配电所

变配电所是变换电压或电能的场所，由变压器和配电装置组成。按变压的性质和作用又可分为升压变电所和降压变电所。仅装有受、配电设备而没有变压器的称为配电所。

4) 电能用户

电能用户就是电能消费的场所。所有消费电能的单位均称为电能用户。从大的方面可分为工业电能用户和民用电能用户，从供配电系统的构成上二者并无本质的区别。本书重点介绍电能用户的内部供配电系统。

电力系统加上发电厂的动力部分及热能系统和热能用户，就是动力系统。现在各国建立的电力系统越来越大，甚至建立跨国的电力系统。建立大型电力系统，可以更经济合理地利用动力资源，减少电能损耗，降低发电成本，保证供电质量，并大大提高供电可靠性，有利于满足整个国民经济的发展需要。

1.1.2 电力系统的运行特点

电力系统的运行与其他工业生产相比，具有以下明显的特点。

（1）发电与用电的动态平衡

由于电能不能大量储存，电能的生产、输送、分配和消费，实际上是同步进行的。即在电力系统中，发电厂任何时刻生产的电能，必须等于同一时刻用电设备消耗的电能与电力系统本身所消耗的电能之和。因此，电力系统必须保持电能处于一种动态平衡的状态。

（2）电力系统的暂态过程非常短暂

由于电是以光速传播的，所以发电机、变压器、电力线路和电动机等设备的投入和切除，都是在一瞬间完成的。电能从一地点输送到另一地点所需的时间，仅需要 $10^{-6} \sim 10^{-5}$ s。因此，在设计电力系统的自动化控制、测量和保护装置时，应充分考虑其灵敏性。

（3）地方性特色明显

电能可以由不同形式的能量转化而来，不同地区的能源具有本地的特色。因此，要因地制宜，充分利用地方资源，尽量减少运输线路，降低电能成本。

（4）与国民经济及人民日常生活有重要的影响

现代工业、农业、交通通信等行业都广泛使用电作为动力，人民的日常生活广泛使用各种电器。电能供应的中断或不足,不仅将直接影响生产,造成人民生活紊乱,在某些情况下甚至会酿成极其严重的损失和后果。

1.1.3 用户供配电系统概况

各类电能用户为了接受从电力系统送来的电能,就需要有一个内部的供配电系统。内部供配电系统是指从电源线路进厂起到高低压用电设备进线端止的整个电路系统,供配电系统由高压及低压配电线路、变电所(包括配电所)和用电设备组成,如图 1-1 和图 1-2 所示的用户变电所及用户总降压变电所以下部分(用电设备未绘出)。下面介绍几种不同规模的典型用户内部供配电系统。

(1) 具有总降压变电所的大型用户工厂供电系统

一些大型用户需经过两次降压,设总降压变电所,把 35～110kV 电压降为 6～10kV 电压,向各楼宇或车间变电所供电,楼宇或车间变电所经配电变压器再把 6～10kV 降为一般低压用电设备所需的电压(一般为 380V/220V),对低压用电设备供电。其系统图如图 1-3 所示。

有的 35kV 进线的工厂,只经一次降压,即 35kV 线路直接引入靠近负荷中心的车间变电所,经车间变电所的配电变压器直接降为低压用电设备所需的电压,如图 1-4 所示。这种供电方式,称为高压深入负荷中心的直配方式。直配方式可以省去一级中间变压,从而简化了供电系统,节约有色金属,降低电能损耗和电压损耗,提高供电质量。然而这要根据厂区的环境条件是否满足 35kV 架空线路深入负荷中心的安全走廊要求而定。

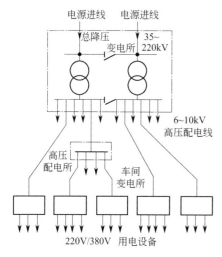

图 1-3 具有总降压变电所的工厂供电系统

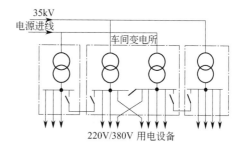

图 1-4 高压深入负荷中心的工厂供电系统

(2) 中型用户的工厂供电系统

中型用户的供电电源进线一般为 6～10kV,先由高压配电所集中,再由高压配电线路将电能分送到各楼宇或车间变电所,降为 220V/380V 低压,供给用电设备,或由高压配电线路直接供给高压用电设备。图 1-5 是某中型工厂供电系统图。该厂的高压配电所有两条 6～10kV 的电源进线,分别接在高压配电所的两段母线上。这两段母线间装有一个分段隔离开关,形成所谓单母线分段制。当任一条电源进线发生故障或进行正常检修而被切除后,可以利用分段隔离开关来恢复对整个配电所的供电,即分段隔离开关闭合后由另一条电源进线供电给整个配电所(特别是其重要负荷)。这类接线的配电所通常的运行方式是:分段隔离开关闭合,整个配电所由一条工作电源进线供电,而另一条电源进线作为备用。工作电源通常引自公共电网,备用电源通常由邻近单位取得。

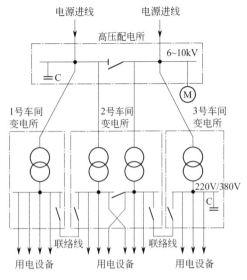 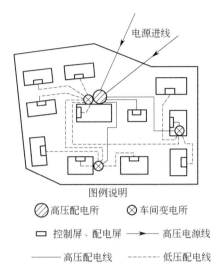

图1-5 中型工厂供电系统　　　　图1-6 中型工厂供电系统的平面布线示意图

这个高压配电所有四条高压配电线，供电给三个车间变电所，其中1号车间变电所和3号车间变电所都只装有一台配电变压器，而2号车间变电所装有两台，并分别由两段母线供电，其低压侧又采用单母线分段制，因此对重要的用电设备可由两段母线交叉供电。车间变电所的低压侧设有低压联络线相互连接，以提高供电系统运行的可靠性和灵活性。此外，该高压配电所还有一条高压配电线，直接供电给一组高压电动机；另有一条高压线，直接与一组并联电容器相连。3号车间变电所低压母线上也连接有一组并联电容器。这些并联电容器用来补偿无功功率以提高功率因数。图1-6是图1-5所示工厂供电系统的平面布线示意图。

对于小型用户，由于所需容量一般不大于1000kVA，通常只设一个降压变电所，将6～10kV电压降为低压用电设备所需的电压，如图1-7所示。如果用户所需容量不大于160kVA时，一般采用低压电源进线，只需设一低压配电室，如图1-8所示。

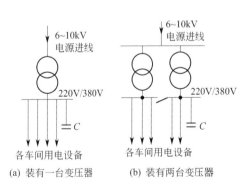 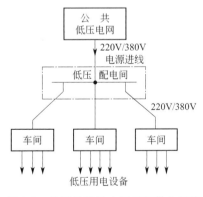

图1-7 只设一个降压变电所的工厂供电系统　　　　图1-8 低压进线的小型工厂供电系统

从上面介绍可知，工厂供用电系统是电力系统中的一个重要组成部分。电力系统运行可靠可提高对工厂供电的可靠性，工厂用电的可靠性也将影响电力系统的工作，二者是密切相关的。据有关部门统计，工业部门的用电量占全国电厂所生产电能的70%以上，因而工业用电的节约在全国各部门的电能节约中就显得特别突出和重要。工厂电气技术人员和电工应与其他工作人员密切合作，为提高供用电工作的可靠性，为寻找节约用电途径、积累节电经验和节约电能作出贡献。

1.2 电力系统的电压

1.2.1 电力网和电气设备的额定电压

按照国家标准 GB 156—2007《标准电压》规定，我国三相交流电网和发电机的额定电压，如表 1-1 所示。表 1-1 中的变压器一、二次绕组额定电压，是依据我国生产的电力变压器标准产品规格确定的。

表 1-1 我国三相交流电网和电力设备的额定电压（据 GB 156—2007）

分类	电网何用电设备额定电压/kV	发电机额定电压/kV	电力变压器额定电压/kV	
			一次绕组	二次绕组
低压	0.38	0.40	0.38	0.40
	0.66	0.69	0.66	0.69
高压	3	3.15	3 及 3.15	3.15 及 3.3
	6	6.3	6 及 6.3	6.3 及 6.6
	10	10.5	10 及 10.5	10.5 及 11
	—	13.8,15.75,18,20,22,24,26	13.8,15.75,18,20,22,24,26	—
	35	—	35	38.5
	66	—	66	72.6
	110	—	110	121
	220	—	220	242
	330	—	330	363
	500	—	500	550

1) 电网（线路）的额定电压

由于线路运行时（有电流通过时）要产生电压降，所以线路上各点的电压都略有不同，如图 1-9 中虚线所示。线路始端比末端电压高，因此供电线路的额定电压采用始端电压和末端电压的算术平均值，这个电压也就是电力网的额定电压。

电网的额定电压（或称额定电压等级）是国家根据国民经济发展的需要和电力工业的水平，经全面的技术经济分析后确定的。它是确定各类电力设备额定电压的基本依据。

2) 用电设备的额定电压

由于线路上各点的电压都略有不同，如图 1-9 中虚线所示。但是成批生产的用电设备，其额定电压不可能按使用处线路的实际电压来制造，而只能按线路首端与末端的平均电压即电网的额定电压 U_N 来制造。因此用电设备的额定电压规定与同级电网的额定电压相同。

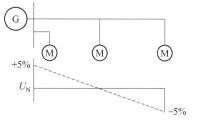

图 1-9 用电设备和发电机的额定电压说明

3) 发电机的额定电压

由于电力线路允许的电压偏差一般为 ±5%，即整个线路允许有 10% 的电压损耗值，因此为了维持线路的平均电压在额定值，线路首端（电源端）的电压可较线路额定电压高 5%，而线路末端则可较线路额定电压低 5%，如图 1-10 所示。所以发电机额定电压规定高于同级电网额定电压 5%。

4) 电力变压器的额定电压

（1）电力变压器一次绕组的额定电压

分为以下两种情况。

① 当变压器直接与发电机相联时，如图 1-10 中的变压器 T_1，其一次绕组额定电压应与

发电机额定电压相同，即高于同级电网额定电压5%。

② 当变压器不与发电机相联而是连接在线路上时，如图1-10中的变压器T_2，则可看作是线路的用电设备，因此其一次绕组额定电压应与电网额定电压相同。

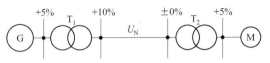

图1-10 电力变压器的额定电压说明

（2）电力变压器二次绕组的额定电压分为以下两种情况。

① 变压器二次侧供电线路较长（如为较大的高压电网）时，如图1-10中的变压器T_1，其二次绕组额定电压应比相联电网额定电压高10%，其中有5%是用于补偿变压器满负荷运行时绕组内部约5%的电压降，因为变压器二次绕组的额定电压是指变压器一次绕组加上额定电压时二次绕组开路的电压；此外变压器满负荷时输出的二次电压还要高于所联电网额定电压5%，以补偿线路上的电压降。

② 变压器二次侧供电线路不长（如为低压电网，或直接供电给高低压用电设备）时，如图1-10中的变压器T_2，其二次绕组额定电压只需高于所联电网额定电压5%，仅考虑补偿变压器满负荷运行时绕组内部5%的电压降。

5）电压高低界限的划分

我国的一些设计、制造和安装规程通常是以1000V为界限来划分电压高低的。一般规定：低压指额定电压在1000V及以下者；高压指额定电压在1000V以上者，见表1-1。此外尚有超高压和特高压，通常超高压指220kV或330kV及以上电压，特高压指1000kV及以上的电压。

1.2.2 供电质量的指标及对用户的影响

1）供电质量的主要指标

电力系统中的所有电气设备，都是在一定的电压和频率下工作的。能够使电气设备正常工作的电压就是它的额定电压，各种电气设备在额定电压下运行时，其技术性能和经济效果最佳。频率和电压是衡量电能质量的两个基本参数。

电能质量是指给供电装置在正常情况下不中断和不干扰用户使用电力的物理特性。电能质量有五个比较大的方面：频率、电压偏差、电压波动、高次谐波和三相不平衡，除此之外还包括供电可靠性、操作容易、维护费用低和能源使用合理等。影响供电质量的因素是电力网上的电气干扰，主要指电压偏差、电压波动、高次谐波和三相不平衡等。

对工厂供电系统来说，提高电能质量主要是对电力系统电压的偏差、波动和波形的一种质量评估。电压偏差是指电气设备的端电压与其额定电压之差，通常以其对额定电压的百分值来表示。电压波动是指电网电压的幅值（或有效值）的快速变动。电压波动值以用户公共供电点的相邻最大与最小电压方均根值之差对电网额定电压的百分值来表示；电压波动的频率用单位时间内电压波动（变化）的次数来表示。电压波形的好坏用其对正弦波形畸变的程度来衡量。

2）供电质量对用户的影响

（1）电压偏差

电压偏差，或称电压偏移，是指给定瞬间设备的端电压U与设备额定电压U_N之差，通常用它对额定电压U_N的百分值来表示，即

$$\Delta U\% = \frac{U-U_N}{U_N} \times 100 \tag{1-1}$$

（2）电压偏差对设备运行的影响

电压偏差对设备的工作性能和使用寿命有很大影响。

① 对感应电动机的影响。当感应电动机的端电压比其额定电压低 10% 时,由于转矩与端电压平方成正比（$M \propto U^2$）,因此其实际转矩将只有额定转矩的 81%,而负荷电流将增大 5%~10%,温升将增高 10%~15%,绝缘老化程度将比规定的增加一倍以上,从而明显地缩短电动机的寿命。而且由于转矩减小,转速下降,不仅会降低生产效率,减少产量,而且还会影响产品质量,增加废、次品。当其端电压偏高时,负荷电流和温升也将增加,绝缘相应受损,对电动机也是不利的,也要缩短电动机寿命。

② 对同步电动机的影响。当同步电动机的端电压偏高或偏低时,转矩也要按电压平方成正比变化（$M \propto U^2$）,因此同步电动机的端电压偏差,除了不会影响其转速外,其他如对转矩、电流和温升等的影响,与感应电动机相同。

③ 对电光源的影响。电压偏差对白炽灯的影响最为显著。当白炽灯的端电压降低 10% 时,灯泡的使用寿命将延长 2~3 倍,但发光效率将下降 30% 以上,灯光明显变暗,照度降低,严重影响人的视力健康,降低工作效率,还可能增加事故。当其端电压升高 10% 时,发光效率将提高 1/3,但其使用寿命将大大缩短,只有原来的 1/3。电压偏差对荧光灯及其他气体放电灯的影响不像对白炽灯那么明显,但也有一定的影响。当其端电压偏低时,灯管不易起燃。如果多次反复起燃,则灯管寿命将大受影响。而且电压降低时,照度下降,影响视力。当其电压偏高时,灯管寿命又要缩短。

（3）允许的电压偏差

国家标准 GB 12325—2008《电能质量 供电电压偏差》规定如下。

① 35kV 及以上供电电压正、负偏差的绝对值之和不超过额定电压的 10%。如供电电压上下偏差同号时,按较大偏差的绝对值作为衡量的依据。

② 10kV 及以下三相供电电压允许偏差为 ±7%。

③ 220V 单相供电电压允许偏差为 +7%、−10%。

国家标准 GB 50052—2009《供配电系统设计规范》规定,正常运行情况下,用电设备端子处电压偏差的允许值宜符合下列要求。

① 电动机为 ±5%。

② 照明：在一般工作场所为 ±5%；对于远离变电所的小面积一般工作场所,难以满足上述要求时,可为 +5%、−10%；应急照明、道路照明和警卫照明等为 +5%、−10%。

③ 其他用电设备,当无特殊规定时为 ±5%。

（4）频率偏差

频率偏差是指实际频率与额定频率的差值,即

$$\Delta f = f - f_e \tag{1-2}$$

有时也用实际频率与额定频率差值与额定值的百分比来表示,即

$$\Delta f = \frac{f - f_e}{f_e} \times 100\% \tag{1-3}$$

式中,f 为实际供电频率,Hz；f_e 为额定供电频率,Hz。

在我国,频率允许偏差规定如下：

① 在电力系统正常供电时,电力网容量在 300 万千瓦及以上,频率偏差为 ±0.2Hz；电力网容量在 300 万千瓦以下,频率偏差为 ±0.5Hz。

② 电力系统非正常状态时,供电频率偏差不应超过 ±1.0Hz 范围。

（5）频率调整

电力系统频率的变化主要是由系统负荷变化引起的。系统负荷变化有三种情况：第一种是变化幅度很小,变化周期短,变动有很大偶然性；第二种是变化幅度较大,变化周期较长；第三种是变化缓慢地持续变动。根据负荷的变动进行电力系统的频率调整,分为一次、

二次、三次调整。一次调整是由发电机组的调速器进行的,对第一种负荷变动引起的频率偏差所做的调整;二次调整是由发电机组的调频器进行的,对第二种负荷变动引起的频率偏差所做的调整;三次调整是对第三种负荷变动在有功功率平衡的基础上,按照最优化的原则在系统中各发电厂之间进行负荷的经济分配,实际上是进行系统经济运行问题的调整。

如果电力系统发生短路故障,或用电负荷突然大幅度增加,引起电网频率显著下降,这时可以在电力系统中设置低频自动减负装置。按频率自动减负装置由频率测量元件、时间元件和执行元件三部分组成。频率测量元件是装置的启动元件,其整定值低于工频 50Hz。当系统频率下降到频率测量元件的整定频率时,频率测量元件动作,启动时间元件,整定时限到后,由执行元件动作切除装置所安装的线路负荷。如果在整定时限到达之前,系统频率恢复到整定频率以上,装置将自动返回。

电力系统低频率运行时,所有用户的交流电动机转速都将相应降低,如频率降至 48Hz,电动机转速则降低 4%。这会给许多工厂的产量和质量带来影响。如冶金、化工、机械、纺织、造纸等工业的产量将下降,质量也会降低。如纺织品断线和毛疵,纸张厚薄不匀等。此外,频率变化还将使某些仪表(如电度表)的读数发生误差等。

频率变化对电力系统中发电厂的厂用电影响更严重,它影响电力系统的稳定运行。在电力系统中设有自动按频率减负荷装置,当电力系统频率下降时,能自动切除某些次要负荷,确保频率质量。

此外,供电电压波形发生畸变,不是正弦波,即供电系统中的电压电流出现高次谐波,这对用户也会产生很大影响、高次谐波电流会增加线路损失;加速电机、变压器、电缆特别是电容器等元件的绝缘老化,从而降低了用户用电的可靠性,同时,对自动、远动装置和通讯线路还要产生干扰。近年来,供电系统都在采取抑制高次谐波的技术措施。

三相用电设备上所加的三相电压应该对称。当有的相上所加的相电压较正常值大,而其他相上所加的相电压又较正常值小,就将影响电气设备的工作,如降低出力、增大损耗、引起局部过热和缩短寿命等。

以上讨论了供电质量对用户的影响,在电网容量扩大和电压等级增多后,保持各级电网和用户电压正常是比较复杂的工作。因而电力用户应配合供电部门共同来保证供电质量。

1.2.3 用户供配电系统电压的选择

1)高压配电电压的选择

用户供配电系统的高压配电电压的选择,主要取决于当地电源电压及用户高压用电设备的电压和容量、数量等因素。

工厂采用的高压配电电压通常为 6～10kV。从技术经济指标来看,最好采用 10kV。由于同样的输送功率和输送距离条件下,配电电压越高,线路电流越小,因而线路所采用的导线或电缆截面越小,从而可减少线路的初投资和有色金属消耗量,且可减少线路的电能损耗和电压损耗。而实际使用的 6kV 开关设备的型号规格与 10kV 的基本上相同,因此采用 10kV 电压级,在开关设备的投资方面也不会比采用 6kV 电压级有多少增加。另外,从供电的安全性和可靠性来说,6kV 与 10kV 也差不多。而从适应发展来说,10kV 更优于 6kV。由表 1-2 所列各级电压电力线路合理的输送功率和输送距离可以看出,采用 10kV 电压较之采用 6kV 电压更适应于发展,输送功率更大,输送距离更远。至于配电电压等级对用电设备配电的适应性问题,则取决于用电设备本身。如果工厂拥有相当数量的 6kV 用电设备,或者供电电源的电压就是 6kV(例如工厂直接从邻近发电厂的 6.3kV 母线取得电源),则可考虑采用 6kV 电压作为工厂的高压配电电压。如果不是上述情况,6kV 用电设备数量不多,则应选择 10kV 作为工厂的高压配电电压,而 6kV 用电设备则可通过专用的 10/6.3kV 变压器单独供电。3kV 作为高压配电电压的技术经济指标很差,不能采用。如果工厂有 3kV 用电设备时,可采用 10kV/3.15kV 的专用变压器单独供电。

表 1-2 各级电压电力线路合理的输送功率和输送距离

线路电压/kV	线路结构	输送功率/kW	输送距离/km	线路电压/kV	线路结构	输送功率/kW	输送距离/km
0.38	架空线	≤100	≤0.25	10	电缆线	≤5000	≤10
0.38	电缆线	≤175	≤0.35	35	架空线	2000~10000	20~50
6	架空线	≤1000	≤10	66	架空线	3500~30000	30~100
6	电缆线	≤3000	≤8	110	架空线	10000~50000	50~150
10	架空线	≤2000	5~20	220	架空线	100000~50000	200~300

如果当地的电源电压为 35kV,而厂区环境条件又允许采用 35kV 架空线路和较经济的电气设备时,则可考虑采用 35kV 作为高压配电电压深入工厂各车间负荷中心,并经车间变电所直接降为低压用电设备所需的电压。这种高压深入负荷中心的直配方式,可以省去一级中间变压,大大简化供电接线,节约有色金属,降低电能损耗和电压损耗,提高供电质量,因此有一定的推广价值。但必须考虑厂区要有满足 35kV 架空线路深入负荷中心的"安全走廊",以确保安全。

2) 低压配电电压的选择

工厂的低压配电电压。一般采用 220V/380V,其中线电压 380V 接三相动力设备及 380V 的单相设备,相电压 220V 接一般照明灯具及其他 220V 的单相设备。但某些场合宜采用 660V(甚至更高的 1140V)作为低压配电电压,例如矿井下,因负荷中心往往离变电所较远,所以为保证负荷端的电压水平而采用 660V 或更高电压配电。采用 660V 电压配电,较之采用 380V 配电,不仅可以减少线路的电压损耗,提高负荷端的电压水平,而且能减少线路的电能损耗,降低线路的有色金属消耗量和初投资,增加配电半径,提高供电能力,减少变电点,简化工厂供配电系统,还能进一步扩大感应电动机的制造容量。因此提高低压配电电压有明显的经济效益,是节电的有效手段之一,这在世界各国已成为发展的趋势。但是将 380V 升高为 660V,需电器制造部门全面配合,我国目前尚有困难。我国现在采用 660V 电压的工业,尚只限于采矿、石油和化工等少数部门。至于 220V 电压,现规定不作为低压三相配电电压,而只作为单相配电电压和单相用电设备的额定电压。

1.3 电力系统的中性点运行方式

1.3.1 概述

三相电力系统中三相绕组或三根相线的公共连接点,称为中性点。中性点通常用字母 "O" 来表示。当中性点接地时,称为 "零点"。由中性点引出的导线称为中性线,一般用字母 "N" 来表示。当中性线接地时,称为零线。

1) 中性线

中性线(N 线)是与电力系统中性点连接并且传导电能的导体,其主要作用是:一是用来传导三相系统中的不平衡电流(包括谐波电流)和单相电流;二是便于连接单相负载及测量相电压;三是用来减小负荷中性点的电位偏移,保持三个相电压平衡。因此中性线是不允许断开的,在下面将要介绍的 TN 系统的中性线上不得装设熔断器或开关。

保护线(PE 线)是为了防止电击,而将电气设备的外露可导电部分、外部导电部分、总接地端子、接地干线、接地极、电源接地点或人工接地点进行电气连接的导体。其中,将总接地端子或接地干线到接地极的保护线称为接地线,用字母 "E" 表示。使电气设备的外露可导电部分、外部导电部分在电位上实施相等的连接线称为等电位连接线。在等电位连接线中，作为主要连接的称为主等电位连接线，作为局部或辅助连接的称为辅助等电位连接线。

外露可导电部分是指电气装置中能被触及到的导电部分，它在正常情况时不带电，但在有故障情况下可能带电，一般是指金属外壳，如高低柜（屏）的框架、电动机机座、变压器或高压多油开关的箱体以及电缆的金属外护套等。装置外部导电部分又称为外部导电部分，它不属于电气装置，但也可能引入电位（一般是地电位）如水、暖气、煤气、空调等的金属管道以及建筑物的金属结构。

保护中性线（PEN 线）兼有中性线（N 线）和保护线（PE 线）的功能，用于保护性和功能性结合在一起的场合，但首先必须满足保护性措施的要求。

2）低压配电系统的保护接地

低压配电系统，按保护接地形式，分为 TN 系统、TT 系统和 IT 系统。

（1）TN 系统

TN 系统中的所有设备的外露可导电部分均接公共保护线（PE 线）或公共的保护中性线（PEN 线）。如果系统中的 N 线与 PE 线全部合为 PEN 线，则此系统称为 TN-C 系统，如图 1-11(a) 所示。如果系统中的 N 线与 PE 线全部分开，则此系统称为 TN-S 系统，如图 1-11(b) 所示。如果系统的前一部分，其 N 线与 PE 线合为 PEN 线，而后一部分线路，N 线与 PE 线则全部或部分地分开，则此系统称为 TN-C-S 系统，如图 1-11(c) 所示。

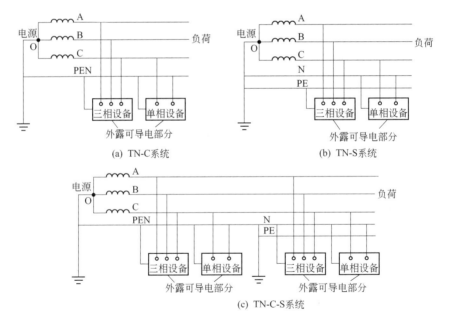

图 1-11 低压配电的 TN 系统

TN 系统第一个字母 T 表示电源系统的一点直接接地，第二个字母 N 表示设备外露的可导电部分与电源系统接地点直接电气连接；字母 S 表示中性线和保护线是分开的；字母 C 表示中性线和保护线的功能合在一根导线上。

（2）TT 系统

TT 系统中的所有设备的外露可导电部分均各自经 PE 线单独接地，电气设备外露可导电部分与电源系统的接地无电气联系。如图 1-12 所示。

TT 系统第一个字母 T 表示电源系统的一点直接接地；第二个字母 T 表示设备外露导

电部分与电源系统的接地无电气联系。

(3) IT 系统

IT 系统中的所有设备的外露可导电部分也都各自经 PE 线单独接地，如图 1-13 所示。它与 TT 系统不同的是，其电源中性点不接地或经电阻或经消弧线圈接地，且通常不引出中性线。

IT 系统中第一个字母 I 表示电源系统所有带电部分不接地或一点经电阻或经消弧线圈接地；第二个字母 T 表示设备外露导电部分的接地与电源系统的接地无电气联系。

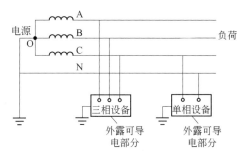

图 1-12 低压配电的 TT 系统

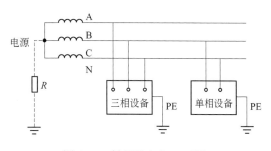

图 1-13 低压配电的 IT 系统

TN 系统和 TT 系统都是中性点直接接地系统，且都引有中性线，因此都称之为"三相四线制系统"。TN 系统中设备外露的可导电部分均采用与公共的保护线（PE 线）或保护中性线（PEN 线）相连接的保护方式。IT 系统的中性点不接地或经阻抗（约 1000Ω）接地，且通常不引出中性线，因此一般称之为"三相三线制系统"。

3) 中性点运行方式简介

在三相交流电力系统中，作为供电电源的发电机和变压器的中性点有三种运行方式：一种是电源中性点不接地，另一种是中性点经阻抗接地，再有一种是中性点直接接地。前两种合称为小接地电流系统，亦称中性点非有效接地系统，或中性点非直接接地系统。后一种中性点直接接地系统，称为大接地电流系统，亦称中性点有效接地系统。

我国 3～66kV 系统，特别是 3～10kV 系统，一般采用中性点不接地的运行方式。如单相接地电流大于一定数值时（3～10kV 系统中接地电流大于 30A、20kV 及以上系统中接地电流大于 10A 时），则应采用中性点经消弧线圈接地的运行方式。我国 110kV 及以上的系统，则都采用中性点直接接地的运行方式。

我国 220V/380V 低压配电系统，广泛采用中性点直接接地的运行方式，而且引出有中性线，保护线或保护中性线。

电力系统中电源中性点的不同运行方式，对电力系统的运行，尤其是对发生单相接地故障时有明显的影响，并且直接影响电力系统二次电路的保护配置及监察、测量、信号电路的选择和运行。因此下面对中性点的三种运行方式分别加以讨论。

1.3.2 中性点不接地的电力系统

1) 正常状态

图 1-14 是电源中性点不接地的电力系统在正常运行时的电路图和相量图。

为了讨论问题简化起见，假设图 1-11(a) 所示三相系统的电源电压和线路参数（指其 R、L、C）都是对称的，

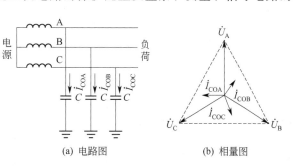

图 1-14 正常运行时的中性点不接地的电力系统

而且将相与地之间存在的分布电容用一个集中电容 C 来表示;由于相间存在的电容对所讨论的问题无影响而予以略去。

系统正常运行时,三个相的相电压 $\dot{U}_A$、$\dot{U}_B$、$\dot{U}_C$ 是对称的,三个相的对地电容电流 $\dot{I}_{C0}$ 也是平衡的,因此三个相的电容电流的相量和为零,没有电流在地中流动。各相对地的电压,就等于各相的相电压。

2) 单相接地故障

系统发生单相接地时,例如 C 相接地,如图 1-15(a) 所示。这时 C 相对地电压为零,而 A 相对地电压 $\dot{U}'_A = \dot{U}_A + (-\dot{U}_C) = \dot{U}_{AC}$,B 相对地电压 $\dot{U}'_B = \dot{U}_B + (-\dot{U}_C) = \dot{U}_{BC}$,如图 1-15(b) 所示。由相量图可见,C 相接地时,完好的 A、B 两相对地电压都由原来的相电压升高到线电压,即升高为原对地电压的 $\sqrt{3}$ 倍。

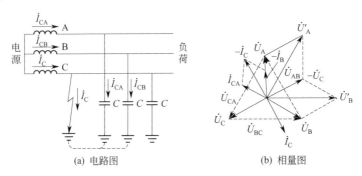

图 1-15 单相接地时的中性点不接地的电力系统

C 相接地时,系统的接地电流(电容电流)$\dot{I}_C$ 应为 A、B 两相对地电容电流之和。由于一般习惯将从电源到负荷的方向及从相线到大地的方向取为电流的正方向,因此

$$\dot{I}_C = -(\dot{I}_{CA} + \dot{I}_{CB}) \tag{1-4}$$

由图 1-15(b) 的相量图可知,$\dot{I}_C$ 在相位上正好超前 $\dot{U}_C$ 90°;而在量值上,由于 $I_C = \sqrt{3} I_{CA}$,而 $I_{CA} = \dfrac{U'_A}{X_C} = \dfrac{\sqrt{3} U_A}{X_C} = \sqrt{3} I_{C0}$,因此

$$I_C = 3 I_{C0} \tag{1-5}$$

即一相接地的电容电流为正常运行时每相对地电容电流的 3 倍。

由于线路对地的电容 C 不好准确确定,因此 I_{C0} 和 I_C 也不好根据电容 C 来精确计算。通常采用下列经验公式来确定中性点不接地系统的单相接地电容电流,即

$$I_C = \frac{U_N(L_{oh} + 35 L_{cab})}{350} \tag{1-6}$$

式中,I_C 为系统的单相接地电容电流,A;U_N 为系统的额定电压,V;L_{oh} 为同一电压 U_N 的具有电的联系的架空线路总长度,km;L_{cab} 为同一电压 U_N 的具有电的联系的电缆线路总长度,km。

当系统发生不完全接地(即经过一些接触电阻接地)时,故障相的对地电压值将大于零而小于相电压,而其他完好相的对地电压值则大于相电压而小于线电压,接地电容电流 I_C 值也较式(1-6) 计算值略小。

必须指出:当电源中性点不接地的电力系统中发生单相接地故障时,三相用电设备的正常工作并未受到影响,因为线路的线电压无论其相位和量值均未发生变化,这从图 1-15(b) 的相量图可以看出,因此三相用电设备仍能照常运行。但是这种线路不允许在单

相接地故障情况下长期运行，因为如果再有一相又发生接地故障时，就形成两相接地短路，短路电流很大，这是不能允许的。因此，我国规程规定：中性点不接地的电力系统中发生单相接地故障时，允许暂时继续运行 2h。但与此同时，在中性点不接地的系统中，应该装设专门的单相接地保护或绝缘监视装置，在系统发生单相接地故障时，给予报警信号，提醒供电值班人员注意，及时处理，当超过 2h 未能消除故障时，应切除故障线路以免故障蔓延。

3）中性点不接地的电力系统适用范围

① 电压小于 500V 的装置（380V/220V 的照明装置除外）。

② 3~10kV 电力网，当单相接地电流小于 30A 时，如要求发电机带单相故障运行，这与发电机有电气连接的 3~10kV 电网的接地电流应小于 5A。

③ 35~60kV 电网，当单相接地电流小于 10A 时，由于单相接地电流不大，一般接地电弧均能自行熄灭，所以这种电力网采用中性点不接地的方式最合适的。

在中性点不接地的电力系统中，如果电网某个单相发生了间歇性电弧接地故障时，其非故障相的对地电压大大超过 $\sqrt{3}$ 倍，系统中积聚的能量无法泄漏掉，从而导致对地电位升高，使整个系统过电压。而且有可能波及整个电网，使那些绝缘薄弱环节（如电动机、电缆和电缆头等）相继发生绝缘击穿，造成相间短路，使故障扩大。为了防止单相接地时接地点出现断续电弧，电源中性点常采用经电阻或者消弧线圈接地的运行方式。

1.3.3 中性点经消弧线圈接地的电力系统

在上述中性点不接地的电力系统中，有一种情况是比较危险的，即在发生单相接地时如果接地电流较大，将出现断续电弧，这就可能使线路发生电压谐振现象。由于电力线路，既有电阻和电感，又有电容，因此在线路发生单相弧光接地时，可形成一个 R—L—C 的串联谐振电路，从而使线路上出现危险的过电压（可达相电压的 2.5~3 倍），这可能导致线路上绝缘薄弱地点的绝缘击穿。为了防止单相接地时接地点出现断续电弧，引起过电压，因此在单相接地电容电流大于一定值（如前面所述）的电力系统中，电源中性点必须采取经消弧线圈接地的运行方式。

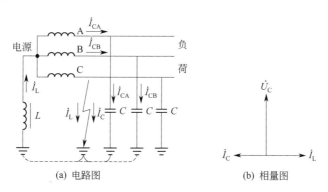

图 1-16 中性点经消弧线圈接地的电力系统

图 1-16 是电源中性点经消弧线圈接地的电力系统单相接地时的电路图和相量图。

消弧线圈实际上就是铁芯线圈，其电阻很小，感抗很大。当系统发生单相接地时，流过接地点的电流是接地电容电流 $\dot{I}_C$ 与流过消弧线圈的电感电流 $\dot{I}_L$ 之和。由于 $\dot{I}_C$ 超前 $\dot{U}_C 90°$，而 $\dot{I}_L$ 滞后 $\dot{U}_C 90°$，所以 $\dot{I}_L$ 与 $\dot{I}_C$ 在接地点互相补偿。当 $\dot{I}_L$ 与 $\dot{I}_C$ 的量值差小于发生电弧的最小电流（称为最小生弧电流）时，电弧就不会发生，也就不会出现谐振过电压现象了。

在电源中性点经消弧线圈接地的三相系统中，与中性点不接地的系统一样，允许在发生单相接地故障时短时（一般规定为两小时）继续运行。在此时间内，应积极查找故障；在暂时无法消除故障时，应设法将负荷转移到备用线路上去。如发生单相接地危及人身和设备安全时，则应动作于跳闸。

中性点经消弧线圈接地的电力系统，在单相接地时，其他两相对地电压也要升高到线电压，即升高为原对地电压的$\sqrt{3}$倍。

1.3.4 中性点直接接地的电力系统

图1-17所示为电源中性点直接接地的电力系统发生单相接地的电路图。这种系统的单相接地，即通过接地中性点形成单相短路，用符号$k^{(1)}$表示。单相短路电流$I_k^{(1)}$比线路的正常负荷电流大得多，因此在系统发生单相短路时保护装置应动作于跳闸，切除短路故障，使系统的其他部分恢复正常运行。

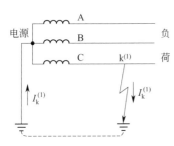

图1-17 中性点直接接地的电力系统在发生单相接地时的电路图

中性点直接接地的系统发生单相接地时，其他两完好相的对地电压不会升高，这与上述中性点不直接接地的系统不同。因此，凡中性点直接接地的系统中的供用电设备的绝缘只需按相电压考虑，而无需按线电压考虑。这对110kV及以上的超高压系统是很有经济技术价值的。因为高压电器特别是超高压电器，其绝缘问题是影响电器设计和制造的关键问题。电器绝缘要求的降低，直接降低了电器的造价，同时改善了电器的性能。因此我国110kV及以上的高压、超高压系统的电源中性点通常都采取直接接地的运行方式。在低压配电系统中，我国广泛采用的TN系统及在国外应用较广的TT系统，均为中性点直接接地系统，在发生单相接地故障时，一般能使保护装置迅速动作，切除故障部分，比较安全。如加装漏电保护器，则对人身安全有更好的保障。

1.4 电力用户供配电系统的特点

1.4.1 电力用户的分类

1) 按照电力系统的过程对负荷分类

按照电力系统的生产、供配电、消耗过程，电力系统负荷可分为如下五类。

（1）用电负荷

用电负荷是指电网供电的用户的用电设备，在某一时刻实际耗用的有功功率与无功功率的总和。通俗地讲，就是用户在某一系统所要求的功率。从电力系统来讲，则是指该时刻为了满足用户用电所需具备的发电能力。

（2）线路损失负荷

电能从发电厂到用户处的电力系统输、变、配电设备在输送过程中，所消耗于供电线路、变压器等设备的全部有功及无功功率。

（3）供电负荷

供电负荷是指用电负荷加上同一时刻的线路损失负荷。从发电厂对电网供电时，在发电厂升压变压器的出线侧，开始测量与计算所负担的电网全部有功及无功负荷称为供电负荷。有的电网把属于地区公用发电厂的厂用电负荷也作为地区供电负荷。

（4）厂用电负荷

电厂在发电过程中，由于制气、凝汽、冷却、排灰等需要消耗一定的电能，而这些厂用电设备所消耗的有功与无功功率，称为厂用电负荷。

(5) 发电负荷

电网上的供电负荷，加上同一时刻的各个发电厂的厂用电负荷，构成电网的全部生产负荷，称为电网发电负荷。

2) 按电力系统中负荷发生时间对负荷分类

根据电力负荷发生时间的不同，可分为以下三类。

(1) 高峰负荷

又称最大负荷，是指电网或用户在一天时间内所发生的最大负荷值。为了分析的方便，常以小时用电量作为负荷。高峰负荷又分为日高峰负荷和夜高峰负荷，在分析某单位的负荷率时，选一天 24h 中最高的一个小时的平均负荷作为高峰负荷。

(2) 低谷负荷

又称最小负荷，是指电网或用户在一天 24h 内发生的用量最少的一个小时平均电量。为了合理用量，应尽量减少发生低谷负荷的时间。对于电力系统来说，高峰负荷与低谷负荷的差值越小，用电越趋近于合理。

(3) 平均负荷

是指电网或用户在某一段确定时间阶段的平均小时用电量。为了分析负荷率，常用日平均负荷，即一天的用电量除以一天的用电小时；为了安排用电量、做好用电计划，往往也用月平均负荷和年平均负荷。

3) 用电负荷分类

① 根据用户在国民经济中所在部门不同，用电负荷可分为四类：工业用电负荷；农业用电负荷；交通运输用电负荷；照明及市政生活用电负荷。

② 根据突然中断供电所引起的损失程度，用电负荷可分为三级：一级负荷；二级负荷；三级负荷。

③ 根据国民经济各个时期的政策和季节的要求，用电负荷可分为三类：优先保证供电的重点负荷；一般性供电的非重点负荷；可以暂时限制或者停止供电的负荷。

1.4.2 电力用户供配电系统的特点

电力用户供配电系统的设计与运行具有以下特点。

(1) 安全性

安全是电力生产的首要任务。在电能的生产、输送、分配和使用中，应保证供电的安全性，确保不发生电气设备事故和人身伤亡等。

(2) 可靠性

保证供电的可靠性，是电力用户供配电系统运行中的一项极为重要的任务。因为供电中断将导致生产停顿、生活混乱，甚至危及人身设备安全，造成严重的经济和政治损失。所以电力用户供配电系统的运行中，要避免发生供电中断，满足用户对供电可靠性的要求。

(3) 保证良好的电能质量

电压和频率是标志电能质量的两个重要指标。我国规定：频率为 50Hz，允许偏差 $\pm(0.2\%\sim0.5\%)$。各级额定电压允许偏差为 $\pm5\%$。电压或频率超过允许偏差范围，不仅对设备的寿命和安全运行不利，还可造成产品减产或报废。所以，电力用户供配电系统在各种运行方式下都应满足用户对电能质量的要求。

(4) 经济性

所谓经济性指基建投资少、年运行费用低。在满足上述必要的技术要求的前提下，提高运行的经济性，力求经济。二者应综合考虑。

(5) 灵活性和方便性

电力用户供配电系统应具有一定的灵活性和方便性。接线力求简单，能适应负荷变化的需要，可以灵活、简便、迅速地由一种运行状态转换到另一种状态，避免发生误操作。并能保证正常维护和检修工作安全、方便地进行。

(6) 发展性

电力用户供配电系统应具有发展和扩建的可能性。为适应将来的发展，对电压等级、设备容量、安装场地等应留有一定发展的余地。

1.5 工厂供电设计的一般知识

工厂供电设计是整个工厂设计的重要组成部分。工厂供电设计的质量直接影响到工厂的生产及其发展。作为从事工厂供电工作的人员，有必要了解和掌握工厂供电设计的有关知识，以便适应工厂供电工作的需要。这里概略介绍工厂供电设计的一般设计原则、设计内容及设计程序与要求。

1.5.1 一般设计原则

按照国家标准 GB 50052—2009《供配电系统设计规范》、GB 50053—2013《20kV 及以下变电所设计规范》、GB 50054—2011《低压配电设计规范》等的规定，进行工厂供电设计必须遵循以下一般设计原则。

① 遵守规程、执行政策　必须遵守国家的有关规程和标准，执行国家的有关方针政策，包括节约能源、节约有色金属等技术经济政策。

② 安全可靠、先进合理　应做到保障人身和设备的安全，供电可靠，电能质量合格，技术先进和经济合理，采用效率高、能耗低和性能较先进的电气产品。

③ 近期为主、考虑发展　应根据工程特点、规模和发展规划，正确处理近期建设与远期发展的关系，做到远、近期结合，以近期为主，适当考虑扩建的可能性。

④ 全局出发、统筹兼顾　必须从全局出发，统筹兼顾，按照负荷性质、用电容量、工程特点和地区供电条件等，合理确定设计方案。

1.5.2 工厂供电设计的内容

工厂供电设计包括变配电所设计、配电线路设计和电气照明设计等。

1) 变配电所设计

无论工厂总降压变电所或车间变电所，设计的内容都基本相同。工厂高压配电所，则除了没有主变压器的选择外，其余的设计内容也与变电所设计基本相同。

变配电所的设计内容应包括：变配电所负荷的计算和无功功率的补偿，变配电所所址的选择，变电所主变压器台数和容量、型式的确定，变配电所主接线方案的选择，进出线的选择，短路计算及开关设备的选择，二次回路方案的确定及继电保护的选择与整定，防雷保护与接地和接零的设计，变配电所电气照明的设计等。最后需编制设计说明书、设备材料清单及工程概（预）算，绘制变配电所主电路图、平剖面图、二次回路图及其他施工图纸。

2) 配电线路设计

工厂配电线路设计分厂区配电线路设计和车间配电线路设计。

厂区配电线路设计，包括厂区高压供配电线路设计及车间外部低压配电线路的设计。其设计内容应包括：配电线路路径及线路结构型式的确定，负荷的计算，导线或电缆及配电设备和保护设备的选择，架空线路杆位的确定及电杆与绝缘子、金具的选择，防雷保护与接地和接零的设计等。最后需编制设计说明书、设备材料清单及工程概（预）算，绘制厂区配电线路系统图和平面图、电杆总装图及其他施工图纸。

车间配电线路设计，包括车间配电线路布线方案的确定、负荷的计算、线路导线及配电设备和保护设备的选择、线路敷设设计等。最后也需编制设计说明书、设备材料清单及工程概（预）算，绘制车间配电线路系统图、平面图及其他施工图纸。

3）电气照明设计

工厂电气照明设计，包括厂区室外照明系统设计和车间（建筑）内照明系统设计。无论是厂区室外照明设计还是车间内照明设计，其内容均应包括：照明光源和灯具的选择，灯具布置方案的确定和照度的计算，照明负荷计算及导线的选择，保护与控制设备的选择等。最后编制设计说明书、设备材料清单及工程概（预）算，绘制照明系统图、平面图及其他施工图纸。

1.5.3 工厂供电设计的程序与要求

工厂供电设计，通常分为扩大初步设计和施工设计两个阶段。大型设计，也有分为初步设计、技术设计和施工设计三个阶段，或分为方案设计、初步设计和施工设计三个阶段的。如果设计任务紧迫，设计规模较小，又经技术论证许可时，也可直接进行施工设计。

1）扩大初步设计

扩大初步设计的任务，主要是根据设计任务书的要求，进行负荷的统计计算，确定工厂的需电容量，选择工厂供电系统的原则性方案及主要设备，提出主要设备材料清单，并编制工程概算，报上级主管部门审批。因此，扩大初步设计资料应包括工厂供电系统的总体布置图、主电路图、平面布置图等图纸及设计说明书和工程概算等。

为了进行扩大初步设计，在设计前必须收集以下资料。

① 工厂的总平面图，各车间（建筑）的土建平、剖面图。

② 工艺、给水、排水、通风、取暖及动力等工种的用电设备平面布置图及主要的剖面图，并附有各用电设备的名称及有关技术数据。

③ 用电设备对供电可靠性的要求及工艺允许停电的时间。

④ 全厂的年产量或年产值及年最大负荷利用小时数，用以估算全厂的年用电量和最高需电量。

⑤ 向当地供电部门收集下列资料：a. 可供的电源容量和备用电源容量；b. 供电电源的电压、供电方式（架空线还是电缆，专用线还是公用线）、供电电源回路数、导线或电缆的型号规格、长度以及进入工厂的方位；c. 电力系统的短路数据或供电电源线路首端的开关断流容量；d. 供电电源首端的继电保护方式及动作电流和动作时限的整定值，电力系统对工厂进线端继电保护方式及动作时限配合的要求；e. 供电部门对工厂电能计量方式的要求及电费计收办法；f. 对工厂功率因数的要求；g. 电源线路厂外部分设计和施工的分工及工厂应负担的投资费用等。

⑥ 向当地气象、地质及建筑安装等部门收集下列资料：a. 当地气温数据，如年最高温度、年平均温度、最热月平均最高温度、最热月平均温度以及当地最热月地面下 0.8~1.0m 处的土壤平均温度等，以供选择电器和导体之用；b. 当地海拔高度、极端最高温度与最低温度等，也是供电器选择之用；c. 当地年雷暴日数，供设计防雷装置之用；d. 当地土壤性质或土壤电阻率，供设计接地装置之用；e. 当地常年主导风向、地下水位及最高洪水位等，供选择变、配电所所址之用；f. 当地曾经出现过或可能出现的最高地震烈度，供考虑防震措施之用；g. 当地电气工程的技术经济指标及电气设备和材料的生产供应情况等，供编制投资概算之用。

必须注意：在向当地供电部门收集有关资料的同时，也应向当地供电部门提供一定的资料，如工厂的生产规模、负荷的性质、需电容量及供电的要求等，并应与供电部门最后达成供用电协议。

2) 施工设计

施工设计是在扩大初步设计经上级主管部门批准后，为满足安装施工要求而进行的技术设计，重点是绘制施工图，因此也称为施工图设计。施工设计须对初步设计的原则性方案进行全面的技术经济分析和必要的计算和修订，以使设计方案更加完善和精确，有助于安装施工图的绘制。安装施工图是进行安装施工所必需的全套图纸资料。安装施工图应尽可能采用国家颁发的标准图样。

施工设计资料应包括施工说明书，各项工程的平、剖面图，各种设备的安装图，各种非标准件的安装图，设备与材料明细表以及工程预算等。

施工设计由于是即将安装施工的最后决定性设计，因此设计时更有必要深入现场调查研究，核实资料，精心设计，以确保工厂供电工程的质量。

思考题与习题

1-1 什么叫电力系统和电力网？建立大型电力系统有何意义？

1-2 电力系统由哪几部分组成？各部分有何作用？

1-3 电力系统的运行特点是什么？水电厂、火电厂和核电站各利用哪种能源？各如何转换为电能的？

1-4 我国三相交流电网额定电压等级有哪些？

1-5 电力变压器的额定一次电压，为什么规定有的要高于相应的电网额定电压 5%，有的又可等于相应的电网额定电压？而其额定二次电压，为什么规定有的要高于相应的电网额定电压 10%，有的又可只高于相应的电网额定电压 5%？

1-6 我国规定的"工频"是多少？对其频率偏差有何规定？衡量电能质量的基本参数是什么？

1-7 三相交流电力系统的电源中性点有哪些运行方式？中性点不直接接地的电力系统与中性点直接接地的电力系统在发生单相接地时各有什么不同特点？

1-8 中性点不接地的电力系统在发生一相弧光接地时有什么危险？中性点经消弧线圈接地后如何能消除单相接地故障点的电弧？

1-9 低压配电系统中的中性线（N线）、保护线（PE线）和保护中性线（PEN线）各有哪些功能？TN-C系统、TN-S系统、TN-C-S系统和IT系统各有什么特点？

1-10 试确定图1-18所示供电系统中发电机和变压器的额定电压。

图 1-18 题 1-10 图

1-11 某厂有两个车间变电所，通过低压联络线相连，如图1-19所示。其中某一车间变电所装有一台无载调压型配电变压器，高压绕组有+5%、0、-5%三个电压分接头，现调在主分接头"0"的位置运行。但白天生产时，低压母线电压只有360V，而晚上不生产时，低压母线电压高达410V。问此变电所低压母线的昼夜电压偏差范围为多少？宜采取哪些改善措施？

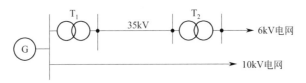

图 1-19 题 1-11 图

第 2 章　电力负荷及计算

> **教学目标**
> - 了解电力负荷的类别和负荷曲线。
> - 掌握负荷计算的相关物理量。
> - 掌握求计算负荷的需要系数法。
> - 掌握求计算负荷的二项式计算法。
> - 学会确定工厂总的计算负荷和企业的耗电量。

2.1　电力负荷及负荷曲线

2.1.1　电力负荷

电力负荷简称负荷或电力，即可以指用电设备或用电单位（用户），也可以指用电设备或用电单位所消耗的电功率或电流。

电力负荷用功率表示时，通常可将电功率分为有功功率、无功功率和视在功率。

电力负荷有时也用电流表示，视具体情况而定。

1) 电力负荷的分级

根据国家标准 GB 50052—2009《供配电系统设计规范》的规定，电力负荷按照对供电可靠性的要求和意外中断供电所造成的损失或影响，将用电负荷分为下列三级。

（1）一级负荷

也称一类负荷，符合下列情况之一时，应为一级负荷。

① 中断供电将造成人身伤亡时。

② 中断供电将在政治、经济上造成重大损失时。例如：重大设备损坏、重大产品报废、用重要原料生产的产品大量报废、国民经济中重点企业的连续生产过程被打乱需要长时间才能恢复等。

③ 中断供电将影响有重大政治、经济意义的用电单位的正常工作。例如：重要交通枢纽、重要通信枢纽、大型体育场馆、经常用于国际活动的大量人员集中的公共场所等用电单位中的重要电力负荷。

在一级负荷中，特别重要的负荷是指在中断供电时，将发生中毒、爆炸和火灾等造成人身伤亡者的负荷，以及特别重要场所的不允许中断供电的负荷。

（2）二级负荷

也称二类负荷，符合下列情况之一时，应为二级负荷。

① 中断供电将在政治、经济上造成较大损失时。例如：主要设备损坏、大量产品报废、连续生产过程被打乱需较长时间才能恢复、重点企业大量减产等。

② 中断供电将影响重要用电单位的正常工作。例如：交通枢纽、通信枢纽等用电单位中的重要电力负荷，城市主要水源、广播电视，以及中断供电将造成大型影剧院、商贸中心等较多人员集中的重要的公共场所秩序混乱。

(3) 三类负荷

也称三级负荷,是指不属于上述一类和二类负荷的其他负荷。对这类负荷突然中断供电所造成的损失不大或不会造成直接损失。例如：工矿企业,除了大中型化工、冶炼、钢铁、煤炭、染织、电信等厂矿企业外,一般机械类工厂均属三级负荷,只有少量属二级负荷。

对负荷等级没有规定的重要电力负荷,应与有关部门协商确定。

2) 各级电力负荷对供电电源的要求

(1) 一级负荷对供电电源的要求

一级负荷属重要负荷,如中断供电将造成十分严重的后果,因此要求应由两个独立电源供电,当一个电源发生故障时,另一个电源应不致同时受到损坏。对于一级负荷中特别重要的负荷,除要求有两个独立电源供电外,还应增设应急电源。为保证对特别重要的负荷供电,严禁将其他负荷接入应急供电系统。常用的应急电源有以下几种：

① 独立于正常电源的自备发电装置;
② 供电网络中有效地独立于正常电源的专门供电线路;
③ 干电池;
④ 蓄电池。

如果一级负荷仅为照明或电话站负荷时,宜采用蓄电池组作为备用电源。

(2) 二级负荷对供电电源的要求

二级负荷也是重要负荷,只是一旦中断供电所造成的后果没有一级负荷那样严重。二级负荷要有一个备用电源,通常要求由互为备用的两条回路供电,供电变压器也应有两台（这两台变压器不一定在同一变电所）供电。在其中一回路或一台变压器发生常见故障时,二级负荷应不致中断供电,或中断后能迅速恢复供电。

当地区供电条件困难或者负荷较小时,二级负荷可由一回路 6kV 及以上的专用架空线路供电。这是考虑架空线路发生故障时,较之电缆线路发生故障时便于发现且易于检查和修复。当采用架空线时,可为一回架空线供电;当采用电缆线路时,必须采用两根电缆组成的线路并列供电,其每根电缆应能承受 100% 的二级负荷。

(3) 三级负荷对供电电源的要求

由于三级负荷为不重要的一般负荷,因此它对供电电源无特殊要求。在机械类工厂中,常用重要电力负荷的级别分类如表 2-1 所示。

表 2-1 中小型机械类工厂中常用重要电力负荷的级别分类

序号	车间	用电设备	负荷级别
1	金属加工车间	价格昂贵、作用重大、稀有的大型数控机床	一级
		价格贵、作用大、数量多的数控机床	二级
2	铸造车间	冲天炉鼓风机、30t 及以上的浇铸起重机	三级
3	热处理车间	井式炉专用淬火起重机、井式炉油槽抽油泵	二级
4	锻压车间	锻造专用起重机、水压机、高压水泵、油压机	二级
5	电镀车间	大型电镀用整流设备、自动流水作业生产线	二级
6	模具成型车间	隧道窑鼓风机、卷扬机	二级
7	层压制品车间	压塑料机及供热锅炉	二级
8	线缆车间	冷却水泵、鼓风机、润滑泵、高压水泵、水压机、真空泵、液压泵、收线用电设备、漆泵电加热设备	二级
9	空压站	单台 60m³/min 以上空压机	二级
		有高位油箱的离心式压缩机、润滑油泵	二级
		离心式压缩机润滑油泵	一级

2.1.2 负荷曲线

电力负荷是随着工厂企业的生产情况变动的,为了描述电力负荷随时间变化的规律,通常用负荷曲线表示。负荷曲线是反映电力负荷随时间变化情况的图形,该曲线画在直角坐标系中,横坐标表示负荷变动所对应的时间(一般以小时为单位),纵坐标表示负荷值(有功功率或无功功率)。

负荷曲线根据横纵坐标表示的物理量不同,可分为有功负荷曲线和无功负荷曲线;负荷曲线按负荷对象的不同,可分为工厂负荷曲线、车间负荷曲线和某台设备负荷曲线;负荷曲线按所表示的负荷变动的时间,可分为日负荷曲线和年负荷曲线或某一工作班的负荷曲线等(当然如果工作需要也可绘制月负荷曲线)。

1) 负荷曲线

(1) 日负荷曲线

日负荷曲线表示电力负荷在一天 24h 内变化的情况,可分为有功(P)日负荷曲线和无功(Q)日负荷曲线。

日负荷曲线可用测量的方法来绘制。绘制的方法是:先将横坐标按一定时间间隔(一般为半小时)分格;再根据功率表读数,将每一时间间隔内功率的平均值,对应于横坐标相应的时间间隔绘在图上,逐点描绘即得依点连成日负荷曲线,如图 2-1(a) 所示。其时间间隔取的越短,则曲线越能反映负荷的实际变化情况。通常,为了使用方便,多绘制成阶梯形日负荷曲线。如图 2-1(b) 所示为阶梯形日负荷曲线,负荷曲线与坐标所包围的面积代表全日所消费的电能量。

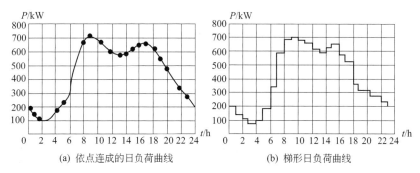

图 2-1 日负荷曲线

(2) 年负荷曲线

负荷曲线中应用较多的为年负荷曲线。它通常是根据典型的冬日和夏日负荷曲线来绘制。如图 2-2(a) 所示,这种曲线的负荷从大到小依次排列,反映了全年负荷变动与对应的负荷持续时间(全年按 8760h 计)的关系。这种曲线称为年负荷持续时间曲线。图 2-2(b)

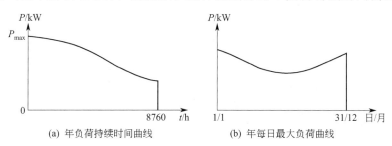

图 2-2 年负荷曲线

所示的曲线是按全年每日的最大半小时平均负荷来绘制的,它反映了全年当中不同时段的电能消耗水平,称为年每日最大负荷曲线。

2) 负荷曲线的特征参数

(1) 年最大负荷 P_{max}

年负荷持续时间曲线上的最大负荷就是年最大负荷 P_{max},它是全年中负荷最大的工作班内(这一工作班的最大负荷在全年中至少出现 2~3 次)消耗电能最大的半个小时平均功率,故它又称为半小时最大负荷 P_{30}。图 2-3 为某厂年有功负荷曲线,此曲线上最大负荷 P_{max} 就是年最大负荷。

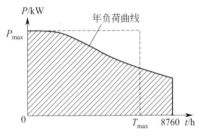

图 2-3 年最大负荷和年最大负荷利用小时

(2) 年最大负荷利用小时 T_{max}

年最大负荷利用小时 T_{max} 是一个等效时间,是假设负荷按最大负荷 P_{max} 持续运行时,在此时间内电力负荷所耗用的电能与电力负荷全年实际耗用的电能相同,年最大负荷利用小时的含义如图 2-3 所示。P_{max} 延伸到 T_{max} 的横线与两坐标轴所包围的矩形面积,恰好等于年负荷曲线与两坐标轴所包围的面积,即全年实际消耗的电能 W_a。因此年最大负荷利用小时

$$T_{max} = \frac{W_a}{P_{max}} \tag{2-1}$$

T_{max} 是一个反映工厂负荷特征的重要参数,与工厂的工作班制有明显关系:如一班制工厂 $T_{max}=1800\sim3000h$,两班制工厂 $T_{max}=3500\sim4800h$,三班制工厂 $T_{max}=5000\sim7000h$。

(3) 平均负荷 P_{av}

平均负荷就是负荷在一定时间 t 内平均消耗的功率,即

$$P_{av} = \frac{W_t}{t} \tag{2-2}$$

式中,W_t 为 t 时间内耗用的电能。

年平均负荷就是全年工厂负荷消耗的总功率除以全年总小时数,图 2-4 用以说明年平均负荷。年平均负荷的横线与两坐标轴所包围的矩形面积,恰好等于年负荷曲线与两坐标轴所包围的面积,即全年实际消耗的电能 W_a。因此,年平均负荷为

$$P_{av} = \frac{W_a}{8760} \tag{2-3}$$

(4) 负荷系数 β

负荷系数又称负荷率,它是用电负荷的平均负荷 P_{av} 与其最大负荷 P_{max} 的比值,即

$$\beta = \frac{P_{av}}{P_{max}} \tag{2-4}$$

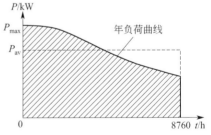

图 2-4 年平均负荷

负荷系数表征负荷曲线波动的程度,即表征负荷起伏变动的程度。β 越小说明曲线起伏越大即负荷变化越大。显然,β 是小于 1 的数值,从充分发挥供电设备的能力和提高供电效率来说,希望此系数越高、越趋近于 1 为好。从发挥整个电力系统的效能来说,应尽量使工厂的不平坦的负荷曲线"削峰填谷",提高负荷系数。

2.1.3 计算负荷的定义

通过负荷的统计计算求出的,用来按发热条件选择供电系统中各元件的负荷值,称为"计算负荷"。"计算负荷"是按发热条件选择电气设备的一个假定负荷,"计算负荷"产生的

热效应须和实际变动负荷产生的最大热效应相等。所以根据"计算负荷"选择导体及电器时，在实际运行中导体及电器的最高温升就不会超过容许值。"计算负荷"的物理意义也可如此理解：设有一电阻为 R 的导体，其负荷在某一时间内是变动的，最高温升达到 A 值，如果此导体在相同时间内，其负荷为另一不变负荷，其最高温升也达到 A 值，则此不变负荷即称为该变动负荷的"计算负荷"，也就是说，"计算负荷"和实际变动负荷的最高温升是等值的。

通常将以半小时平均负荷为依据所绘制的负荷曲线上的"最大负荷"作为计算负荷，并把它作为按发热条件选择电气设备的依据。习惯上将有功计算负荷、无功计算负荷、计算电流以及视在计算负荷分别用 P_{ca}、Q_{ca}、I_{ca} 和 S_{ca} 或用 P_{30}、Q_{30}、I_{30} 和 S_{30} 表示。

这里需要说明的是规定取"半小时平均负荷"的原因，一般中小截面导体的发热时间常数（T）为 10 min 以上。根据经验表明，中小截面导线达到稳定温升所需时间约为 $3T=3\times 10=30$ min，如导线所载为短暂尖峰负荷，显然不可能使导线温升达到最高值，只有持续时间在 30 min 以上的负荷，才有可能构成导线的最高温升。为了使计算方法一致，对其他供电元件（如大截面导线、变压器、开关电器等）均采用半小时（0.5 h）平均负荷的最大值作为计算负荷。

2.1.4 计算负荷的意义和目的

供电系统要能够在正常条件下可靠运行，则其中各个元件（包括电力变压器、开关设备及导线、电缆等）都必须选择得当，除了应满足工作电压和频率的要求外，最重要的就是要满足负荷电流的要求，因此，有必要对供电系统中各个环节的电力负荷进行统计计算。负荷计算主要是确定计算负荷，如前所述，根据计算负荷选择导体及电器时，其实际运行中的最高温升不会超过允许值。

计算负荷是确定供电系统、选择变压器容量、电气设备、导线截面和仪表量程的主要依据，也是整定继电保护的重要数据。计算负荷确定得是否正确合理，直接影响到电器和导线电缆的选择是否经济合理。如计算负荷确定过大，将使电器和导线截面选择过大，造成投资的增加和有色金属的浪费；如计算负荷确定过小，又将使电器和导线处于过负荷下运行，增加电能损耗，产生过热，导致绝缘过早老化甚至烧毁，以致发生事故而造成损失。由此可见，正确确定计算负荷意义重大，是供电设计的前提，也是实现供电系统安全、经济运行的必要手段。但由于负荷情况复杂，影响计算负荷的因素很多，虽然各类负荷的变化有一定的规律可循，但仍难准确确定计算负荷的大小。实际上，负荷也不是一成不变的，它与设备的性能、生产的组织、生产者的技能及能源供应的状况等多种因素有关，因此，负荷计算只能力求尽可能地接近实际。

2.2 用电设备的工作制与设备容量

2.2.1 用电设备按工作制分类及其主要特征

用电设备按其工作制可分为长期连续工作制、短时工作制和反复短时工作制三类。

1) 长期连续工作制设备

这类设备能长期连续运行，每次连续工作时间超过 8 h，而且运行时负荷比较稳定，如通风机、水泵、空压机、电热设备、照明设备、电镀设备、运输机等，都是典型的长期连续工作制设备。机床电动机的负荷虽然变动一般较大，但也属于长期连续工作制设备。

对于长期连续工作制设备，在计算其设备容量时，可直接查取其铭牌上的额定容量（额定功率），不用经过转换。

2) 短时工作制设备

这类设备的工作时间较短,而停歇时间相对较长,在工作时间内,用电设备来不及发热到稳定温度就开始冷却,其发热足以在停歇时间内冷却到周围介质的温度。如,机床上某些辅助电动机(如进给电动机)、控制闸门用的电动机等。

短时工作制设备在工厂负荷中所占比例很小,在计算其设备容量时,也是直接查取其铭牌上的额定容量(额定功率)。

3) 反复短时工作制设备

这类设备的工作呈周期性,时而工作时而停歇,如此反复,而工作周期一般不超过10min,无论工作或停歇,均不足以使设备达到热平衡。反复短时工作制也叫断续工作制,其工作时间 t 与 t_0 停歇时间相互交替,如电焊机和吊车电动机等。

反复短时工作制的设备,通常用负荷持续率(或称暂载率)ε 表征其工作特征。通常用一个工作周期内工作时间占整个周期的百分比来表示

$$\varepsilon = \frac{t}{T} = \frac{t}{t+t_0} \times 100\% \tag{2-5}$$

式中,T 为工作周期;t 为工作周期内的工作时间;t_0 为工作周期内的停歇时间。

起重电动机的标准暂载率有 15%、25%、40%、60% 四种。电焊设备的标准暂载率有 50%、65%、75%、100% 四种。

2.2.2 用电设备的设备容量的确定

一般每台用电设备的铭牌上都标有额定容量,但各用电设备的工作条件不同,有的是长期工作制,有的是反复短时工作制。并且同一设备所规定的额定容量在不同的暂载率下工作时,其输出功率是不同的。因此作为用电设备组的设备容量就不能简单地直接相加,而必须首先换算成同一工作制下的设备容量,然后才能相加,并且对同一工作制有不同暂载率的设备,其设备容量也要按规定的暂载率进行统一换算。

(1) 长期工作制和短时工作制

用电设备组的设备容量 P_N 等于各用电设备铭牌上规定的额定容量之和,即

$$P_e = \sum P_N \tag{2-6}$$

(2) 反复短时工作制

其用电设备组的设备容量,应是换算到规定的统一暂载率下各用电设备的设备容量之和。

反复短时工作制设备的设备容量(铭牌功率)P_N,是对应于某一标准负荷持续率 ε_N 的。如实际运行的负荷持续率 $\varepsilon \neq \varepsilon_N$,则实际容量应按同一周期内等效发热条件进行换算。由于电流 I 通过电阻为 R 的设备在 t 时间内产生的热量为 I^2Rt,因此在设备产生相同热量的条件下,$I \propto 1/\sqrt{t}$。而在同一电压下,设备容量 $P \propto I$。又由式(2-5)知,同一周期 T 的负荷持续率 $\varepsilon \propto t$,因此 $P \propto 1/\sqrt{\varepsilon}$,即设备容量与负荷持续率的平方根值成反比。由此可知,如设备在 ε_N 下的容量为 P_N,则换算到 ε 下的设备容量 P_e 为

$$P_e = P_N \sqrt{\frac{\varepsilon_N}{\varepsilon}} \tag{2-7}$$

设备的具体换算关系如下。

① 吊车电动机。吊车(起重机)电动机的设备容量 P_e,是将其额定容量 P_N 折算 $\varepsilon = 25\%$ 时的有功功率,即

$$P_e = P_N \sqrt{\frac{\varepsilon_N}{\varepsilon_{25}}} = 2P_N \sqrt{\varepsilon_N} \tag{2-8}$$

式中，P_N 为（换算前）设备铭牌额定功率；P_e 为换算后设备容量；ε_N 为设备铭牌暂载率；ε_{25} 为值为 25% 的暂载率（计算中用 0.25）。

② 电焊机及电焊变压器组。电焊机及电焊变压器组的设备容量应统一换算到 $\varepsilon=100\%$ 时的设备容量，其换算关系为

$$P_e = P_N \sqrt{\varepsilon_N} = S_N \cos\varphi_N \sqrt{\varepsilon_N} \tag{2-9}$$

式中，S_N 为设备铭牌额定容量；$\cos\varphi_N$ 为设备铭牌功率因数。

③ 电炉变压器组的设备容量是指在额定功率因数 $\cos\varphi_N$ 下的有功功率之和，其计算公式为

$$P_e = S_N \cos\varphi_N \tag{2-10}$$

(3) 照明设备

照明用电设备的设备容量为：

① 白炽灯、碘钨灯的设备容量，是指灯泡上标出的额定功率；

② 日光灯还要考虑镇流器的功率损耗（约为灯管功率的 20%），其设备容量为灯管额定功率的 1.2 倍；

③ 高压水银荧光灯、金属卤化物灯，也要考虑到镇流器功率损耗（约为灯泡功率的 10%），其设备容量应为灯泡额定功率的 1.1 倍。

(4) 备用设备的容量不列入设备总容量

在确定计算负荷时，成组用电设备的设备容量，是指不应包括备用设备在内的所有单个用电设备的额定功率。

无论是工厂或高层建筑，都有相当一部分的备用设备，如工厂的备用通风机、水泵、鼓风机、空压机，高层建筑中的备用生活水泵、空调制冷设备等，这些备用设备的容量在计算时不能列在设备总容量之中。

消防水泵、专用消防电梯以及在消防状态下才使用的送风机、排烟机等，及在非正常状态下使用的用电设备都不列入总设备容量之内；当夏季有制冷的空调系统，而冬季则利用锅炉采暖时，由于后者用电设备容量小于前者，因此锅炉的用电设备容量也不计入总用电设备容量。

例 2-1 某小批量生产车间 380V 线路上接有金属切削机床共 30 台（其中，10.5kW 的 5 台，7.5kW 的 10 台，5kW 的 15 台），车间有 380V 电焊机 2 台（每台容量 20kVA，$\varepsilon_N=65\%$，$\cos\varphi_N=0.5$），车间有吊车 1 台（11kW，$\varepsilon_N=25\%$），试计算此车间的设备容量。

解：(1) 金属切削机床的设备容量

金属切削机床属于长期连续工作制设备，所以 30 台金属切削机床的总容量为

$$P_{e1} = \sum P_{ei} = 5\times10.5 + 10\times7.5 + 15\times5 = 202.5\text{kW}$$

(2) 电焊机的设备容量

电焊机属于反复短时工作制设备，它的设备容量应统一换算到 $\varepsilon=100\%$，所以 2 台电焊机的设备容量为

$$P_{e2} = 2S_N \sqrt{\varepsilon_N} \cos\varphi_N = 2\times20\times\sqrt{0.65}\times0.5 = 16.1\text{kW}$$

(3) 吊车的设备容量

吊车属于反复短时工作制设备，它的设备容量应统一换算到 $\varepsilon_N=25\%$，所以 1 台吊车容量为

$$P_{e3} = P_N \sqrt{\frac{\varepsilon_N}{\varepsilon_{25}}} = P_N = 11\text{kW}$$

(4) 车间的设备总容量

$$P_e = 202.5 + 16.1 + 11 = 229.6\text{kW}$$

2.3 求计算负荷的方法

2.3.1 概述

负荷计算的目的主要是确定"计算负荷",目前负荷计算的方法常用需要系数法和二项式系数法。

需要系数法比较简便,使用广泛。因该系数是按照车间以上的负荷情况来确定的,故适用于变配电所的负荷计算。二项式系数法考虑了用电设备中几台功率较大的设备工作时对负荷影响的附加功率,计算结果往往偏大,一般适用于低压配电支干线和配电箱的负荷计算。

使用需要系数法和二项式系数法进行负荷计算时,都必须根据设备名称、类型、数量查取需要系数和二项式系数。常用设备的需要系数和二项式系数如表 2-2 所示。

表 2-2 各用电设备组的需要系数 K_d、二项式系数及功率因数

用电设备名称	需要系数 K_d	二项式系数 b	二项式系数 c	最大容量设备台数	功率因数 $\cos\varphi$	$\tan\varphi$
小批量生产金属冷加工机床	0.16~0.2	0.14	0.4	5	0.5	1.73
大批量生产金属冷加工机床	0.18~0.25	0.14	0.5	5	0.5	1.73
小批量生产金属热加工机床	0.25~0.3	0.24	0.4	5	0.6	1.33
大批量生产金属热加工机床	0.3~0.35	0.26	0.5	5	0.65	1.17
通风机、水泵、空压机	0.7~0.8	0.65	0.25	5	0.8	0.75
非连锁的连续运输机械	0.5~0.6	0.4	0.2	5	0.75	0.88
连锁的连续运输机械	0.65~0.7	0.6	0.2	5	0.75	0.88
锅炉房和棚口、机修、装配车间的吊车	0.1~0.15	0.06	0.2	3	0.5	1.73
铸造车间吊车	0.15~0.25	0.09	0.3	3	0.5	1.73
自动装料电阻炉	0.75~0.8	0.7	0.3	2	0.95	0.33
非自动装料电阻炉	0.65~0.75	0.7	0.3	2	0.95	0.33
小型电阻炉、干燥箱	0.7	0.7	0		1.0	0
高频感应电炉(不带补偿)	0.8				0.6	1.33
工频感应电炉(不带补偿)	0.8				0.35	2.68
电弧熔炉	0.9				0.87	0.57
点焊机、缝焊机	0.35				0.6	1.33
对焊机	0.35				0.7	1.02
自动弧焊变压器	0.5				0.4	2.29
单头手动弧焊变压器	0.35				0.35	2.68
多头手动弧焊变压器	0.4				0.35	2.68
生产厂房、办公室、实验室照明	0.8~1				1.0	0
变配电室、仓库照明	0.5~0.7				1.0	0
生活照明	0.6~0.8				1.0	0
室外照明	1				1.0	0

2.3.2 用电设备组计算负荷的确定

1)需要系数法

由于一个用电设备组中的设备并不一定同时工作,工作的设备也不一定都工作在额定状态下,另外考虑到线路的损耗、用电设备本身的损耗等因素,设备或设备组的计算负荷等于用电设备组的总容量乘以一个小于 1 的系数,叫做需要系数,用 K_d 表示。

需要系数法的基本公式:
$$P_{30} = K_d P_e \tag{2-11}$$
$$P_e = \sum P_{ei} \tag{2-12}$$

式中，K_d 为需要系数；P_e 为设备容量，为用电设备组所有设备容量之和；P_{ei} 为每组用电设备的设备容量。

用需要系数法求计算负荷的步骤应从负载端开始，逐级上推，到电源进线端止。现以例 2-1 某企业供配电系统为例，求其计算负荷。为简单清晰起见，各级计算负荷的下标以数字替代 ca。下面分别介绍其计算方法和步骤。

(1) 确定单台用电设备分支线的计算负荷

对单台用电设备宜取 $K_d=1$，因此，对单台电动机

$$P_{30}=\frac{P_N}{\eta_N} \tag{2-13}$$

式中，P_N 为电动机的铭牌功率；η_N 为电动机的铭牌效率。

而对单台电热设备、电炉、白炽灯来说，$P_{30}=P_e$，即计算负荷等于设备容量。

(2) 确定用电设备组的计算负荷

确定了用电设备容量之后，就要将用电设备按需要系数表上的分类方法详细地分成若干组，即将工艺性质相同且需要系数相近的用电设备合成组，进行各用电设备组的负荷计算。

有功计算负荷：

$$P_{30}=K_d P_e \tag{2-14}$$

无功计算负荷：

$$Q_{30}=P_{30}\tan\varphi \tag{2-15}$$

视在计算负荷：

$$S_{30}=\sqrt{P_{30}^2+Q_{30}^2} \tag{2-16}$$

计算电流：

$$I_{30}=\frac{S_{30}}{\sqrt{3}U_N} \tag{2-17}$$

在使用需要系数法时，要正确区分各用电设备或设备组的类别。机修车间的金属切削机床电动机，应属于小批生产的冷加工机床电动机。压塑机、拉丝机和锻锤等，应属于热加工机床电动机。起重机、行车、电葫芦、卷扬机等，实际上都属于吊车类。

(3) 确定多组用电设备的计算负荷

在确定多组用电设备的计算负荷时，应考虑各组用电设备的最大负荷不会同时出现的因素，计入一个同时系数 K_Σ，该系数取值见表 2-3。还应先分别求出各组用电设备的计算负荷 P_{30i}、Q_{30i}，再结合不同情况即可求得总的计算负荷。

总的有功计算负荷：

$$P_{30}=K_\Sigma \sum P_{30i} \tag{2-18}$$

总的无功计算负荷：

$$Q_{30}=K_\Sigma \sum Q_{30i} \tag{2-19}$$

总的视在计算负荷：

$$S_{30}=\sqrt{P_{30}^2+Q_{30}^2} \tag{2-20}$$

总的计算电流：

$$I_{30}=\frac{S_{30}}{\sqrt{3}U_N} \tag{2-21}$$

表 2-3 需要系数法的同时系数 K_Σ

应用范围	K_Σ	应用范围	K_Σ
1. 确定车间变电所低压线路最大负荷		2. 确定配电所母线的最大负荷	
(1)冷加工车间	0.7~0.8	(1)计算负荷小于 5000kW	0.9~1.0
(2)热加工车间	0.7~0.9	(2)计算负荷为 5000~10000kW	0.85
(3)动力站	0.8~1.0	(3)计算负荷大于 10000kW	0.8

注：① 无功负荷和有功负荷可取用相同的同时系数。
② 当用各车间的设备容量直接计算全厂的计算负荷时，应同时乘以表中两种同时系数。

例 2-2 用需要系数法计算例 2-1 车间的计算负荷。

解：（1）金属切削机床组的计算负荷

查表 2-2，取需要系数和功率因数为：$K_d=0.2$，$\cos\varphi=0.5$，$\tan\varphi=1.73$，根据式(2-18)～式(2-21)，有

$$P_{30(1)}=0.2\times202.5=40.5\text{kW}$$
$$Q_{30(1)}=40.5\times1.73=70.1\text{kvar}$$
$$S_{30(1)}=\sqrt{40.5^2+70.1^2}=80.96\text{kVA}$$
$$I_{30(1)}=\frac{80.96}{\sqrt{3}\times0.38}=122.7\text{A}$$

（2）电焊机组的计算负荷

查表 2-2，取需要系数和功率因数为 $K_d=0.35$，$\cos\varphi=0.35$，$\tan\varphi=2.68$，有

$$P_{30(2)}=0.35\times16.1=5.6\text{kW}$$
$$Q_{30(2)}=5.6\times2.68=15.0\text{kvar}$$
$$S_{30(2)}=\sqrt{5.6^2+15.0^2}=16.0\text{kVA}$$
$$I_{30(2)}=\frac{16}{\sqrt{3}\times0.38}=24.3\text{A}$$

（3）吊车组的计算负荷

查表 3-2，取需要系数和功率因数为 $K_d=0.15$，$\cos\varphi=0.5$，$\tan\varphi=1.73$，有

$$P_{30(3)}=0.15\times11=1.7\text{kW}$$
$$Q_{30(3)}=1.7\times1.73=2.9\text{kvar}$$
$$S_{30(3)}=\sqrt{1.7^2+2.9^2}=3.4\text{kVA}$$
$$I_{30(3)}=\frac{3.4}{\sqrt{3}\times0.38}=5.2\text{A}$$

（4）全车间的总计算负荷

根据表 2-3，取同时系数 $K_\Sigma=0.8$，所以全车间的计算负荷为

$$P_{30}=K_\Sigma\sum P_{ei}=0.8\times(40.5+5.6+1.7)=38.24\text{kW}$$
$$Q_{30}=K_\Sigma\sum Q_{ei}=0.8\times(70.1+15+2.9)=70.4\text{kvar}$$
$$S_{30}=\sqrt{38.24^2+70.4^2}=80.12\text{kVA}$$
$$I_{30}=\frac{80.12}{\sqrt{3}\times0.38}=121.4\text{A}$$

2）二项式系数法

在计算设备台数不多，而且各台设备容量相差较大的车间干线和配电箱的计算负荷时宜采用二项式系数法。基本公式：

$$P_{30}=bP_e+cP_x \tag{2-22}$$

式中，b、c 为二项式系数，根据设备名称、类型、台数查表 2-2 选取；bP_e 为用电设备

组的平均负荷，其中 P_e 为用电设备组的设备总容量；P_x 为指用电设备中 x 台容量最大的设备容量之和。cP_x 指用电设备中 x 台容量最大的设备投入运行时增加的附加负荷。

其余的计算负荷 Q_{30}、S_{30} 和 I_{30} 的计算公式与前述需要系数法相同。

① 对 1 或 2 台用电设备可认为 $P_{30}=P_e$，即 $b=1$，$c=0$。

② 用电设备组的有功计算负荷的求取直接应用式(2-22)，其余的计算负荷与需要系数法相同。

③ 采用二项式系数法确定多组用电设备的总计算负荷时，也要考虑各组用电设备的最大负荷不同时出现的因素。与需要系数法不同的是，这里不是计入一个小于或等于 1 的综合系数，而是在各组用电设备中取其中一组最大的附加负荷 $(cP_x)_{max}$，再加上各组平均负荷 bP_e，由此求出设备组的总计算负荷。

先求出每组用电设备的计算负荷 P_{30i}、Q_{30i}，则总的有功计算负荷为

$$Q_{30}=(bP_e)_i+(cP_x)_{max} \tag{2-23}$$

总的无功计算负荷为

$$P_{30}=\sum(bP_e\tan\varphi)_i+(cP_x)_{max}\tan\varphi_{max} \tag{2-24}$$

式中，$(cP_x)_{max}$ 为各组 cP_x 中最大的一组附加负荷；$\tan\varphi_{max}$ 为最大附加负荷 $(cP_e\tan\varphi)_i$ 的设备组的 $\tan\varphi$。

求出 P_{30}、Q_{30} 后，可根据式(2-20)、式(2-21)求出 S_{30} 和 I_{30}。

例 2-3 用二项式法计算例 2-1 车间的金属切削机床组的计算负荷。

解：查表 2-2，取二项式系数 $b=0.14$，$c=0.4$，$x=5$，$\cos\varphi=0.5$，$\tan\varphi=1.73$，则

$$P_x=P_5=10.5\times 5=52.5\text{kW}$$

根据式(2-19)~式(2-22)，有

$$P_{30}=bP_e+cP_x=0.14\times 202.5+0.4\times 52.5=49.35\text{kW}$$

$$Q_{30}=49.35\times 1.73=85.4\text{kvar}$$

$$S_{30}=\sqrt{49.35^2+85.4^2}=98.6\text{kVA}$$

$$I_{30}=\frac{98.6}{\sqrt{3}\times 0.38}=149.4\text{A}$$

2.3.3 功率损耗和电能损耗

电流流过配电线路和变压器时，将引起有功功率损耗和无功功率损耗。供配电系统中的线路和变压器由于常年运行，其功率损耗和电能损耗相当可观，直接关系到供电系统的经济效益问题。因此，在准确计算全厂的负荷时，应计入这部分功率损耗。

1) 工厂供电系统的功率损耗

工厂供电系统的功率损耗分为线路损耗和变压器损耗两部分。

(1) 线路功率损耗的计算

线路功率损耗包括有功和无功两大部分。但当线路很短时二者均可以忽略不计。

① 有功功率损耗。有功功率损耗是电流通过线路电阻所产生的。如线路单位长度的电阻值为 R_0，线路长度为 L，则有功功率损耗为

$$\Delta P_{WL}=3I_{30}^2R_0L=3I_{30}^2R_{WL} \tag{2-25}$$

式中，I_{30} 为线路的计算电流；ΔP_{WL} 为有功功率损耗；R_{WL} 为每相线路总电阻。

附录表 1 列出了 LJ 型铝绞线的主要技术数据，可查得其各种截面下的 R_0 值。

② 无功功率损耗。无功功率损耗是电流通过线路电抗所产生的。如线路单位长度的电抗值 X_0（可查附录表 1），线路长度 L，则无功功率损耗为

$$\Delta Q_{WL}=3I_{30}^2X_0L=3I_{30}^2X_{WL} \tag{2-26}$$

式中，I_{30} 为线路的计算电流；X_{WL} 为每相线路的电抗。

(2) 变压器功率损耗的计算

变压器功率损耗也包括有功和无功两大部分。

① 变压器的有功功率损耗。变压器的有功功率损耗又由两部分组成：一部分是变压器中的有功功率损耗，可认为就是变压器的空载损耗 ΔP_0，也就是铁损。另一部分是一、二次绕组中的有功功率损耗，可认为就是变压器的短路损耗 ΔP_k，即铜损。则变压器的有功功率损耗为：

$$\Delta P_T = \Delta P_0 + \Delta P_k \beta^2 \qquad (2-27)$$

$$\beta = S_{30}/S_N \qquad (2-28)$$

式中，β 为变压器的负荷率；S_N 为变压器的额定容量；S_{30} 为变压器的计算负荷。

② 变压器的无功功率损耗

变压器的无功功率损耗也由两部分组成：一部分是用来产生主磁通即产生励磁电流的一部分无功功率 ΔQ_0。近似地与空载电流成正比，即

$$\Delta Q_0 \approx \frac{I_0 \%}{100} S_N \qquad (2-29)$$

式中，$I_0\%$ 为变压器空载电流占额定电流的百分值。

另一部分是在变压器一、二次绕组电抗上的无功功率 ΔQ_N。由于变压器绕组的电抗远大于电阻，因此 ΔQ_N 近似地与短路电压（即阻抗电压）成正比，即

$$\Delta Q_N \approx \frac{U_k \%}{100} S_N \qquad (2-30)$$

式中，$U_k\%$ 为变压器的短路电压占额定电压的百分值。
变压器总的无功功率损耗为

$$\Delta Q_T = \Delta Q_0 + \Delta Q_N \beta^2 \qquad (2-31)$$

2) 供配电系统的电能损耗

(1) 线路的电能损耗

线路上全年的电能损耗 ΔW_a 可按下式计算

$$\Delta W_a = 3 I_{30}^2 R_{WL} \frac{T_{max}^2}{8760} \qquad (2-32)$$

式中，I_{30} 为通过线路的计算电流；R_{WL} 为线路每相的电阻；T_{max} 为年最大负荷利用小时数。

(2) 变压器的电能损耗

变压器的电能损耗包括以下两部分。

① 变压器铁损 ΔP_{Fe} 引起的电能损耗。其全年电能损耗为

$$\Delta W_{a1} = \Delta P_0 \times 8760 \qquad (2-33)$$

② 变压器铜损 ΔP_{Cu} 引起的电能损耗，其全年电能损耗为

$$\Delta W_{a2} = \Delta P_k \beta^2 \frac{T_{max}^2}{8760} \qquad (2-34)$$

由此可得变压器全年的电能损耗为

$$\Delta W_a = \Delta W_{a1} + \Delta W_{a2} \qquad (2-35)$$

2.3.4 全厂计算负荷的确定

1) 用需要系数法计算全厂计算负荷

在已知全厂用电设备总容量 P_e 的条件下，乘以一个工厂的需要系数 K_d 即可求得全厂的

有功计算负荷，即

$$P_{30} = K_d P_e \quad (2\text{-}36)$$

式中，K_d 为全厂的需要系数值，查表 2-4 选取。

其他计算负荷求法如前述。全厂负荷的需要系数及功率因数如表 2-4 所示。

例 2-4 已知某一班制电器开关制造工厂共有用电设备容量 4500kW，试估算该厂的计算负荷。

解：查表取 $K_d = 0.35$，$\cos\varphi = 0.75$，$\tan\varphi = 0.88$，根据公式，有

$$P_{30} = 0.35 \times 4500 = 1575 \text{kW}$$

$$Q_{30} = 1575 \times 0.88 = 1386 \text{kvar}$$

$$S_{30} = \sqrt{1575^2 + 1386^2} = 2098 \text{kVA}$$

$$I_{30} = \frac{2098}{\sqrt{3} \times 0.38} = 3187.7 \text{A}$$

表 2-4 全厂负荷的需要系数及功率因数

工厂类别	需要系数	功率因数	工厂类别	需要系数	功率因数
汽轮机制造厂	0.38	0.88	石油机械制造厂	0.45	0.78
锅炉制造厂	0.27	0.73	电线电缆制造厂	0.35	0.73
柴油机制造厂	0.32	0.74	电器开关制造厂	0.35	0.75
重型机床制造厂	0.32	0.71	橡胶厂	0.5	0.72
仪器仪表制造厂	0.37	0.81	通用机械厂	0.4	0.72
电机制造厂	0.33	0.81			

2）用逐级推算法计算全厂的计算负荷

在确定了计算负荷及损耗后，要确定车间或全厂的计算负荷，可以采用由用电设备组开始，逐级向电源方向推算的方法。如图 2-5 所示，在确定全厂计算负荷时，应从用电末端开始，逐步向上推算至电源进线端。例如：P_{305} 应为其所有出线上的计算负荷 P_{306} 等之和，再乘上同时系数 K_Σ。

P_{304} 要考虑线路 WL_2 的损耗，因此

$$P_{304} = P_{305} + \Delta P_{WL_2} \quad (2\text{-}37)$$

P_{303} 由 P_{304} 等几条干线上计算负荷之和乘以一个同时系数 K_Σ 而得。

P_{302} 还要考虑变压器的损耗，因此

$$P_{302} = P_{303} + \Delta P_T + \Delta P_{WL_1} \quad (2\text{-}38)$$

P_{301} 由 P_{302} 等几条高压配电线路上计算负荷之和乘以一个同时系数 K_Σ 而得。

对中小型工厂来说，厂内高低压配电线路一般不长，其功率损耗可略去不计。

电力变压器的功率损耗，在一般的负荷计算中，还可采用简化公式来近似计算。

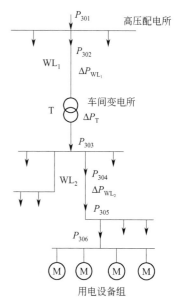

图 2-5 逐级推算法示意图

有功功率损耗：

$$\Delta P_T = 0.015 S_{30} \quad (2\text{-}39)$$

无功功率损耗：

$$\Delta Q_T = 0.06 S_{30} \quad (2\text{-}40)$$

式中，S_{30} 为变压器二次侧的视在计算负荷。

3) 按年产量和年产值估算全厂的计算负荷

如果已知工厂的年产量 A 或年产值 B，可以根据工厂的单位产量耗电量 a 或单位产值耗电量 b，求出工厂的全年耗电量 W_a。

$$W_a = Aa = Bb \tag{2-41}$$

式中，各类工厂的单位产量耗电量 a 或单位产值耗电量 b 可从有关设计手册查取。

在求出全年耗电量 W_a 后，利用公式(2-42)，即可求出全厂的有功计算负荷。

$$P_{30} = \frac{W_a}{T_{\max}} \tag{2-42}$$

其他计算负荷参数 Q_{30}、S_{30}、I_{30} 的计算，按式(2-19)～式(2-21)可求得。

2.3.5 工厂的功率因数、无功补偿及补偿后的计算负荷

1) 工厂的功率因数

工厂的功率因数有以下三种。

(1) 瞬时功率因数

瞬时功率因数是由功率因数表直接进行测量所得出的值。由于负荷在不断变动之中，因此瞬时功率因数是不断变化的。

瞬时功率因数也可由功率表、电流表和电压表的读数计算得出。

$$\cos\varphi = \frac{P}{\sqrt{3}UI} \tag{2-43}$$

式中，P 为三相有功功率表读数，kW；U 为电压表测出的线电压数，kV；I 为电流表测出的线电流数，A。

(2) 平均功率因数

对于已正式投产一年以上的用电单位，平均功率因数可根据过去一年的电能消耗量来计算，即

$$\cos\varphi = \frac{P_{av}}{\sqrt{P_{av}^2 + Q_{av}^2}} = \frac{W_p}{\sqrt{W_p^2 + W_q^2}} = \frac{1}{\sqrt{1 + \left(\frac{W_q}{W_p}\right)^2}} \tag{2-44}$$

式中，W_p 为某一时间（如一月、一年）内消耗的有功电能，由有功电能表计量，kW·h；W_q 为某一时间内消耗的无功电能，由无功电能表计量，kvar·h。

(3) 最大负荷时的功率因数

最大负荷时的功率因数是指在年最大负荷（即计算负荷）时的功率因数，它按下式求得：

$$\cos\varphi = \frac{P_c}{S_c} = \frac{1}{\sqrt{1 + \left(\frac{\beta Q_c}{\alpha P_c}\right)^2}} \tag{2-45}$$

式中，P_c 为有功计算负荷，kW；Q_c 为无功计算负荷，kvar；α、β 为有功和无功负荷系数，一般 $\alpha \approx 0.7 \sim 0.8$，$\beta = 0.75 \sim 0.85$。

以上三种功率因数中，相互之间既有联系，又有很大的区别。瞬时功率因数是某一瞬间所反映的功率因数大小，用于检测和确定手动投切并联电容量的多少；平均功率因数是指运行的一段时间内的值；最大负荷时的功率因数则主要用于设计计算补偿容量。

2) 功率因数低的影响

功率因数低，会对供电系统和电器设备造成很大的影响，主要表现在以下几点：

① 影响供电质量，使线路电压损耗增大；

② 使发电、配电设备的容量得不到充分利用；

③ 增加了线路的截面；
④ 电能损耗大，不经济。

3) 无功功率的人工补偿

提高功率因数，首先要采取措施提高用电单位的自然功率因数，如经努力仍达不到规定要求的，则最有效而经济的措施是采用无功功率补偿装置，即在电路中并联电力电容器。

(1) 并联电容器的补偿原理

如图 2-6 所示，在交流电路中，同一电压 $\dot{U}$ 作用下，纯电阻负荷的电流 $\dot{I}_R$ 与之同相位，纯电感负荷中的电流 $\dot{I}_L$ 滞后于 $\dot{U}$ 90°，而纯电容电流 $\dot{I}_C$ 超前 $\dot{U}$ 90°，由此可见，$\dot{I}_C$ 与 $\dot{I}_L$ 是反相位的，在电路中起到相互抵消的作用。

由图 2-7 可见，电感电流 $\dot{I}_L$ 被电容电流 $\dot{I}_C$ 抵消了一部分，则电路的合成电流由原来的 $\dot{I}$ 变成 $\dot{I}'$，$\dot{I}' < \dot{I}$，即电路的总电流减少了；功率因数角由原来的 φ 减小为 φ'，$\varphi' < \varphi$，因此 $\cos\varphi' > \cos\varphi$，整个电路的功率因数提高了。

由图 2-7 可见补偿有以下三种情况：
① 如果 $I_C < I_L$，则 φ' 为正角，称为欠补偿；
② 如果 $I_C = I_L$，则 $\varphi' = 0$，为全补偿；
③ 如果 $I_C > I_L$，则 φ' 为负角，属于过补偿。

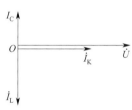

图 2-6 交流电路中电压与电流关系相量图

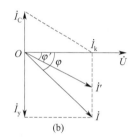

图 2-7 提高功率因数的原理图

在 $\cos\varphi' \approx 0.95$ 后，要再提高功率因数，则并联电力电容器的电容量将增加很多，这既不经济也没有必要；如果过补偿，则更是得不偿失的。因此，在实际工程设计及应用中，总是采用欠补偿，把功率因数提高到 0.9～0.95。

并联电容器在电力系统中除了能补偿无功功率、提高电网功率因数外，还能减少电路的总电流，由此可减小线路截面和电能损耗、电压损耗及用户电费支出，而且可明显提高电气设备的有功功率，以及同样多的负荷下可减小变压器的容量。

(2) 并联电容器容量和数量的选择

图 2-8 表示了无功功率补偿后功率因数的提高。由图可见，原无功计算功率 Q_c 经补偿无功功率 $Q_{c.c}$ 后，减少为 Q_c'，在有功计算功率 P_c 不变的情况下，视在计算功率 S_c 减少为 S_c'，电路功率因数由 $\cos\varphi$ 提高到 $\cos\varphi'$，即整个电路的视在计算功率和相应的计算电流都降低了，但功率因数提高了。

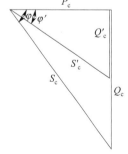

图 2-8 无功功率补偿与功率因数的提高

由图 2-8 可知，要使功率因数由 $\cos\varphi$ 提高到 $\cos\varphi'$，电路中必须装设的并联电容器容量为

$$Q_{c.c} = Q_c - Q_c' = P_c(\tan\varphi - \tan\varphi') = P_c \cdot \Delta q_c \tag{2-46}$$

式中，$\Delta q_c = \tan\varphi - \tan\varphi'$ 叫做"比补偿容量"或"补偿率"，单位为 kvar/kW。

在计算 $Q_{c.c}$ 后，根据并联电容器每只的容量 q_c，就可求得所需要的电容器个数为

$$n = \frac{Q_{c.c}}{q_c} \tag{2-47}$$

这里要注意三点：一是如果选用单相电容器，则个数 n 应为 3 的整倍数，以利于三相均衡分配；二是选用电容器的个数及容量要尽可能同厂家产品样本（或设计手册）的无功功率补偿屏（柜）规格一致；三是按实际选用个数和容量后，与原计算所需要补偿的值 $Q_{c.c}$ 一般不一致，这时应按实际选用的电容器容量 $Q'_{c.c}$ 为准。

（3）无功功率补偿后的计算负荷

装设无功补偿装置后，在靠电源侧，即确定补偿装置装设地点前的计算负荷时，必须使用改变后的无功计算负荷（Q'_c）和视在计算负荷（S'_c），即

$$Q'_c = Q_c - Q_{c.c} \tag{2-48}$$

式中，$Q_{c.c}$ 为实际选用的值。

$$S'_c = \sqrt{P_c^2 + (Q_c - Q_{c.c})^2} = \sqrt{P^2 + Q'^2} \tag{2-49}$$

由以上分析可知，在变压器低压侧装设了无功补偿装置以后，视在计算负荷将明显减少。视在计算负荷的减少，不仅降低变压器的容量，减少变压器本身的成本，而且节约了相应的配套电气设备、导线电缆、保护装置以及占地等。由此可见，提高功率因数有利于电力系统。

2.4 尖峰电流及其计算

尖峰电流 I_{pk} 是指单台或多台用电设备持续 1~2 秒的短时最大负荷电流。计算电流是指半小时最大平均电流，可见尖峰电流比计算电流大的多。它是由于电动机启动、电压波动等原因引起的，瞬时出现的一种正常工作电流。

计算尖峰电流的目的是选择熔断器、整定低压断路器和继电保护装置、计算电压波动及检验电动机自启动条件等时使用。

2.4.1 单台用电设备的尖峰电流的计算

单台用电设备（如电动机）尖峰电流一般就是用电设备的启动电流，即

$$I_{pk} = I_{st} = K_{st} I_N \tag{2-50}$$

式中，I_{st} 为用电设备的启动电流；I_N 为用电设备的额定电流；K_{st} 为用电设备的启动电流倍数（可查样本或铭牌，对笼型电动机一般为 5~7，对绕线型电动机一般为 2~3，对直流电动机一般为 1.7，对电焊用变压器一般为 3 或稍大）。

2.4.2 多台用电设备尖峰电流的计算

多台用电设备尖峰电流指启动电流最大的一台设备正在启动、其余设备正常运行时的电流。其计算公式为

$$I_{pk} = K_\Sigma \sum_{i=1}^{n-1} I_{N_i} + I_{st\ max} \tag{2-51}$$

或

$$I_{pk} = I_C + (I_{st} - I_N)_{max} \tag{2-52}$$

式中，$I_{st\ max}$ 为用电设备组中启动电流与额定电流之差为最大的那台设备的启动电流；$(I_{st} - I_N)_{max}$ 为用电设备组中启动电流与额定电流之差为最大的那台设备的二者电流之差；$\sum_{i=1}^{n-1} I_{N_i}$ 为除了启动电流与额定电流之差为最大的那台设备外，其他（$n-1$）台设备的额定电流之和；K_Σ 为上述（$n-1$）台设备的同时系数，其值按台数多少选取，一般为 0.7~1；

I_c 为全部设备投入运行时线路的计算电流。

例 2-5 有一 380V 配电干线,给三台电动机供电。已知 $I_{N_1}=5A$,$I_{N_2}=4A$,$I_{N_3}=10A$,$I_{st1}=35A$,$I_{st2}=16A$,$K_{St3}=3$,求该配电线路的尖峰电流。

解:根据公式(2-51)计算线路的尖峰电流。第 3 台电动机的启动电流为

$$I_{pk}=I_{st}=K_{st3}I_{N_3}=3\times10=30A$$

可见,最大启动电流是 I_{st1},则 $I_{st\,max}=35A$,取 $K_\Sigma=0.9$,因此该线路的尖峰电流为

$$I_{pk}=K_\Sigma(I_{N_2}+I_{N_3}+I_{st\,max})=0.9\times(4+10)+35=47.6$$

思考题与习题

2-1 什么叫电力负荷?

2-2 电力负荷根据供电可靠性分成几级?各级负荷对供电电源有何要求?

2-3 何谓负荷曲线?试述最大负荷小时数和负荷系数的物理意义。

2-4 进行负荷计算的目的是什么?正确进行负荷计算有何重要意义?

2-5 什么叫计算负荷?确定计算负荷的目的何在?

2-6 需要系数法和二项式系数法各有什么特点?各自的适用范围如何?

2-7 用电设备按工作制分为几类?各有何工作特点?

2-8 供电系统中,无功功率补偿的方式有几种?各种补偿方式有何特点?

2-9 功率因数有哪几种?功率因数低有什么不利影响?

2-10 简述无功功率人工补偿的原理。

2-11 已知某机修车间金属切削机床组,有电压为 380V 的三相电动机,其中 7.5kW 的 3 台,4kW 的 8 台,3kW 的 17 台,1.5kW 的 10 台,试用需要系数法求其计算负荷。

2-12 已知某机修车间的金属切削机床组,有 380V 三相交流电动机,其中 22kW 的 2 台,7.5kW 的 6 台,4kW 的 12 台,1.5kW 的 6 台,试求其计算负荷。

2-13 某工厂金工车间有吊车 1 台,其吊车电动机的额定电压为 380V,$\cos\varphi=0.7$,$\varepsilon_N=15\%$ 时的额定功率为 18kW,试求该电动机的设备容量及计算电流。

2-14 某机修车间的 380V 线路上,接有金属切削机床电动机 20 台共 50kW,其中较大容量的电动机有 7.5kW 1 台,4kW 3 台,2.2kW 7 台;另有通风机 2 台共 3kW;电阻炉一台 2kW。试分别用需要系数法和二项式法确定该线路的计算负荷。

2-15 某车间的 380V 线路上,接有水泵电动机(15kW 以下)30 台,共 205kW;另有通风机 25 台,共 45kW;电焊机有 3 台,共 10.5kW($\varepsilon_N=65\%$)。试用需要系数法确定该线路上总的计算负荷。

2-16 某机械加工车间的 380V 线路上,接有金属切削机床组电动机 30 台共 85kW,其中较大容量的电动机有 11kW 1 台,7.5kW 3 台,4kW 6 台;另有通风机 3 台,共 5kW;电葫芦一个,3kW($\varepsilon_N=40\%$)。试分别用需要系数法和二项式法确定线路上总的计算负荷。

第 3 章　变配电实用技术

> **教学目标**
> - 了解各种供配电系统电气设备的分类。
> - 了解电力变压器、电流互感器和电压互感器的用途、组成及工作原理。
> - 掌握各种高压开关电器的应用场合、结构特点、主要性能、选择方法及使用注意事项。
> - 了解高低压成套配电装置的类型和结构特点。

3.1　电力设备概述

3.1.1　电气一次设备

在发电厂和变电所中，为了满足用户对电力的需求和保证电力系统运行的安全稳定性和经济性，安装有各种电器设备。通常把直接生产、运输、分配和使用电能的设备称为一次设备。它们包括：

① 生产和转换电能的设备，如将机械能转换成电能的发电机，变换电压、传输电能的变压器等；

② 接通或断开电路的开关设备，如高压断路器、隔离开关、熔断器、重合器等；

③ 载流导体，如母线、电缆等，用于按照一定的要求把各种电器设备连接起来，组成传输和分配电能的电路；

④ 互感器，互感器分为电压互感器和电流互感器，分别将一次侧的高电压或大电流变为二次侧的低电压或小电流，提供给二次回路的测量仪表和继电器；

⑤ 保护电器，如限制短路电流的电抗器和预防过电压的避雷器等；

⑥ 接地装置，埋入地下的金属接地体（或连成接地网）。

通常一次设备用规定的文字符号表示，见表 3-1。

表 3-1　常用一次设备的符号与用途

设备名称	文字符号	用途	设备名称	文字符号	用途
直流发电机	GD	将机械能转化成电能	电流互感器	TA	测量电流
交流发电机	GS	将机械能转化成电能	电压互感器	TV	测量电压
直流发电动机	MD	将电能转换成机械能	高压断路器	QF	投、切高压电路
交流电动机	M、MA、MS	将电能转化成机械能	低压断路器	QF	投、切低压电路
双绕组变压器	TM	变换电压	隔离开关	QS	隔离电源
三绕组变压器	TM	变换电压	负荷开关	QL	投、切电路
自耦变压器	TA	变换电压	接触器	KM	投、切低压电路
电抗器	L	限制短路电流	熔断器	FU	短路保护
分裂电抗器	L	限制短路电流	避雷器	FA	过电压保护

3.1.2　电气二次设备

二次设备是指用于对电气一次设备和系统的运行状况进行测量、控制、保护和监察的设备。它们包括：

① 测量仪表，如电压表、电流表、功率表、电能表、频率表等，用于测量一次电路中的电气参数。

② 继电保护及自动装置，各种继电器和自动装置等，用于监视一次系统的运行状况，迅速反应不正常情况并进行调节，或作用于断路器跳闸，切断故障；

③ 直流设备，如直流发电机、蓄电池组、硅整流装置，保护、控制电气设备和事故照明灯等。

3.1.3 电器设备的主要额定参数

电器设备的种类很多，其作用、结构和工作原理各不相同，使用的条件和要求也不一样，但额定电压、额定电流、额定容量都是最主要的额定参数。

（1）额定电压

额定电压是国家根据经济发展的需要、技术经济的合理性、制造能力和产品系列性能等各种因素所规定的电气设备的标准电压等级。电器设备在额定电压（铭牌上所规定的标称电压）下运行，能保证最佳的技术性能与经济性。

我国规定的额定电压，按电压高低和适用范围分为以下三类。

① 第一类额定电压。第一类额定电压是100V及以下的电压等级，主要用于安全照明、蓄电池及开关设备的直流操作电压。直流为6V、12V、24V、48V；交流单相为12V、36V，三相线电压为36V。

② 第二类额定电压。第二类额定电压是100～1000V之间的电压等级，如表3-2所示。这类额定电压应用最广、数量最多，如动力、照明、家用电器和控制设备等。

表3-2 第二类额定电压　　　　　　　　　　　　　　　　单位：V

用电设备			发电机		变压器			
直流	三相交流		直流	三相交流	单项		三相	
	线电压	相电压			一次绕组	二次绕组	一次绕组	二次绕组
110			115					
	(127)			(133)	(127)			
						(133)	(127)	(133)
		127	230	230	220			
220	220					230	220	230
		220	400	400	380			
	380						380	400
400								

③ 第三类额定电压。第三类额定电压是1000V及以上的高电压等级，如表3-3所示，主要用于电力系统中的发电机、变压器、输配电设备和用电设备。

表3-3 第三类额定电压　　　　　　　　　　　　　　　　单位：kV

用电设备与电网额定电压	交流发电机	变压器		设备最高工作电压
		一次绕组	二次绕组	
3	3.15	3及3.15*	3.15及3.3	3.5
6	6.3	6及6.3*	6.3及6.6	6.9
10	10.5	10及10.5*	10.5及11	11.5
	13.8	13.8		
	15.75	15.75		
	18	18		
	20	20		

续表

用电设备与电网额定电压	交流发电机	变压器		设备最高工作电压
		一次绕组	二次绕组	
35		35	38.5	40.5
(60)		(60)	(66)	69
110		110	121	126
220		220	242	252
330		330	363	363
500		500	550	550
750		750	825	825

注：①表中所列均为线电压；②括号内电压仅限于特殊地区；③水轮发电机允许用非标准额定电压；④"＊"适用于升压变压器。

对表 3-3 进行分析，可以发现有以下规律：

① 用电设备（即负荷）的额定电压与电网的额定电压是相等的；

② 发电机的额定电压比其所在电力网的电压高 5%；

③ 变压器的一次绕组是接受电能的，可看成是用电设备，其额定电压与用电设备的额定电压相等，而直接与发电机相连接的升压变压器的一次侧电压应与发电机电压相配合；

④ 变压器的二次绕组相当于一个供电电源，它的空载额定电压要比其所在电网的额定电压高 10%，但在 3、6、10(kV) 电压时，由于这时相应的配电线路距离不长，二次绕组的额定电压均高出电网电压 5%。

（2）额定电流

电器设备的额定电流（标牌中的规定值）是指在规定的周围环境温度和绝缘材料允许温度下允许通过的最大电流值。当设备周围的环境温度不超过介质的规定温度时，按照设备的额定电流工作，其各部分的发热温度不会超过规定值，电气设备有正常的使用寿命。

（3）额定容量

发电机、变压器和电动机额定容量的规定条件与额定电流相同。变压器的额定容量都是指视在功率（kVA）值，表明容量最大一绕组的容量；发电机的额定容量可以用视在功率（kVA）值表示，但一般是用有功功率（kW）值表示，这是为便于与拖动发电机的原动机（汽轮机、水轮机等）的功率相比较；电动机容量通常用有功功率（kW）值表示，以便于与它拖动的机械的额定容量相比较。

3.2 电力变压器

3.2.1 变压器简介

在国民经济的各个部门，变压器已被广泛应用。从电力的生产、输送、分配到各用电部门，都采用各式各样的变压器。

首先，以电力系统来说，变压器就是一个主要电器。发电机输出的电压受发电机绝缘水平限制，一般为 6.3kV、10kV、10.5kV，最高不超过 30kV。这样的电压等级不能够大容量、远距离输送电能，因为在输送一定功率的电能时，电压越低，则电流越大，将会有大量的功率消耗在输电线路的电阻上，同时大电流还将在线路上引起很大的电压降，以致使电能根本送不出去。所以大容量、远距离的电能输送，必须先用升压变压器将发电机的端电压，升高到几十千伏至几百千伏，以降低输送电流（同时也减小了导线截面），减少输电线路的功率损耗，将电能远距离大功率的输出。当电能输送到用户端时，又必须用降压变压器把输电线路上的高压降低到配电系统的电压,然后经过一系列的配电变压器,进一步将电压降低到用户可以使用的电压,图 3-1 为变压器在电能输送过程中的作用示意图。

图 3-1 变压器在电能传输、分配中的作用

由此可见,在电力系统中各个电能传送环节中,变压器的地位是非常重要的,变压器的安全可靠运行直接关系到整个供电系统的可靠性。

变压器除了在电力系统中应用广泛外,还应用于其他工业部门。例如,在电炉、整流设备、电焊设备、矿山、船舶等领域,都需采用专门的变压器。此外,在试验设备、测量设备和控制设备中也有各式各样的变压器。

变压器工作原理是建立在电磁感应原理的基础上的,通过电磁感应在绕组间实现电能的传递任务。图 3-2 是一台双绕组变压器的示意图。

不同类型的变压器,尽管在结构、外形、体积和重量上有很大的差异,但是它们的基本结构主要是由铁芯和绕组两部分组成。

铁芯是变压器磁路的主体部分,一般用硅钢片做成,担负着变压器原、副边的电磁耦合任务。

绕组是变压器电路的主体部分,我们把变压器与

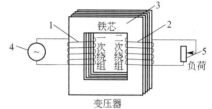

图 3-2 双绕组变压器示意图
1——一次绕组;2——二次绕组;
3——铁芯;4——发电机;5——负荷

电源相接的一侧称为"原边",相应的绕组称为原绕组(或一次绕组),其电磁量用下标数字"1"表示;而与负载相接的一侧称为"副边",相应的绕组称为副绕组(或二次绕组),其电磁量用下标数字"2"表示。

3.2.2 电力变压器的结构

电力变压器是用于电力系统中变换电压的变压器,种类很多,按其相数分,可分为单相电力变压器和三相电力变压器;按其绕组的数目分,可分为双绕组、三绕组、多绕组和自耦变压器;按其调压方式分,有无载调压和有载调压;按冷却介质分,有干式和油浸式两类。而油浸式变压器又分为油浸自冷式、油浸风冷式和强迫油循环风冷(或水冷)式三种。

电力系统中应用最广泛的电力变压器是双绕组、油浸自冷电力变压器,电力变压器基本结构是由两个或两个以上的绕组绕在同一个铁芯柱上,绕组和铁芯的组合称为变压器器身,器身装置在油箱内,油箱上装有散热管(片)、绝缘套管、调压装置、冷却装置、保护装置、防爆装置等,如图 3-3 所示。

(1)铁芯

变压器的铁芯有两种基本结构,即心式和壳式。铁芯本身由铁芯柱和铁轭两部分组成。被包围着的部分称为铁芯柱。铁轭则作为闭合磁路之用。

如图 3-4(a)所示的心式铁芯变压器中,一、二次绕组环绕在铁芯柱上。这种铁芯构造比较简单,所以是应用较多的结构形式;同时在这种结构中具有较多的位置装设绝缘,所以常适用于电压较高的变压器。

如图 3-4(b)所示的壳式变压器,一、二次绕组被铁芯包围。这种变压器用铜量较少,铁芯散热较容易,适用于小功率大电流的单相变压器和特殊用途的变压器,如电焊变压器、

电炉变压器等。

变压器铁芯内的磁通是交变的，因此会产生一定的磁滞损耗与涡流损耗。为了减少铁芯内这些损耗，铁芯通常都用表面涂有漆膜、厚度为 0.35mm 或 0.5mm 的硅钢片冲压成一定的形状后叠装而成。

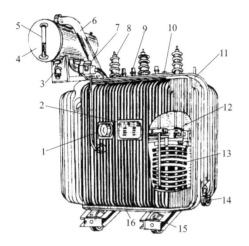

图 3-3　三相油浸式电力变压器
1—信号温度计；2—铭牌；3—吸湿器；4—油枕（储油柜）；
5—油位指示器（油标）；6—防爆管；7—瓦斯继电器；
8—高压套管；9—低压套管；10—分接开关；11—油箱；
12—铁芯；13—绕组及绝缘；14—放油阀；
15—小车；16—接地端子

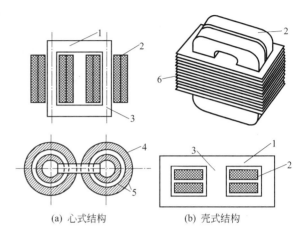

图 3-4　变压器铁芯的结构形式
1—铁轭；2—绕组；
3—铁芯柱；4—高压绕组；
5—低压绕组；6—铁芯

（2）绕组

根据变压器的高压绕组与低压绕组的相对位置，绕组又可分为同心式与交叠式两种。

同心式绕组适用于心式变压器，同心式绕组大都是低压绕组套在里面，高压绕组套在外面。高压绕组与低压绕组之间有一定的绝缘间隙，并用绝缘纸筒隔开，绝缘的厚度根据绕组额定电压而定。

同心式绕组根据制造方法的不同，又可分为圆筒式、螺旋式、连续式和纠结式等，如图 3-5 所示。

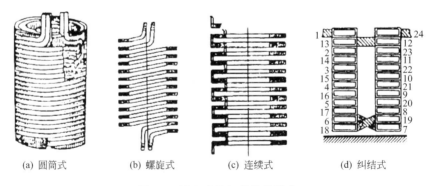

图 3-5　同心式绕组的几种形式

（3）油箱

油箱是变压器的外壳，内装铁芯、绕组和变压器油。变压器油起绝缘、冷却和灭弧作用。油箱是变压器身的保护箱体和变压器支持部件，变压器的其他附件分别装置在箱体的端盖顶部、侧方和底部。

(4) 油枕

油枕的容积一般为箱体容积的 10%，其作用是储油和补油，保证变压器的油位高度，减少油面与空气的接触面积，减缓油的氧化过程，空气中吸入的水分、灰尘和氧化油垢沉积于油枕的底部积污区，减缓了绝缘油劣化速度，当变压器内部故障时，箱体内压增大，油枕起到减缓内压的作用。

(5) 呼吸器

油枕经呼吸器与大气相通，呼吸器内装有氯化钙或氯化钴浸渍过的硅胶，当大气流入后，硅胶吸收空气中的水分和杂质，起到过滤空气、使绝缘油保持良好的性能。

(6) 散热器

运行中的变压器箱体内的上、下油产生温差时，绝缘油经散热管形成了油的对流循环，经散热器冷却后流回油箱底部，起到降低油温的作用。大容量变压器运行中为了提高油冷却的效果，采用的冷却方式主要有以下几种：

① 油浸自冷式；
② 油浸风冷式；
③ 强迫油循环风冷式；
④ 强迫油循环水冷式。

(7) 防爆管

防爆管装于变压器的顶盖上，它通过喇叭形的管子与大气相通，管口用玻璃防爆膜封住。当运行中的变压器内部发生故障而其保护装置失灵，使变压器箱体内压增大，超过一定数值后，防爆玻璃破裂，将油分解的气体排出，防止了变压器内部压力骤增对油箱的破坏。

(8) 绝缘套管

绝缘套管是变压器高、低压绕组引线的固定和连接装置。变压器绕组通过绝缘套管、接线端子从内部引出到外部，与一、二次电路连接，是变压器相对箱体的绝缘部分。

(9) 瓦斯继电器

瓦斯继电器是一种非电量的气体继电器，装于变压器油箱和油枕连接管上，是变压器内部故障的保护装置。变压器运行中发生故障时，油箱内压力增大。当故障不严重时油箱内压力增大，瓦斯继电器的触点接通发出信号；当变压器内部严重故障时，油箱内压力剧增，瓦斯继电器触点接通动作，断路器跳闸，防止故障的扩大。

(10) 分接头开关

分接头开关是调整变压器变比的装置，双卷变压器、三卷变压器的一次、二次绕组一般有 3~5 个分接抽头挡位。分接开关装于变压器端盖的部位，经传动杆伸入变压器油箱内与高压绕组的抽头相连接，改变分接开关的位置，调整低压绕组的电压。分接开关有无载调压和有载调压两种。

3.2.3 电力变压器的铭牌和额定值

变压器的铭牌数据是制造厂对变压器正常工作时所作的使用规定。变压器的额定值就标注在铭牌上，变压器按额定值运行称为额定运行。

每台电力变压器的铭牌上主要记载有下列各项：①变压器型号；②额定视在功率；③额定电压；④额定电流；⑤频率；⑥相数；⑦接线图与连接组别；⑧阻抗电压；⑨冷却方式等。下面介绍电力变压器的型号和额定值。

1) 电力变压器的型号

电力变压器的型号如下：

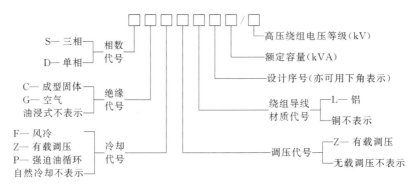

例如 SL7—1000/10，为三相铝绕组油浸式电力变压器，设计序号为 7，额定容量为 1000kVA，高压绕组电压为 10kV；S9-800/10，为三相铜绕组浸式电力变压器，设计序号为 9，额定容量为 800kVA，高压绕组电压为 10kV。

2）电力变压器的额定值

使用任何电气设备，其工作电压、电流、功率等都是有一定限定的。例如，流过变压器一、二次绕组的电流不能无限增大，否则将造成绕组导线及其绝缘的过热而损坏；施加到原绕组的电压也不能无限升高，否则将产生一、二次绕组之间或绕组匝间或绕组与铁芯之间的绝缘击穿，造成变压器损坏，甚至危及人身安全。为了确保变压器安全、可靠、经济、合理地运行，生产厂家对它在给定的工作条件下能正常运行，规定了容许的工作数据，我们称为额定值，通常在相应的电气量标注下标"N"，并标注在产品的铭牌上。要正确使用变压器，必须弄清楚额定数据的含义。主要额定数据如下。

（1）额定电压

额定电压是根据变压器的绝缘强度和允许温升而规定的，以伏或千伏为单位。变压器的额定电压有一次侧额定电压 U_{1N} 和二次侧额定电压 U_{2N}，U_{1N} 指原边应加的电源电压，U_{2N} 指原边加上 U_{1N} 时副边绕组的空载电压。应注意的是，三相变压器一次和二次侧额定电压都是指线电压。

（2）额定电流

额定电流是根据变压器允许温升而规定的，以安或千安为单位。变压器的额定电流有一次侧额定电流 I_{1N} 和二次侧额定电流 I_{2N}，是变压器一次、二次绕组长期允许通过的电流。同样应注意的是，三相变压器中的 I_{1N} 和 I_{2N} 都是指线电流。额定电流的计算公式为

单相变压器：
$$I_{1N}=\frac{S_N}{U_{1N}} \tag{3-1}$$

$$I_{2N}=\frac{S_N}{U_{2N}} \tag{3-2}$$

三相变压器：
$$I_{1N}=\frac{S_N}{\sqrt{3}U_{1N}} \tag{3-3}$$

$$I_{2N}=\frac{S_N}{\sqrt{3}U_{2N}} \tag{3-4}$$

式中，S_N 为变压器额定容量。

使用变压器时，不允许超过其额定电流值，变压器长期过负荷运行将缩短其使用寿命。

（3）额定容量 S_N

额定容量是指其二次绕组的额定视在功率，用 S_N 表示，以伏安或千伏安为单位。变压器额定容量反映了变压器传递功率的能力，即变压器二次侧的输出能力。其计算公式为

单相变压器：
$$S_N=U_{2N}I_{2N} \tag{3-5}$$

三相变压器：
$$S_N = \sqrt{3} U_{2N} I_{2N} \qquad (3-6)$$

(4) 阻抗电压 U_K

阻抗电压又称为短路电压。对双绕组变压器来说，当一个绕组短接时，在另一个绕组中为产生额定电流所需要施加的电压称为阻抗电压或称短路电压，用 U_K 表示。阻抗电压常以额定电压的百分数来表示。阻抗电压值的大小，在变压器运行中有着重要意义，它是计算短路电流的依据。

(5) 空载损耗 P_0

指变压器二次侧开路，一次侧施加额定电压时变压器的损耗，它近似等于变压器的铁损。空载损耗可以通过空载实验测得。

(6) 短路损耗 P_K

指变压器一、二次绕组流过额定电流时，在绕组的电阻中所消耗的功率。短路损耗可以通过短路实验测得。

(7) 空载电流 I_0

当用额定电压施加于变压器的一个绕组上，而其余绕组均为开路时，变压器所吸取电流的三相算术平均值叫做变压器的空载电流。空载电流用额定电流的百分数表示。空载电流的大小主要取决于变压器的容量、磁路结构、硅钢片质量等因素，它一般为额定电流的 3%～5%。

(8) 额定温升

变压器的额定温升是以环境温度为+40℃作参考，规定在运行中允许变压器的温度超出参考环境温度的最大温升。我国标准规定，绕组的温升限值为 65℃，上层油面的温升限值为 35℃，确保变压器上层油面最高温度不超过 95℃。

(9) 冷却方式

为了使变压器运行时温升不超过限值，通常需进行可靠地散热和冷却处理，变压器铭牌上用相应的字母代号表示不同的冷却循环方式和冷却介质，如表 3-4 所示。

表 3-4 冷却循环方式和冷却介质字母代号对照

冷却介质	循环方式	冷却介质	循环方式
A——空气	N——自然循环	L——不燃性合成油	
W——水	F——强迫循环	O——矿物油（合成油）	
G——气体	D——强迫导向油循环		

(10) 连接组别

所谓变压器的连接组别，是指变压器一、二次绕组因采用不同连接方式而形成变压器一、二次侧对应的线电压之间的不同相位关系。三相电力变压器的绕组一般采用星形和三角形两种。在三相变压器中，原绕组的始端为 A、B、C，末端为 X、Y、Z；副绕组的始端为 a、b、c，末端为 x、y、z。

① 中性点星形连接（Y）：一次或二次绕组用符号"Y（或 y）"表示，把三个首端 A、B、C（或 a、b、c）引出，将末端 X、Y、Z（或 x、y、z）连接在一起。若把中性点引出，表示为"N（或 n）"，就成为 YN 或 yn 接法，为三相四线制。

② 三角形连接（D）：一次或二次绕组用符号"D（或 d）"表示，规定顺三角形接法的各相间连接次序为 AX-BY-CZ（或 ax-by-cz），然后从首端 A、B、C（或 a、b、c）向外引出，称为顺序连接，若按 AX-CZ-BY（或 ax-cz-by）次序连接，称为逆序连接。现在新国标只有顺序连接。

我国生产的三相电力变压器常用 Yyn、Yd、Ynd、Dyn 四种连接方法。其中，大写字母表示高压绕组的连接法；小写字母表示低压绕组的连接法。例如 Y，ynO、Y，d11，标号中 Y、y 表示星形连接，d 表示三角形连接，n 表示有中性点引线。各符号中由左至右代表一、二次侧绕组连接方式，数字代表二次侧与一次侧电压的相角位移。

3.2.4 电力变压器的并列运行条件

在发电厂和变电所中，经常遇到变压器的并列运行，就是将两台以上变压器的一、二次绕组同标号的出线端连在一起，直接或经过一段线路接到母线上的运行方式。电力系统中广泛采用两台以上变压器并联运行的供电方式。变压器并列供电方式的优点如下。

① 可提高供电的可靠性，检修方便。当某台变压器发生故障，可以把它从电网上切除检修，其他变压器继续运行，保证电网正常供电。

② 可提高变压器的利用效率，改善供电系统的功率因数。变电所的负载通常是在发展生产中逐渐增加，可以根据负载的需要以及季节和生产的需求不同，调整投入并列运行变压器的台数，以提高系统的运行效率。并可提高系统的功率因数。

③ 可减少变压器的备用容量。随着用电量的增加，逐渐增加变压器，分期安装新增变压器，可减少变压器中的备用容量。

以上优点表明，变压器并列运行方式在技术上是经济合理的，但是并列变压器的台数过多，将增加设备投资和安装面积。

变压器并列运行时，各台变压器的容量和结构形式可以不同，但希望达到以下要求：

① 在并列组未带负载时，组内各变压器之间没有环流，以避免铜损耗；

② 带负载时，各变压器所承担负载应按其容量的大小成正比例的分配，使并列组的容量得到充分发挥；

③ 带负载时，各变压器所承担的电流与总的负载电流同相位，使共同承担的总电流最大。

要达到上述的理想并列情况，必须满足以下条件：

① 各变压器的额定电压与电压比相等；

② 各变压器的连接组别号相同；

③ 各变压器的短路阻抗标示值相等，短路阻抗角相同。

一般情况下，要同时满足上述各条件并不难，可以做到在空载时，并列运行的各台变压器之间没有环流；负载运行时，各台变压器绕组中的负载电流与它们的容量成正比地分配，而不出现某台变压器过载或欠载的情况。但如有一个条件不满足，并列运行就会存在问题。

3.3 电流互感器和电压互感器

3.3.1 概述

互感器包括电流互感器和电压互感器，是一次系统和二次系统之间的联络元件。就其结构和工作原理来说与变压器类似，是一种特殊的变压器。

目前，互感器常用电磁式和电容式，随着电力系统容量的增大和电压等级的提高，光电式、无线电式互感器正应运而生，将使用于电力生产中。

互感器的功能如下。

① 隔离高压电路。互感器的两边没有电的联系，只有磁的联系，可使测量仪表和保护电器与高压电路隔离，保证二次设备和工作人员的安全。

② 扩大仪表、继电器等二次设备的应用范围，例如一只 5A 量程的电流表，通过电流互感器就可测量很大的电流；同样，一只 100V 的电压表，通过电压互感器就可测量很高的

电压。

③ 使测量仪表和继电器小型化、标准化，并可简化结构，降低成本，有利于批量生产。

3.3.2 电压互感器

(1) 工作原理

电压互感器的基本结构原理图如图 3-6 所示。

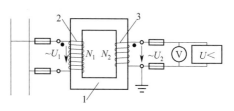

图 3-6 电压互感器
1—铁芯；2——次绕组；3—二次绕组

它的一次绕组匝数很多，二次绕组匝数很少，其工作原理类似于降压变压器。工作时，一次绕组并接在高压电路中，二次绕组与测量仪表和继电器的电压线圈并联，由于电压线圈的阻抗很大，所以电压互感器工作时二次绕组接近于空载状态。电压互感器的额定变比为：

$$K_V = \frac{U_{1N}}{U_{2N}} \approx \frac{N_1}{N_2} \tag{3-7}$$

式中，K_V 为电压互感器的变比；N_1 为一次线圈的匝数；N_2 为二次线圈的匝数；U_{1N} 为一次线圈的额定电压；U_{2N} 为二次线圈的额定电压，一般规定为 100V。

(2) 电压互感器的分类及型号

电压互感器按相数分，有单相、三相、三芯柱和三相五芯柱式；按绕组分，有双绕组式和三绕组式；按绝缘与其冷却方式分，有干式（含环氧树脂浇注式）、油浸式和充气式（SF_6）；按安装地点分，有户内式和户外式。

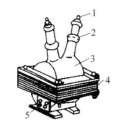

图 3-7 JDZJ—10 型电压互感器
1—次接线端子；2—高压绝缘套管；3——、二次绕组，环氧树脂浇注；4—铁芯（壳式）；5—二次接线端子

图 3-7 是应用广泛的单相三绕组、户内 JDZJ—10 型电压互感器外形图。三个 JDZJ—10 型电压互感器接成图 3-8(d) 所示的 $Y_0/Y_0/\triangle$ 接线形式，供小电流接地系统中作电压、电能测量及绝缘监察之用。

电压互感器全型号的表示和含义如下：

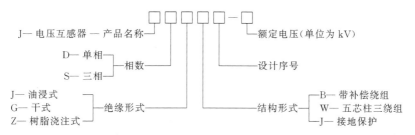

(3) 电压互感器的接线方案

电压互感器在三相电路中有图 3-8 所示四种常见的接线方式。

① 一个单相电压互感器的接线，如图 3-8(a) 所示，供仪表、继电器接于一个线电压。

② 两个单相电压互感器接成 V/V 形，如图 3-8(b) 所示，适用于工厂变配电所的 6～10kV 高压配电装置中，供仪表、继电器测量、监视三相三线制系统中的各个线电压。

③ 三个单相电压互感器接 Y_0/Y_0 形如图 3-8(c) 所示，供仪表、继电器测量、监视三相三线制系统中的线电压和相电压。由于小电流接地系统在一次侧发生单相接地时，另两相电压要升高到线电压，所以绝缘监察电压表应按线电压选择，否则在发生单相接地时，电压表可能被烧毁。

④ 三个单相三绕组电压互感器或一个三相五芯柱三绕组电压互感器接成 $Y_0/Y_0/\triangle$ 形，

如图 3-8(d) 所示，其接成 Y_0 的二次绕组，与图 3-8(c) 相同，辅助二次绕组接成开口三角形。系统正常运行时，由于三个相电压对称，因此开口三角形两端的电压接近于零。当某一相接地时，开口三角两端将出现近 100V 的零序电压，使电压继电器 KV 动作，发出单相接地信号。

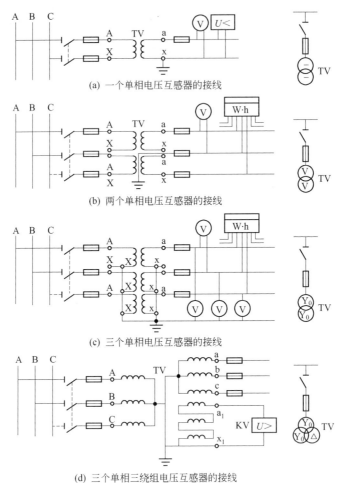

图 3-8 电压互感器的接线方案

（4）电压互感器使用注意事项

① 电压互感器在工作时其二侧不得短路，由于电压互感器一、二次侧都是在并联状态下工作的，发生短路时，将产生很大的短路电流，有可能烧毁互感器，甚至影响一次电路的安全运行，因此电压互感器的一、二次侧都必须装设熔断器进行短路保护，熔断器的额定电流一般为 0.5A。

② 电压互感器二次侧有一端必须接地，是为了防止一、二次绕组的绝缘击穿时，一次侧的高电压窜入二次侧，危及人身和设备的安全。

③ 电压互感器在连接时，要注意其端子的极性电压互感器在连接时，一定要注意端子的极性，否则其二次侧所接仪表、继电器中的电压就不是预想的电压，影响正确测量，乃至引起保护装置的误动作。

（5）电压互感器的配置原则

电压互感器的配置原则是：应满足测量、保护、同期和自动装置的要求；保护在运行方式改变时,保护装置不失压、同期点两侧都能方便地取得电压。通常按如下配置。

① 母线 6~220kV 电压级的每组主母线的三相上应安装电压互感器,旁路母线侧视回路出线外侧装设电压互感器的需要而确定。

② 线路当需要监视和检测线路断路器外侧无电压,以供同期和自动重合闸使用时,该侧装一台单相电压互感器。

③ 发电机一般在出口处装两组。一组(三只单相、双绕组,Y 接线)用于自动调节励磁装置。一组供测量仪表、同期和继电保护使用,该组电压互感器采用三相五柱式或三只单相接地专用互感器,接成 $Y_0/Y_0/\triangle$ 接线,辅助绕组接成开口三角形,供绝缘监察用。当互感器负荷太大时,可增设一组不完全星形连接的互感器,专供测量仪表使用。50MW 及以下发电机中性点常还设一单相电压互感器,用于定子接地保护。

④ 变压器低压侧有时为了满足同步或继电保护的要求,设有一组电压互感器。

3.3.3 电流互感器

(1) 工作原理

电流互感器的原理图如 3-9 所示。它的一次绕组匝数很少,导线很粗,通常是一匝或几匝,有的电流互感器利用穿过其铁芯的一次电路作为一次绕组(相当于匝数为 1);而二次绕组则与仪表、继电器等的电流线圈串联,形成一个闭合回路,由于仪表、继电器的电流线圈阻抗很小,因此,电流互感器工作时二次回路接近于短路状态。电流互感器的额定变比为

$$K_\mathrm{i}=\frac{I_\mathrm{1N}}{I_\mathrm{2N}}\approx\frac{N_2}{N_1} \tag{3-8}$$

式中,K_i 为电流互感器的变比;I_1N 为一次线圈的额定电流;I_2N 为二次线圈的额定电流,一般规定为 5A;N_1 为一次线圈的匝数;N_2 为二次线圈的匝数。

(2) 电流互感器的分类及型号

电流互感器的种类很多,按一次绕组的匝数分,有单匝式(包括母线式、芯柱式、套管式)和多匝式(包括线圈式、线环式、串级式);按一次电压分,有高压和低压两大类;按用途分,有测量用和保护用两大类;按准确度级分,测量用电流互感器有 0.1、0.2、0.5、1、3、5 等级,保护用电流互感器有 5P 和 10P 两级;按绝缘和冷却方式分,有油浸式和干式两大类,油浸式主要用于户外,环氧树脂浇注绝缘的干式电流互感器主要用于户内。

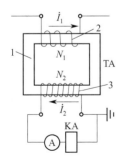

图 3-9 电流互感器
1—铁芯;2——次绕组;
3—二次绕组;

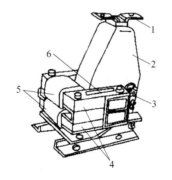

图 3-10 LQJ—10 型电流互感器
1——次接线端子;2——次绕组
(树脂浇注);3—二次接线端子;
4—铁芯;5—二次绕组;6—警告牌
(上写"二次侧不得开路"等字样)

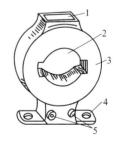

图 3-11 LMZJ1—0.5 型
电流互感器
1—铭牌;2——次母线穿孔;
3—铁芯;外绕二次绕组,树脂浇注;
4—安装板;5—二次接线端子

LQJ—10 型电流互感器如图 3-10 所示。高压电流互感器多制成不同准确度级的两个铁

芯和两个二次绕组,准确度级有 0.5 级和 3 级,分别接测量仪表和继电器,以满足测量和保护的不同要求。

户内低压 LMZJ—0.5 型电流互感器如图 3-11 所示。它利用穿过其铁芯的一次电路作为一次绕组(相当于一匝),广泛用于 500V 及以下的低压配电系统中。

以上两种电流互感器都是环氧树脂或不饱和树脂浇注绝缘的,与老式的油浸式和干式电流互感器相比尺寸小,性能好,安全可靠,因此现在生产的高低压成套配电装置中大都采用这类新型电流互感器。

电流互感器的全型号的表示和含义如下:

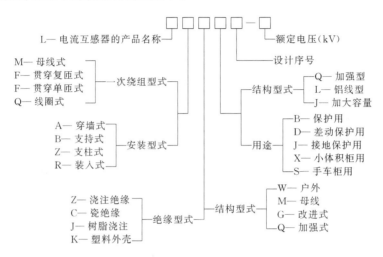

(3) 电流互感器的接线方式

① 一相式接线如图 3-12(a) 所示,电流线圈中通过的电流为一次电路对应相的电流,适用于负荷平衡的三相电路,供测量电流或接过负荷保护装置之用。

② 两相 V 形(两相两式)接线如图 3-12(b) 所示,电流互感器通常接在 A、C 相,这种接线也称为两相不完全星形接线,又称为两相两继电器式接线。广泛用于中性点不接地的三相三线制电路中(如 6~10kV 高压电路中)测量三相电流、电能及作过电流继电保护之用。两相 V 形接线的公共线上电流为 $\dot{I}_a + \dot{I}_c = -\dot{I}_b$,反应的是未接电流互感器那一相(B相)的相电流。

③ 两相差式接线如图 3-12(c) 所示,电流互感器通常接在 A、C 相,也称为两相一继电器接线。二次侧公共线上电流为 $\dot{I}_a - \dot{I}_c$,其量值为相电流的 $\sqrt{3}$ 倍。适用于中性点不接地的三相三线制电路中(如 6~10kV 高压电路中)作过电流继电保护之用。

④ 三相 Y 形(三相三式)接线如图 3-12(d) 所示,三个电流线圈反应各相的电流,广泛用于三相四线制以及负荷可能不平衡的三相三线制系统中,作三相电流、电能测量及过电流继电保护之用。

附录表 2 列出了 LQJ—10 型电流互感器的主要技术数据,供参考。

(4) 电流互感器使用注意事项

① 电流互感器在工作时其二次侧不得开路。电流互感器在正常工作时,其二次负荷很小,接近于短路状态。正常运行时,由磁动势平衡方程式 $I_1 N_1 - I_2 N_2 = I_0 N_1$ 可知(电流方向参看图 3-9),其一次电流 I_1 产生的磁动势 $I_1 N_1$,绝大部分被二次电流 I_2 产生的磁动势所 $I_2 N_2$ 抵消,励磁电流(即空载电流)I_0 只有一次 I_1 的百分之几,所以总的磁动势很小。当二次侧开路时,$I_2 = 0$,I_1 是一次电路的负荷电流,只受一次电路的负荷的影响,与互感

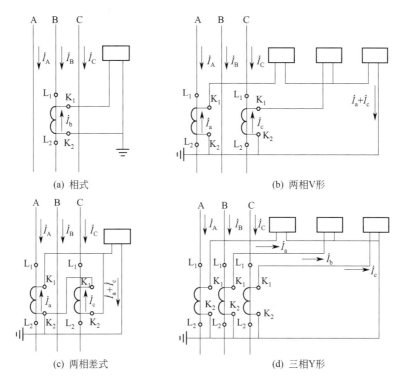

图 3-12 电流互感器的接线方式

器二次负荷的变化无关。由于 I_0 突然增大几十倍（$I_0=I_1$），励磁磁动势 I_0N_1 也随之增大，则会产生如下严重后果：a. 铁芯由于磁通剧增而过热，并产生剩磁，降低铁芯准确度；b. 电流互感器二次绕组匝数远比一次绕组多，故二次侧可感应出危险的高电压，危及人身和设备安全。因此电流互感器在工作时二次侧不允许开路，在安装时，其二次接线要求牢靠，且不允许接入熔断器和开关。

② 电流互感器的二次侧有一端必须接地。为了防止其一、二次绕组间绝缘击穿时，一次侧的高电压窜入二次侧，危及人身和设备安全，电流互感器的二次侧有一端必须接地。

③ 电流互感器在连接时要注意其端子的极性。在安装和使用电流互感器时，一定要注意端子的极性，否则其二次侧所接仪表、继电器中流过的电流就不是预想的电流，影响正确测量，甚至引起事故。

(5) 电流互感器的配置原则

电流互感器应按下列原则配置。

① 每条支路的电源侧均须装设足够数量的电流互感器，供该支路测量、保护使用。此原则同开关电器的配置原则，因此一般断路器与电流互感器紧邻布置。配置的电流互感器应满足以下要求：

a. 一般应将保护与测量用的电流互感器分开。

b. 尽量将电能计量仪表互感器与一般测量用互感器分开，前者必须使用 0.5 级互感器，并应是正常工作电流在电流互感器额定电流 2/3 左右。

c. 保护用互感器的安装位置应尽量扩大保护范围，以尽量消除主保护的不保护区。

d. 大接地电流系统一般为三相配置，以反映单相接地故障；小电流接地系统发电机、变压器支路也应三相配置，以便监视不对称程度，其余支路一般配置于 A、C 两相。

② 为了减轻内部故障时发电机的损伤，用于自动调节励磁装置的电流互感器应布置在

发电机定子绕组的出线侧。为了便于分析及在发电机并入系统前发现内部故障，用于测量仪表的电流互感器宜安装在发电机中性点侧。

③ 配备差动保护的元件，应在元件各端口配置电流互感器，当各端口属于同一电压级时，互感器变比应相同，接线方式相同。

④ 为了防止支持式电流互感器套管闪络造成母线故障，电流互感器通常布置在断路器的出线侧或变压器侧。

3.4 高压开关电器

3.4.1 电弧

电弧是开关设备操作过程中经常发生的一种物理现象。当开关电器开断电路时，如果电路电压超过 10～20V，电流超过 80～100mA，触头刚刚分离后，触头之间就会产生强烈的白光，称之为电弧。电弧是开关电器在分断过程中不可避免的现象，如电晕放电、火花放电等。通过对电弧的了解、分析，采取有效的措施熄灭电弧，对电力系统的正常操作与安全运行有很重要的意义。

1) 电弧的危害

电弧，从本质上说是一种极强烈的电游离现象，其特点是弧光很强、温度很高，而且具有导电性。

电弧的危害主要有以下几点。

① 电弧的存在延长了开关电器断开故障电路的时间，加重了电力系统短路故障的危害。

② 电弧的高温将使触头表面熔化和气化，烧坏绝缘材料；对充油电器设备还可能引起着火、爆炸等危险。

③ 由于电弧在电动力、热力作用下能移动，很容易造成短路和伤人，或引起事故的扩大。

2) 电弧的产生

开关触头本身及周围的介质中含有大量可被游离的电子，在分断电流时，当分断的触头间有足够大的外施电压时，在强电场的作用下会因强烈的电离而产生电弧。电弧的产生与维持需经历以下四个过程。

(1) 热电发射

开关触头分断电流时，随着触头接触面积的缩小，触头表面会出现炽热的光斑，使触头表面分子中的外层电子吸收足够的热能而发射到触头间隙中去，形成自由电子。

(2) 强电场发射

开关触头分断之初，电场强度很大。在强电场的作用下，触头表面的电子可能被强拉出来，进入触头间隙，也形成自由电子。

(3) 碰撞游离

已产生的自由电子在强电场的作用下高速向阳极移动，在移动中碰撞到中性质点，就可能使中性质点获得足够的能量而游离成带电的正离子和新的自由电子。这种现象不断发生的结果，使得触头间正离子和自由电子大量增加，弧隙间介质强度急剧下降，间隙击穿形成电弧。

(4) 热游离

电弧的表面温度达 3000～4000℃，弧心温度高达 10000℃。在此高温下，中性质点热运动加剧，获得大量的动能，当其相互碰撞时，可生成大量的正离子和自由电子，进一步加强了电弧中的游离,这种由热运动产生的游离称为热游离。弧温越高,热游离越显著。

由于上述几种方式的综合作用,使得开关设备的触头在带电开断时产生电弧并得以维持。

3) 电弧的熄灭

在电弧中不但存在着中性质点的游离,同时还存在着带电质点的去游离。要使电弧熄灭,必须使触头间电弧中的去游离率(离子消失的速率)大于游离率(离子产生的速率)。带电质点的去游离主要是复合和扩散。

(1) 复合

复合是指带电质点在碰撞的过程中,因失去能量而重新组合为中性质点。复合的速率与带电质点浓度、电弧温度、弧隙电场强度等因素有关。

(2) 扩散

扩散是指电弧与周围介质之间存在着温度差与离子浓度差,带电质点就会向周围介质中运动。扩散的速度与电弧及周围介质间温差、电弧及周围介质间离子的浓度差、电弧的截面积等因素有关。

(3) 交流电弧的熄灭

交流电弧电流每半个周期要经过零值一次,电流过零时,电弧将暂时熄灭。电弧熄灭的瞬间,弧隙温度骤降,去游离(主要为复合)大大增强。对于低压开关而言,可利用交流电流过零时电弧暂熄灭这一特点,在1～2个周期内使其熄灭。对于具有较完善灭弧结构的高压断路器,交流电弧的熄灭也仅需要几个周期,而真空断路器只需半个周期,即电流第一次过零时就能使电弧熄灭。

4) 灭弧方法

(1) 速拉灭弧法

迅速拉长电弧,使弧隙的电场强度骤降,离子的复合迅速增强,从而加速电弧的熄灭。高压开关中装设强有力的断路弹簧,其目的就在于加快触头的分断速度,迅速拉长电弧。这种灭弧方法是开关电器中普遍采用的最基本的一种灭弧法。

(2) 冷却灭弧法

降低电弧的温度,可减弱电弧中的热游离,使带电质点的复合增强,加速电弧的熄灭。油断路器中的油,以及某些熔断器中填充的石英砂都有降低弧温的作用。

(3) 吹弧灭弧法

利用外力(如油流、气流或电磁力)吹动电弧,在电弧拉长时使之加速冷却,降低电弧中的电场强度,促使带电质点的复合与扩散增强,加速电弧的熄灭。吹弧的方式有气吹、油吹、电动力吹和磁力吹等,吹弧的方向有横吹与纵吹之分,如图3-13所示。目前广泛使用的油断路器、SF_6断路器以及低压空气开关中都利用了吹弧灭弧法进行灭弧。如图3-14所示

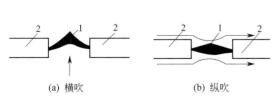

图3-13 吹弧方式
1—电弧;2—触头

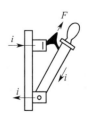

图3-14 电动力吹弧

是低压刀开关利用迅速拉开时其本身回路所产生的电动力作用于电弧,吹动电弧使之加速拉长进行灭弧的。有的开关采用专门的磁吹线圈来吹动电弧,如图3-15所示。或利用铁磁物质如钢片来吸动电弧,如图3-16所示。

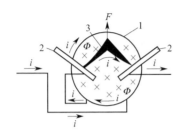 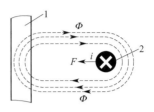

图3-15 磁力吹弧　　　　　　　　　　　　图3-16 铁磁吸弧
1—磁吹线圈;2—灭弧触头;3—电弧　　　　　1—钢片;2—电弧

(4) 长弧切短灭弧法

利用金属栅片将长弧切割成若干短弧,而短电弧的电压降主要降落在阴、阳极极区内,如果栅片的数目足够多,使得各段维持电弧燃烧所需的最低电压降的总和大于外加电压时,电弧就自行熄灭,如图3-17所示。低压断路器的钢灭弧栅即利用此法进行灭弧,同时钢片对电弧还有冷却降温的作用。

(5) 粗弧分细灭弧法

将粗大的电弧分成若干细小平行的电弧,使电弧与周围介质的接触面增大,降低电弧温度,从而使电弧中带电质点的复合与扩散增强,加速电弧的熄灭。

(6) 狭沟灭弧法

使电弧在固体介质所形成的狭沟中燃烧。由于周围介质的温度很低,使得电弧的去游离增强,从而加速电弧的熄灭。填料式熔断器就是利用了狭沟灭弧原理。还有一种用耐弧的绝缘材料(如陶瓷)制成的灭弧栅,也同样利用了这种狭沟灭弧原理,如图3-18所示。

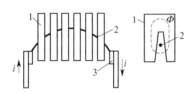 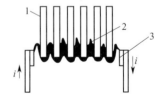

图3-17 钢灭弧栅对电弧的作用　　　　　图3-18 绝缘灭弧栅的作用
1—钢栅片;2—电弧;3—触头　　　　　　　1—绝缘栅片;2—电弧;3—触头

(7) 真空灭弧法

真空具有很高的绝缘强度,如果将开关触头装在真空容器内,则电流过零时电弧就能立即熄灭而不致复燃。真空断路器即依此原理进行灭弧的。

此外还有利用特殊的气体如SF_6来灭弧。目前广泛使用的各种高低压开关设备,都是综合利用上述原理来达到迅速灭弧的目的。

5) 对电气触头的基本要求

电气触头是开关电器中极其重要的部件。开关电器工作的可靠程度,与触头的结构和状况有着密切的关系。各种高低压开关电器的生产和设计,要满足其对电气触头的基本要求。

(1) 满足正常负荷的发热要求

正常负荷电流（包括过负荷电流）长期通过触头时，触头的发热温度不应超过允许值。触头必须接触紧密良好，尽量降低接触电阻。

(2) 具有足够的机械强度

能经受规定的通断次数而不致发生机械故障或损坏。

(3) 具有足够的动稳定度和热稳定度

在可能发生的最大的短路冲击电流通过时，触头不致因电动力而损坏；并在可能最长的短路时间内通过短路电流时所产生的热量不致使触头过度烧损或熔焊。

(4) 具有足够的断流能力

在开断所规定的最大负荷电流或短路电流时，触头不应被电弧过度烧损，更不应发生熔焊现象。为了保证触头在闭合时尽量减少接触电阻，而在断开时又使触头能经受电弧高温的作用，因此有些开关的触头分为工作触头和灭弧触头两部分。工作触头采用导电性好的铜（或镀银）触头，灭弧触头则采用耐高温的铜钨等合金触头。通路时，电流主要由工作触头通过。通断电流时，电弧基本上在灭弧触头间产生，不致使工作触头烧损。

3.4.2 高压隔离开关

高压隔离开关（文字符号为 QS）的主要功能是隔离高压电源，保证电气设备和线路的安全检修，所以它的结构有如下特点，即断开后有明显可见的断开间隙，而且断开间隙的绝缘及相间绝缘都是足够可靠的，能充分保证人身和设备的安全。隔离开关没有专门的灭弧装置，因此不允许带负荷操作。但可用来通断一定的小电流电路，如励磁电流不超过 5A 的空载线路以及电压互感器和避雷器电路等。

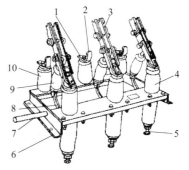

图 3-19　GN8—10/600 型高压隔离开关外形图

1—上接线端子；2—静触头；3—闸刀；
4—套管绝缘子；5—下接线端子；
6—框架；7—转轴；8—拐臂；
9—升降绝缘子；10—支柱绝缘子

高压隔离开关按安装地点，分户内式和户外式两大类。图 3-19 是 GN8 型户内高压隔离开关的外形图。

附录表 3 列出了工厂常用高压隔离开关技术数据，供参考。

隔离开关的技术参数有额定电压、额定电流、热稳定电流和动稳定电流，参数的意义同断路器。

高压隔离开关全型号的表示和含义如下：

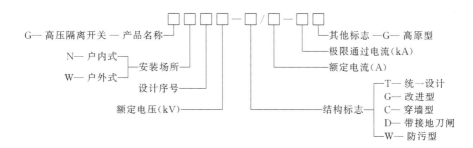

3.4.3 高压负荷开关

高压负荷开关（文字符号为 QL），具有简单的灭弧装置，能通断一定的负荷电流，装有脱扣器时，在过负荷情况下可自动跳闸。负荷开关断开后，与隔离开关一样，具有明显可

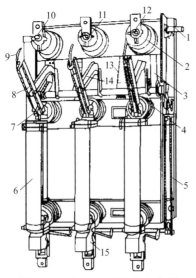

图 3-20 FN3—10RT 型户内压气式高压负荷开关外形
1—主轴；2—上绝缘子兼气缸；3—连杆；4—下绝缘子；5—框架；6—RN1 型高压熔断器；7—下触头；8—闸刀；9—弧动触头；10—绝缘喷嘴（内有弧静触头）；11—主静触头；12—上触座；13—断路弹簧；14—绝缘拉杆；15—热脱扣器

见的断开间隙，因此，它也具有隔离电源、保证安全检修的功能。但它不能断开短路电流，必须与高压熔断器串联使用，借助熔断器来切除短路电流。

负荷开关按其用途可分为普通型和专用型两种。普通型负荷开关能完成配电系统中正常的各种关合和开断操作；专用型负荷开关是供特殊条件下使用的，例如专门用于电容器频繁操作的负荷开关称为电容负荷开关。按其灭弧介质及灭弧方式不同可分为产气式，压气式，充油式，真空式及 SF_6 式等。按其安装地点不同又可分为户内式和户外式。按其操作方式不同又可分为一般操作和频繁操作，手力储能操作和手力操作负荷开关。有的负荷开关还带有隔离间隙，具有隔离电路的作用。

图 3-20 是一种较为常用的 FN3—10RT 型户内压气式高压负荷开关的外形结构图。上半部是负荷开关本身，下半部是 RN1 型熔断器。负荷开关的上绝缘子是一个压气式灭弧室，它不仅起支持绝缘子的作用，而且内部是一个气缸，其中装有由操动机构主轴传动的活塞。分闸时，和闸刀相连的弧动触头与绝缘喷嘴内的弧静触头之间产生电弧。由于分闸时主轴传动而带动活塞，压缩气缸内的空气从喷嘴往外吹弧，加之断路弹簧使电弧迅速拉长及本身电流回路的电磁吹弧作用，使电弧迅速熄灭。

高压负荷开关全型号的表示和含义如下：

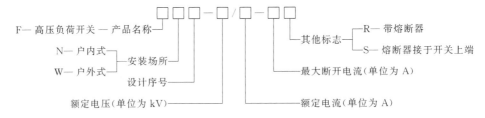

3.5 高压断路器

3.5.1 概述

高压断路器（文字符号为 QF）是高压电器中最重要的设备，是一次电力系统中控制和保护电路的关键设备。

(1) 高压断路器的用途

高压断路器在电网中的作用有两个方面：其一是控制作用，即根据电力系统的运行要求，接通或断开工作电路；其二是保护作用，当系统中发生故障时，在继电保护装置的作用下，断路器自动断开故障部分，以保证系统中无故障部分的正常运行。

(2) 高压断路器的种类和特点

高压断路器按安装地点可分为屋内式和屋外式两种；按所采用的灭弧介质可以分为多油断路器、少油断路器、压缩空气断路器、六氟化硫（SF_6）断路器和真空断路器。它们主要特点比较见表 3-5。

表 3-5 各种高压断路器的特点

类别	结构特点	技术性能特点	运行维护特点
多油式断路器	以油作为灭弧介质和绝缘介质;触头系统及灭弧室安置在接地的油箱中;结构简单,制造方便,易于加装单匝环形电流互感器及电容分压装置;耗钢、耗油量大,体积大;属自能式灭弧结构	额定电流不易做得大。开断小电流时,燃弧时间较长,开断电路速度较慢;油量多,有发生火灾的可能性,目前国内已不生产	运行维护简单;噪声低;需配备一套处理装置
少油式断路器	油量少,油主要用作灭弧介质,对地绝缘主要依靠固体介质,结构简单,制造方便,可配用电磁操动机构、液压操动机构或弹簧操动机构;积木式结构,可制成各种电压等级产品	开断电流大,对 35kV 以下可采用加并联回路以提高额定电流;35kV 以上为积木式结构;全开断时间短;增加压油活塞装置加强机械油吹后,可开断空载长线	运行经验丰富,易于维护;噪声低;油量少,易劣化,需要一套油处理装置
压缩空气断路器	结构较复杂,工艺和材料要求高;以压缩空气作为灭弧介质和操动介质以及弧隙绝缘介质;操动机构与断路器合为一体;体积和重量比较小	额定电流和开断能力都可以做得较大,适于开断大容量电路;动作快,开断时间短	噪声较大,维修周期长,无火灾危险,需要一套压缩空气装置作为气源;断路器价格较高
SF₆ 断路器	结构简单,但工艺及密封要求严格,对材料要求高;体积小、重量轻;有屋外敞开式及屋内落地罐式之别,更多用于 GIS 封闭式组合电器	额定电流和开断电流都可以做得很大,开断性能好,可适于各种工况开断;SF₆ 气体灭弧、绝缘性能好,所以断口电压可做得较高;断口开距小	噪声低,维护工作量小;不检修间隔长;断路器价格目前较高;运行稳定,安全可靠,寿命长
真空断路器	体积小、重量轻;灭弧室工艺及材料要求高;以真空作为绝缘和灭弧介质;触头不易氧化	可连续多次操作,开断性能好,灭弧迅速、动作时间短;开断电流及断口电压不能做得很高,目前只生产 35kV 以下级;所谓真空,是指绝对压力低于 101.3kPa 的空间,断路器中要求的真空度为 133.3×10^{-4}Pa(即 10^{-4}mmHg)以下	运行维护简单,灭弧室不需要检修,无火灾及爆炸危险;噪声低

(3) 高压断路器的型号

高压断路器型号的表示和含义表示如下:

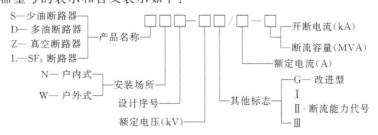

3.5.2 高压断路器的结构及工作原理

(1) 油断路器

油断路器按其油量多少又分为多油和少油两大类。多油断路器的油起着绝缘与灭弧的双重作用,少油断路的油只作为灭弧介质。一般工厂供电系统中 6~35kV 户内配电装置中均采用少油断路器。下面介绍目前广泛应用的 SN10—10 型户内少油断路器。

SN10—10 型少油断路器是我国统一设计、推广应用的一种新型少油断路器。按其断流容量分,有Ⅰ、Ⅱ、Ⅲ型。Ⅰ型的断流容量为 $S_{OC}=300$MVA;Ⅱ型的断流容量为 $S_{OC}=500$MVA;Ⅲ型的断流容量为 $S_{OC}=750$MVA,其技术参数参见附录表 4。

图 3-21 是 SN10-10 型高压少油断路器的外形图,其油箱内部结构的剖面图如图 3-22 所示。

SN10—10 型少油断路器由框架、传动机构和油箱三个主要部分组成。油箱下部是铸铁制成的基座,其中装有操作断路器动触头(导电杆)的转轴和拐臂等传动机构。油箱中部是

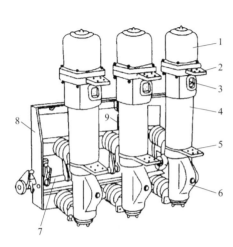

图 3-21　SN10—10 型高压少油断路器
1—铝帽；2—上接线端子；3—油标；
4—绝缘筒；5—下线端子；6—基座；
7—主轴；8—框架；9—断路弹簧

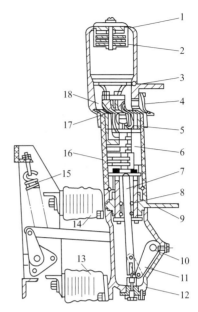

图 3-22　SN10—10 型高压少油断路器
的一相油箱内部结构
1—铝帽；2—油气分离器；3—上接线端子；4—油标；
5—插座式静触头；6—灭弧室；7—动触头（导电杆）；
8—中间滚动触头；9—下接线端子；10—转轴；
11—拐臂；12—基座；13—下支柱绝缘子；
14—上支柱绝缘子；15—断路弹簧；
16—绝缘筒；17—逆止阀；18—绝缘油

采用环氧树脂玻璃钢制成的绝缘桶，内部有灭弧室。灭弧室由六块三聚氰胺灭弧片构成三个横吹口及两个纵吹油道。油箱上部是铝帽，内有油气分离室。与上接线端相连的是插座式静触头，静触头由工作触头与耐弧触头组成。合闸时，导电杆首先接触的是耐弧触头，跳闸时，导电杆最后离开的也是耐弧触头，因此，无论断路器合闸或跳闸，电弧总是在耐弧触头与导电杆端部弧触之间产生。为了使电弧能偏向耐弧触头，在灭弧室上部靠耐弧触头一侧嵌有吸弧铁片，利用电弧的磁效应把电弧引向耐弧触头，以减少工作触头的损坏。

断路器的导电路径为：上接线端子→静触头→动触头（导电杆）→中间滚动触头→下接线端子。

断路器的灭弧，主要依赖于如图 3-23 所示的灭弧室。图 3-24 是灭弧室的工作示意图。

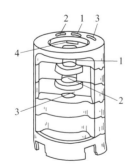

图 3-23　SN10—10 型高压少油断路器的灭弧室
1—第一道灭弧沟；2—第二道灭弧沟；
3—第三道灭弧沟；4—吸弧铁片

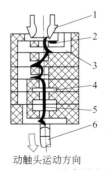

动触头运动方向

图 3-24　SN10—10 型高压少油断路器
的灭弧室工作示意图
1—静触头；2—吸弧铁片；3—横吹灭弧沟；
4—纵吹油囊；5—电弧；6—动触头

断路器跳闸时，触头分断产生电弧，油被气化分解形成气泡，导致静触头周围的油压骤增，迫使逆止阀（钢珠）上升堵住中心孔。这时电弧在近乎封闭的空间内燃烧，从而使灭弧户内的油压迅速增大。当动触头继续向下运动，相继打开一、二、三道灭弧沟及下面的油囊时，油气流强烈地横吹和纵吹电弧，加之动触头向下运动，在灭弧室形成附加油流射向电弧，同时，动触头端部的弧根部分总是与下面的新鲜冷油有接触，进一步改善了灭弧条件。在油气流的横吹和纵吹以及机械运动引起的油吹等的综合作用下，电弧迅速熄灭。

灭弧过程中产生的油气混合物在油箱上部的油气分离室旋转分离，气体从油箱顶部的排气孔排出，油滴则顺着内壁流回灭弧室。

SN10—10 等型少油断路器可配用 CS2 等型手动操作机构、CD10 等型电磁操作机构或 CT7 等型弹簧储能操作机构。操作机构的选用应视负荷大小及操作电源情况而定。

(2) 六氟化硫（SF_6）断路器

利用 SF_6 气体作为灭弧和绝缘介质的断路器，称为 SF_6 断路器。由于 SF_6 气体具有优良的绝缘性能和灭弧特性，在使用电压等级与开断容量等参数方面都已赶上和超过了压缩空气断路器。

SF_6 是一种无色、无味、无毒且不易燃的惰性气体，在 150℃ 以下时，化学性能相当稳定。但在电弧弧温的作用下，可分解出 SF_4、SOF_2 等低氟化物，电弧过后很快恢复为 SF_6，残存量极少。

SF_6 具有良好的绝缘性能，在均匀电场的作用下，其绝缘强度是空气的 2.5～3 倍，3 个大气压时其绝缘强度与变压器油相同。SF_6 气体有极强的灭弧能力，其灭弧室工作示意图如图 3-25 所示。这是由于 SF_6 的弧柱导电率高，弧压降低，弧柱能量小，在电压过零后介质强度很快恢复。一般 SF_6 气体绝缘强度的恢复速度是空气的 100 倍。但 SF_6 断路器在结构中，应能防止电场强度的不均匀而产生电晕现象，这将会引起气体的分解而产生腐蚀性物质和有毒气体。

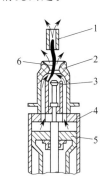

图 3-25　SF_6 断路器灭弧室工作示意图
1—静触头；2—绝缘喷嘴；3—动触头；4—气缸（连同动触头由操动机构传动）；5—压气活塞（固定）；6—电弧

SF_6 断路器具有以下特点。

① 灭弧能力强，易于制成断流能力大的断路器。由于介质绝缘恢复快，可以经受幅值大、强度高的恢复电压而不易击穿。

② 允许开断次数多、寿命长、检修周期长。SF_6 不含碳元素（C），在严格控制水分的情况下不产生碳等影响绝缘物质，因此开断后气体绝缘不会下降。又由于灭弧速度快，触头烧伤轻，所以延长了检修周期、提高了使用寿命。

③ 散热性能好、通流能力大。SF_6 气体导热率虽然小于空气，但因其相对分子质量重，比热容大，热熔量大，在相同压力下对流时带走的热量多，总的散热效果好。

④ 开断小电感电流及电容电流时基本上不出现过电压。这是由于 SF_6 弧柱细而集中，并保持到电流接近于零时才断开，无截流现象的缘故。又由于 SF_6 气体灭弧能力强，电弧熄灭后不易重燃，故开断电容电路不出现过电压。

SF_6 断路器加工精度要求很高，对其密封性能要求更严，因此价格比较昂贵。

SF_6 断路器主要用于需频繁操作及易燃易爆危险的场所，特别是用作全封闭式组合电器。SF_6 断路器可配用 CD10 等型电磁操作机构或 C17 等型弹簧操作机构。

(3) 真空断路器

利用真空（气压为 $10^{-2}～10^{-6} Pa$）作为绝缘和灭弧介质的断路器叫真空断路器，其触头装在真空灭弧户内。由于真空中不存在气体游离的问题，所以这种断路器在触头断开时很难发生电弧。但在感性电路中，灭弧速度过快，瞬间切断电流将使 di/dt 极大，从而使电路出现过电压（$U_L = L di/dt$），这对供电系统是很不利的。实际上真空断路器的灭弧室并非绝对的真空，在触头断开时，因强电场发射和热电发射而产生一点"真空电弧"，它能在电流第一次过零时熄灭。

真空断路器的主要部件是真空灭弧室（结构图如图 3-26 所示），内装屏蔽罩，起吸收金属蒸气的作用。圆盘状的动、静触头在灭弧室的中部。在触头刚分离时，由于强电场发射和热电发射而使触头间发生电弧，炽热的电弧可使触头表面产生金属蒸气。当电流过零时，电弧暂时熄灭，触头周围的金属离子迅速扩散，凝聚在四周的屏蔽罩上，在电流过零后几微秒的极短时间内，触头间隙即恢复到原有的高真空度，因此，真空电弧在电流第一次过零时就能完全熄灭。

真空断路器体积小、重量轻、寿命长、安全可靠、便于维护检修，但价格较贵，主要适用于频繁操作、安全要求较高的场所。

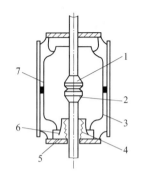

图 3-26 真空灭弧室的结构
1—静触头；2—动触头；3—屏蔽罩；4—波纹管；5—与外壳封接的金属法兰盘；6—波纹管屏蔽罩；7—玻壳

（4）高压断路器的基本技术参数

① 额定电压 U_N 是表征断路器绝缘强度的参数。高压断路器的额定电压有以下等级：3、6、10、20、35、63、110、220、330、500（kV）。

为了适应供电系统运行电压的变化，规定断路器长期使用的最高电压为 $1.15U_N$（330kV、500kV 电压级为 $1.1U_N$）。

② 额定电流 I_N 是表征断路器通过长期电流能力的参数，即在规定的环境温度下，断路器长期允许通过的最大工作电流。

③ 额定开断电流 I_{OC} 是表征断路器开断能力的参数。它是指在额定电压下，断路器可靠开断的最大短路电流，其数值用断路器触头分离瞬间短路电流周期分量有效值表示。

④ 热稳定电流和热稳定电流的持续时间。热稳定电流用断路器处于合闸状态下，在一定的持续时间内，所允许通过电流的最大周期分量有效值表示，此时断路器不会因为短时发热而损坏。国家标准规定：断路器的热稳定电流等于额定开断电流。热稳定电流的持续时间为 2s，也可选用 1s 或 4s。

⑤ 动稳定电流也是表征断路器通过短时电流能力的参数，它反映断路器承受短路电流电动力效应的能力。当断路器在合闸状态下或关合瞬时，允许通过的电流最大峰值，称为动稳定电流，又称极限通过电流。

⑥ 分闸时间 T_{OC} 是表征断路器操作性能的参数。分闸时间包括固有分闸时间和熄弧时间两部分；固有分闸时间是指从得到分闸命令到触头分离瞬间的时间间隔；熄弧时间是指从触头分离到各相电弧熄灭为止的时间间隔。

3.5.3 断路器的操作机构

操作机构是带动高压断路器传动机构进行合闸和分闸的机构。

（1）操作机构的基本要求

① 具有足够的操作功率。在操作合闸时，操作机构要输出足够的操作功率，以克服机械力和电动力，使断路器可靠合闸，并保证有足够的合闸速度。

② 具有维持合闸的装置。由于操作机构需要很大的合闸功率，所以操作机构是按短时间提供合闸能量来设计的。因此，操作机构中必须有维持合闸的装置。

③ 具有尽可能快的分闸速度。操作机构应具有电动和手动分闸功能。当接到分闸命令后，断路器应尽可能快速分闸，并能满足灭弧性能的要求。

④ 具有自由脱扣装置。所谓自由脱扣，是指在断路器合闸过程中如操作机构又接到分闸命令，则操作机构不应继续执行合闸命令而应立即分闸。实现这一功能的机构称为自由脱扣装置。

⑤ 具有"防跳跃"功能。当断路器关合有短路故障电路时，断路器将自动分闸。此时若合闸命令还未解除，则断路器分闸后将再次合闸，接着又合闸。这样，断路器就可能连续多次合分短路电流，这一现象称为"跳跃"。"跳跃"对断路器以及电路都有很大危害，必须加强防止。

⑥ 具有自动复位功能。断路器分闸后，操作机构应能自动地回到准备合闸的位置。

⑦ 具备工作可靠、结构简单、体积小、质量轻、操作方便、价格低廉等特点。

（2）操作机构的类型及特点

根据断路器合闸时所用能量的形式，操作机构可分为手动式、电磁式、弹簧式、压缩空气式和液压式等几种。

① 手动式操作机构其特点是：靠人力合闸，靠弹簧力分闸，并具有自由脱扣机构；结构简单，不需要其他辅助设备；一般只适用于额定电流不超过 6.3kA 的断路器。它的最大缺点是操作功率受人力限制，合闸时间长，不能实现自动重合闸，目前较少采用。CS2 型手动操作机构，如图 3-27 所示。

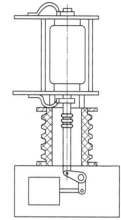

图 3-27　CS2 型手动操作机构

② 电磁式操作机构使用电磁铁将电能变成机械能作为合闸动力。这种机构结构简单，运行可靠，能用于自动重合闸和远距离操作。因而在 10~35kV 断路器中得到广泛应用。例如：CD10 型电磁操作机构内部结构及其操作、控制回路，如图 3-28 所示。

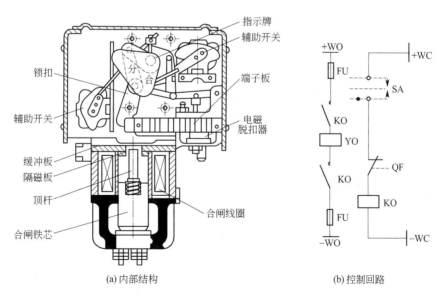

图 3-28　CD10 型电磁操作机构

③ 弹簧式操作机构是利用弹簧预先存储的能量作为合闸动力。这种机构成套性强，不需配备附加设备，弹簧储能时耗用功率小；但结构复杂，加工工艺及材料性能要求高，且机构本身重量随操作功率增加而急剧增大。目前我国生产的 CT7、CT8 等系列操作机构，可

供 SN10 系列断路器使用；CT6 型弹簧操作机构，供 SW4 系列断路器使用。

④ 液压式操作机构是利用压缩气体（氮气）作为能源，以液压油作为传递能量的媒介，推动活塞做功，使断路器合闸或分闸。CY3、CY3Ⅲ和CY4型液压操作机构，具有压力高、出力大、体积小、传递快、延时小、动作准确及出力比较均匀等优点，所以在110kV级以上少油断路器和SF_6断路器上广泛使用。

⑤ 气动式操作机构是利用压缩空气进行断路器分闸，利用弹簧进行断路器合闸。此种机构结构简单，动作可靠，正在获得越来越广泛的应用。

(3) 操作机构的组成

一般来说，操作机构主要由以下几种部件组成。

① 做功与储能部分。它的作用是将其他形式的能量转换为机械能。例如，电磁操作机构中的合闸电磁铁，通电后由电磁铁的动能使传动机构动作，同时将能量存储起来，以备分闸时只使用很小能量去释放机械能，使其快速分闸。

② 传动系统。用以改变操作力的方向、位置、行程以及运动性质等，它是一套机械连杆机构，要求机械能量损失小，动作准确，寿命长。

③ 维持机构与脱扣机构。前者的任务是将已经完成的合闸操作可靠地保持在合闸状态，又称为"搭钩"；后者为解除合闸的机构，它可以"一碰即脱"，以使分闸动作快，需要功率小。

3.6 高压熔断器

熔断器（文字符号FU）是常用的一种简单的保护电器，它串联在电路中，当电路发生短路或过负荷时，熔体熔断，切断故障电路，使电器设备免遭损坏并维持电力系统其余部分的正常工作。

熔断器的优点是：结构简单，体积小，布置紧凑，使用方便；动作直接，不需要继电器保护和二次回路相配合；价格低。

熔断器的缺点是：每次熔断后需停电更换熔体才能再次使用，增加了停电时间；保护特性不稳定，可靠性低；保护选择性不易配合。但由于它价格低廉、简单适用，特别是随着熔断器制造技术的不断提高，熔断器的开断能力、保护特性等都有所提高，所以，熔断器不仅在低压电路中得到了广泛应用，而且在35kV及以下的小容量高电压电路，特别是供电可靠性要求不是很高的配电线路中也得到广泛应用。

3.6.1 高压熔断器的基本结构、工作原理

(1) 基本结构和熔件材料

熔断器主要由熔体、支持熔体的载流部分（触头）和外壳构成。有些熔断器内还装有特殊的灭弧物质，如产气纤维管、石英砂等用来熄灭熔件熔断时形成的电弧。

熔体是熔断器的主要部件。要求熔体的材料熔点低、导电性能好、不易氧化和易于加工。一般用铅、铅锡合金、锌、铜、银等金属材料。铅、铅锡合金和锌的熔点较低，分别为320℃、200℃和420℃，但导电性能差，所以用这些材料制成的熔件截面相当大，熔断时产生的金属蒸汽太多，对灭弧不利。故仅用于500V及以下的低压熔断器中。

铜和银的导电性能好，热传导率较高，可以制成截面积较小的熔件。因此铜熔件广泛应用于各种电压的熔断器中；银熔件的价格较高，只使用于高压小电流的熔断器中。铜、银熔件的缺点是熔点较高，分别为1080℃和960℃。当熔断器长期通过略小于熔件熔断电流的过负荷电流时，熔件不能熔断而发热，使温度升高损坏其他部件。为了克服上述缺点，可采用

"冶金效应"来降低熔件的熔点,即在难熔的熔件上焊上铅或锡的小球,当温度达到铅或锡的熔点时,难熔金属与熔化了的铅或锡形成电阻大、熔点低的合金,结果熔件首先在小球处熔断,然后电弧使熔件全部熔化。

（2）工作原理

熔断器是串联在电路中的,在电路中的电流增加到一定数值时,例如电路过负荷或发生短路时,过负荷电流或短路电流对熔件加热,熔件在被保护设备的温度未达到破坏其绝缘之前熔断,使电路断开,设备得到了保护。熔件熔化时间的长短,取决于通过的电流和熔件熔点的高低。当通过不是很大的过电流时,熔件的温度上升的较慢,熔件熔化的时间也较长。

熔断器的开断能力决定于熄灭电弧能力的大小。

（3）技术参数

熔断器的技术参数应区分为熔断器底座即熔断器的技术参数和熔断体的技术参数。原因是同一规格的熔断器底座可以装设不同规格的熔断体,相应的保护特性不同,所以两者不能混淆。

表征熔断器技术特性的主要参数如下：

① 额定电压。熔断器长期能够承受的正常工作电压。即安装处电力网的额定电压。

② 额定电流。熔断器壳体部分和载流部分允许通过的长期最大工作电流。长期通过此电流时,熔断器不会损坏。

③ 熔件的额定电流。熔件允许长期通过而不熔断的最大电流。熔件的额定电流可以和熔断器的额定电流不同。同一熔断器可装入不同额定电流的熔件,但熔件的最大额定电流不应超过熔断器的额定电流。

④ 极限短路电流。熔断器所能断开的最大电流。若被断开的电流大于此电流时,有可能使熔断器损坏,或由于电弧不能熄灭引起相间短路。

一种规格的熔断器底座可以装设几种规格的熔断体,但要求熔断体的额定电流不得大于熔断器的额定电流。

附录表 5 和附录表 6 列出了 RN1 和 RW 型高压熔断器的技术数据,供参考。

（4）高压熔断器型号的含义

高压熔断器全型号的表示和含义如下：

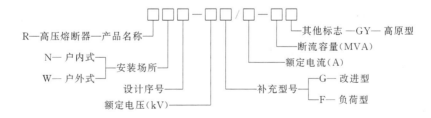

3.6.2 高压熔断器的分类

按限流作用分,熔断器可分为"限流式"和"非限流式"两种。在短路电流未达到冲击值之前就完全熄灭电弧的属"限流式"熔断器；在熔体熔化后,电弧电流继续存在,直到第一次过零或经过几个周期后电弧才熄灭的属"非限流式"熔断器。

在 6～35kV 高压电路中,广泛采用 RN1、RN2 型户内管式熔断器;户外则广泛采用 RW_4、RW_{10} (F) 等型跌落式熔断器。

（1）RN1 和 RN2 户内型管式熔断器

RN1、RN2 型熔断器的结构基本相同,都是瓷质熔管内填充石英砂的密闭管式熔断器。其外形结构如图 3-29 所示,内部结构如图 3-30 所示。

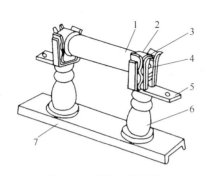

图 3-29 RN1、RN2 型
高压熔断器外形图
1—瓷熔管；2—金属管帽；3—弹性触座；4—熔断
指示器；5—接线端子；6—瓷绝缘子；7—底座

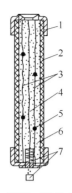

图 3-30 RN1、RN2 型高压熔
断器内部结构示意图
1—管帽；2—瓷管；3—工作熔体；4—指示溶体；
5—锡球；6—石英沙填料；7—熔断指示器

RN1 型熔断器常用于线路及变压器的过载和短路保护，其熔体要通过主电路的短路电流，因此其结构尺寸较大，额定电流可达 100A。RN2 型熔断器则主要用于电压互感器一次侧的短路保护。由于电压互感器二次侧接近于空载工作，其一次侧电流很小，因此 RN2 型的结构尺寸较小，其熔体额定电流一般为 0.5A。

图 3-30 中的熔断器的工作熔体（铜熔丝）上焊有小锡球。锡是低熔点金属，过负荷时锡球受热首先熔化，铜锡互相渗透形成熔点较低的铜锡合金，使铜熔丝在较低的温度下熔断，即所谓的"冶金效应"。它使得熔断器能在较小的短路电流或不太大的过负荷电流时动作，提高了保护的灵敏度。熔体采用几根铜熔丝并联，并且熔管内填充了石英砂，是分别利用粗弧分细法和狭沟灭弧法来加速电弧熄灭的。这种熔断器能在短路后不到半个周期即短路电流未达冲击值 i_{sh} 之前即能完全熄灭电弧，切断短路电流，因此这种熔断器属于"限流式"熔断器。

当短路电流或过负荷电流使得工作熔体熔断后，指示熔体也相继熔断，其红色的熔断指示器弹出，给出熔断的指示信号。

(2) RW4 和 RW10（F）型户外跌落式熔断器

跌落式熔断器广泛用于户外场所，其功能是，既可作为 6～10kV 线路和变压器的短路保护，又可在一定的条件下，直接通断小容量的空载变压器，空载线路等，但不可直接通断正常的负荷电流。而负荷型跌落式熔断器如 RW10(F) 型，是在一般跌落式熔断器的静触头上加装简单的灭弧室，可直接带负荷操作。

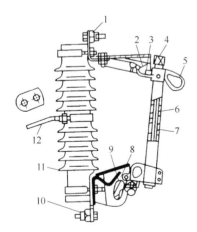

图 3-31 RW4—10(G) 型
跌落式熔断器
1—上接线端子；2—上静触头；
3—上动触头；4—管帽；5—操作环；
6—熔管；7—铜熔体；8—下动触头；
9—下静触头；10—下接线端子；
11—绝缘瓷瓶；12—固定安装板

图 3-31 是 RW4—10(G) 熔断器的基本结构。正常运行时，利用钩棒将熔管上端的动触头推入上静触头内锁紧，同时下动触头与下静触头也相互压紧，使电路接通。当线路发生故障时，短路电流使熔管内熔丝熔断，形成电弧。消弧管内由于电弧燃烧而分解出大量气体，使管内压力剧增，并沿管道形成强烈的气流纵向吹弧，使电弧迅速熄灭。熔丝熔断后，熔管的上动触头因失去张力而下翻，受触头弹力及熔管自重的作用，回转跌开，造成明显可见的断开间隙。

跌落式熔断器依靠电弧燃烧分解纤维质产生的气体来熄灭电弧，其灭弧能力不强，灭弧速度也不快，不能在短路电流达到冲击值之前熄灭电弧，属"非限流式"熔断器。

3.7 自动线路分段器和重合器

1) 自动线路分段器

自动线路分段器是一种与电源侧前级开关设备相配合，在无电压或无电流下自动分闸的开关设备。分段器不能开断短路电流但能开断或关合负荷电流，电压型可关合短路电流，电流型不能关合短路电流。通常是与具有开断和重合短路电流功能的上级开关设备配合使用，起线路隔离、分段的作用。尤其适用于线路长、分支多的架空配电线路。

（1）工作原理

分段器配有控制、通信装置和操动机构，能实现按功能设计要求的分、合闸操作和向配电网的控制中心传送信号。例如，常用电流型分段器的负荷侧线路发生短路故障时，它能记忆上级开关设备开断短路电流的次数，并在达到预定的计数（1~3次）后，在上级开关设备开断短路后自动分闸，隔离故障区段，保证上级开关设备再次重合成功，使其他无故障线路区段正常供电，若在达到其预定的计数前，上级开关重合成功，分段器的记忆系统能在一定时间内自动消零，以备下次重新计数；电压型分段器又称重合分段器，当关合到短路故障时，将闭锁在分闸位置，以隔离故障区段。因此，分段器主要用作架空线路的控制和保护。

（2）类型

分段器分单相、三相两种，额定电压为12~40.5kV。按灭弧介质或绝缘介质分，有油、真空、六氟化硫和空气四种。按控制方式，有液压式、电子式两类。按识别故障原理分，有"过流脉冲记数型"和"电压—时间（$U-t$）型"两类。按动作原理分，有跌落式、重合式和组合式等。

（3）功能

电流型分段器具有以下特殊功能。

① 自动监测线路的工作状态。自行判断线路是否发生短路故障。

② 记数功能。一旦线路电流超过额定启动电流，分段器就自动对其电源侧的重合器（或断路器）开断故障电流的次数进行记数，如果达到整定值，分段器在重合器再次关合前无电流时间区段分闸，并闭锁在分闸状态。通常，闭锁前的记数次数可整定成一次、两次或三次。

③ 记忆和复位功能。如果在未达到整定的记数次数之前故障已经消失，分段器将在一定时间（即记忆时间）内对已有的记数保持记忆。若在记忆时间内再次发生故障，则在原有记数的基础上累加记数；如果超过预先设定的复位时间，分段器将忘却已有的记数，恢复到原有的记数功能。

分段器主要用于12~40.5kV架空配电线路，在农村配电网中得到普遍应用，在一些供电可靠性要求较低的城市配电线路也有采用。

2) 自动重合器

自动重合器是一种自身具有控制及保护功能的高压开关设备。它是由柱上断路器及相应的控制、保护元件等构成。它能够按照预定的开断和重合顺序在线路中自动执行开断和重合操作，并在其后自动复位和闭锁。即自动重合器本身具有故障电流（包括过流和接地电流）检测和操作顺序控制与执行功能，无须附加继电器保护装置和操作电源。

（1）用途

自动重合器可装在电杆上、构架上或地面基础上。最适宜于装在负荷沿线分布的10~

35kV架空配电线路的较长干线或较大分支上,起分段保护和隔离作用。借助于重合器的作用,当线路发生瞬时性故障时,可不影响用户用电,发生永久性故障时,可限制停电范围。也可装在变电所内,作为10～35kV出线的主保护开关设备,无须附加继电保护屏和操作电源。自动重合器通常配有接地故障保护和遥控、遥测附件,有助于提高配电网运行的自动化水平。

(2) 工作原理

自动重合器有快、慢两种电流特性曲线可供选择,一般快速特性曲线只有一条,慢速延时特性曲线可以有多条。第一次开断按快速时间—电流特性特性曲线整定,以后各次开断则根据保护配合需要选择不同的时间—电流特性曲线,称之为双时性。自动开断后到下次重合的时间间隔称为重合间隔,可在1～60s的范围内整定。每一操作程序可选择1～4次开断。在预定的操作程序完成以前自动重合成功时,其控制系统即自动复位。这样,当线路再次发生故障时,将重新按完整的操作程序动作。因此,自动重合器可保证90%以上的架空线路瞬时性故障不造成停电,并易于与其他重合器、分段器、熔断器等开关设备进行保护配合,以缩小故障停电范围,提高供电可靠性。

(3) 分类和特点

自动重合器分单相、三相两种,一般采用三相重合器。额定电压为12～40.5kV,额定短路开断电流一般为6.3～12.5kA,最大为20kA。重合器分类及特点见表3-6。

表3-6 自动重合器的分类及特点

分类方式	种类	技术性能	运行维护
按灭弧原理分类	油重合器	灭弧室处于变压器油中,变压器油作为绝缘和灭弧介质。开断电流小,电寿命短,变压器油的绝缘性能易受开断电弧的影响。整机比较笨重	不检修周期短,一般为三年,现场维护工作量大,需要油处理设备
	SF_6重合器	以SF_6气体作为灭弧和绝缘介质。开断性能好,电寿命长,结构紧凑,重量轻,操作功小;但要求加工精度高,密封严格	不检修周期长,一般为十年,维护工作量小
	真空重合器	以真空灭弧室灭弧,变压器油、低压力SF_6气体或空气作为绝缘介质。开断性能好,电寿命长,操作功小	不检修周期长,一般为10～20年,维护工作量极小,直至免维护
按控制原理分	液压控制重合器	采用液压元件实现控制。控制参量现场不能整定,性能易受环境温度影响	应用灵活性差,维护工作量小
	电子控制重合器	采用分立的、集成的电子元件或单片机实现控制。控制参量现场整定,设定范围宽,灵活方便	应用灵活,易配合,适应性强

(4) 功能

重合器除具有断路器的控制和保护功能外,还具有以下特殊功能。

① 自动监测线路工作状态。一旦电流达到或超过预定值(即最小启动电流值),重合器的控制器启动,重合器按设定程序进行分闸和重合闸。

② 自动判断故障性质。对于瞬时性故障,重合闸成功后就保持合闸状态;对于永久性故障,将闭锁在分闸状态。

③ 自动记忆、消除记忆和复位功能。重合器动作开始后,在一定时间间隔(记忆时间)内对已执行过的部分操作顺序保持记忆。在此期间内,若再次发生短路故障,则接着执行余下的操作顺序;若达到或超过记忆时间,消除记忆已执行的过的顺序。如果两次故障之间达到或超过设定的复位时间,重合器将自动复位到初始状态,准备执行完整的设定操作顺序。

④ 双时反时限时间—电流特性。故障电流越大,重合器的分闸时间则越短。而且,在

执行操作顺序的过程中能自动地依靠设定程序由按快速动作曲线分闸转换到按设定的时延曲线分闸。便于与分段器、熔断器等其他保护设备配合。

⑤ 操作顺序可在安装现场设定变更。

⑥ 控制电源，操作电源直接取自被控制和保护的高压线路。

⑦ 可实现有线、无线、载波和光纤等远距遥控和通信。

自动重合器自 20 世纪 30 年代问世，在传统的油或空气作绝缘介质的柱上断路器加装自动控制装置，价格昂贵，因此很难推广。进入 20 世纪 80 年代，由于真空和六氟化硫断路器的出现，其操作机构轻便，加以电子技术的发展，使配套的控制器性能提高，以由整体式发展为分体式，能适应不同的电网接线和要求，运行效果良好。更由于用户对供电可靠性的要求日益增高，使自动重合器应用日趋广泛。

3.8 低压电器

3.8.1 低压刀开关和负荷开关

（1）低压开关

低压刀开关（文字符号为 QK）按其操作方式分，有单投和双投两种；按其极数分，有单极、双有和三极三种；按其灭弧结构分，有不带灭弧罩和带灭弧罩两种。

不带灭弧罩的刀开关只能在无负荷下操作，仅作隔离开关用。带有灭弧罩的 HD13 型刀开关（如图 3-32 所示）能通断一定的负荷电流。其钢栅片灭弧罩能使负荷电流产生的电弧有效地熄灭，但不能切除短路电流。

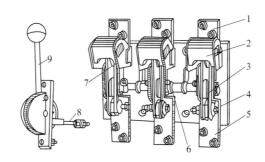

图 3-32　HD13 型刀开关

1—上接线端子；2—灭弧罩；3—闸刀；4—底座；5—下接线端子；6—主轴；7—静触头；8—连杆；9—操作手柄

低压刀开关全型号的表示和含义如下：

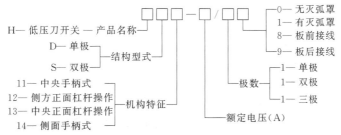

（2）低压刀熔开关

低压刀熔开关（文字符号为 FU-QK）又称熔断器式刀开关，是低压刀开关与低压熔断器组合而成的开关电器。最常见的 HR3 型刀开关如图 3-33 所示，是将 HD 型刀开关的闸刀换以 RTO 型熔断器的具有刀形触头的熔管，具有刀开关和熔断器的双重功能。采用这种组合型开关电器,可以简化配电装置的结构,目前已广泛用于低压动力配电屏中。

低压刀熔开关全型号的表示和含义如下:

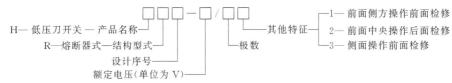

(3) 低压负荷开关

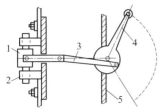

图 3-33 刀熔开关结构示意图
1—RT0 型熔断器的熔断体;
2—弹性触座;3—连杆;
4—操作手柄;5—配电屏面板

低压负荷开关(文字符号 QL),由带灭弧装置的刀开关与熔断器串联组合而成,外装封闭式铁壳或开启式胶盖。低压负荷开关具有带灭弧罩的刀开关和熔断器的双重功能,既可带负荷操作,又能进行短路保护,熔体熔断后,更换熔体后即可恢复供电。

低压负荷开关全型号的表示和含义如下:

3.8.2 低压熔断器

低压熔断器主要实现低压配电系统的短路保护,有的低压熔断器也能实现过负荷保护。低压熔断器的类型很多,国产的如插入式(RC 系列)、无填料密封管式(RM 系列)、有填料密封管式(RT0 系列)、螺旋管式(RL 系列)以及自复式(RZ 系列)等,引进技术生产的有填料管式 gf、aM 系列以及高分断能力的 NT 系列等。

低压熔断器全型号的表示和含义如下:

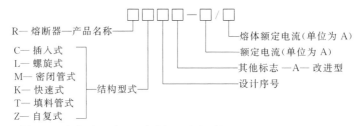

下面主要介绍供电系统中常用的国产低压熔断器 RT0、RL1、RZ1 型以及 aM3 型熔断器的结构和原理。

(1) RT0 型低压有填料密闭管式熔断器

RT0 型熔断器主要由瓷熔管、栅状铜熔体、触头、底座等几部分组成,如图 3-34 所示。为了增大断流能力、提高灭弧速度,在结构上采取了以下措施:

① 铜熔体导电性能好,截面小,熔断时金属蒸气较少,有利于灭弧;
② 熔体有引燃栅,所有并联的熔体几乎同时燃烧,粗弧分细,易于灭弧;
③ 熔体具有变截面小孔,熔体熔断时,长弧分割为几段短弧,加速灭弧;
④ 熔管内填充有石英砂,冷却散热好,加速带电质点的复合而迅速熄灭电弧;
⑤ 熔体具有锡桥,利用其"冶金效应"达到过负荷保护,提高保护灵敏度的目的。

熔体熔断后,有红色的熔断指示器从一端弹出,便于运行人员检视。RT0 型熔断器属"限流式"熔断器,其保护性能好、断流能力大,广泛应用于低压配电装置中,但其熔体不可拆卸,因此熔体熔断后整个熔断器报废,不够经济。

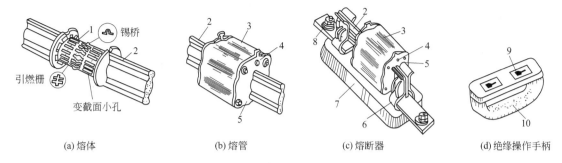

图 3-34 RTO 型低压熔断器结构图

1—栅状铜熔体；2—触刀；3—瓷熔管；4—盖板；5—熔断指示器；6—弹性触座；
7—瓷质底座；8—接线端子；9—扣眼；10—绝缘拉手手柄

附录表 7 列出了 RTO 型低压熔断器的主要技术数据和保护特性曲线，供参考。

（2）RL1 型螺旋管式熔断器

RL1 型螺旋管式熔断器结构如图 3-35 所示。它由瓷质螺帽、熔体管和底座组成。上接线端与下接线端通过螺丝固定在底座上；熔体管由瓷质外套管、熔体和石英砂填料密封构成，一端有熔断指示器（多为红色）；瓷质螺帽上有玻璃窗口，放入熔管旋入底座后即将熔管串接在电路中。由于熔断器的各个部分均可拆卸，更换熔管十分方便，这种熔断器广泛用于低压供电系统，特别是中小型电动机的过载与短路保护中。

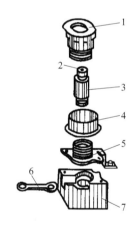

图 3-35 RL1 型螺旋管式熔断器

1—瓷帽；2—熔断指示器；3—熔体管；4—瓷套；
5—上接线端；6—下接线触头；7—底座

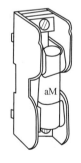

图 3-36 aM3 型熔断器

（3）aM 系列熔断器

aM 系列熔断器是引进技术生产的具有限流作用的熔断器，主要由底座和熔管组成，如图 3-36 所示。圆形的熔管中装有铜熔体和石英砂填料，除了有限流作用外，还有熔断指示作用。aM1—2 型在支架中央装有信号装置，熔体熔断后即发出红光。aM3—4 型在底座上装有微动开关，熔体熔断后可接通声、光信号装置。

（4）RZ1 型低压自复式熔断器

一般熔断器在熔体熔断后，必须更换熔体甚至整个熔管才能恢复供电，使用上不够经济。我国设计生产的 RZ1 型自复式熔断器弥补了这一缺点，它既能切断短路电流，又能在

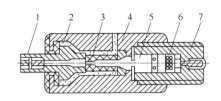

图 3-37 RZ1 型自复式熔断器
1—接线端子；2—云母玻璃；3—瓷管；
4—不锈钢外壳；5—钠熔体；
6—氩气；7—接线端子

故障消除后自动恢复供电，无需更换熔体，其结构如图 3-37 所示。

RZ1 型熔断器采用金属钠作熔体。常温下，钠的阻值很小，正常负荷电流可以顺利通过，但在短路时，钠受热迅速气化，其阻值变得很大，可起到限制短路电流的作用。在金属钠气化限流的过程中，装在熔断器一端的活塞将被挤压而迅速后退，降低了因钠气化产生的压力，保护熔管不致破裂。限流过程结束后，钠蒸气冷却恢复为固态钠，被挤压的活塞迅速将钠推回原位，使之恢复常态，这就是自复式熔断器既能自动限流又可自动复原的基本原理。

自复式熔断器可与低压断路器配合使用组合为一种电器。我国生产的 DZ10—100R 型低压断路器，就是 DZ10—100 型低压断路器与 RZ1—100 型自复式熔断器的组合。利用自复式熔断器来限制并切除短路电流，利用低压断路器来通、断电路和实现过负荷保护。可以预计，这种组合电器将会有广阔的应用前景。

3.8.3 低压断路器

低压断路器（文字符号 QF）又称低压自动空气开关，其功能与高压断路器类似。其原理结构和接线如图 3-38 所示。低压断路器具有以下保护功能。

① 当线路上出现短路故障时，其过电流脱扣器动作，使开关跳闸。

② 当线路出现过负荷时，其串联在一次线路中的加热电阻丝加热，使双金属片弯曲，开关跳闸。

③ 当线路电压严重下降或电压消失时，其失压脱扣器动作，使开关跳闸。

④ 按下脱扣按钮接通分励脱扣器，可实现开关远距离跳闸。

⑤ 按下失压脱扣按钮接通失压脱扣器，可实现开关远距离跳闸。

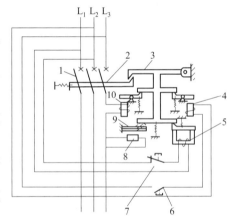

图 3-38 低压断路器的原理结构和接线
1—主触头；2—跳钩；3—锁扣；4—分励脱扣器；
5—失压脱扣器；6,7—脱扣按钮；8—加热
电阻丝；9—热脱扣器；10—过流脱扣器

低压断路器按结构分，有万能式（DW 系列）和塑壳式（DZ 系列）两种；按灭弧介质分，有空气断路器和真空断路器等；按用途分，有配电用断路器、电动机保护用断路器、照明用断路器和漏电保护断路器等；按保护性能分，有非选择型断路器和选择型断路器。

非选择型断路器，一般为瞬时动作，只作短路保护用；也有的为长延时动作，只作过负荷保护用。

选择型断路器，有两段保护、三段保护功能。两段保护指具有瞬时与长延时特性或短延时与长延时特性配合的两段保护功能。三段保护为瞬时、短延时与长延时特性三段保护功能。其中瞬时和短延时特性适于短路保护，长延时特性适于过负荷保护。图 3-39 表示低压断路器的各种保护特性曲线。

低压断路器全型号的表示和含义如下：

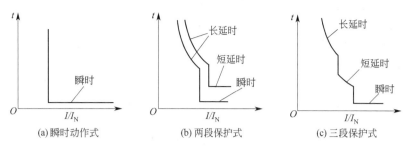

图 3-39 低压断路器的保护特性曲线

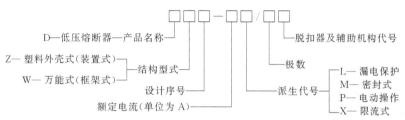

下面重点介绍目前广泛用于生产现场的万能式（DW 系列）低压断路器和塑壳式（DZ 系列）低压断路器。

(1) 万能式低压断路器

DW 系列低压断路器，因其保护方案和操作方式较多，装设地点灵活，可敞开地装设在金属框架上，故又称其为"万能式"或"框架式"断路器。

图 3-40 是一种广泛应用的 DW10 型万能式低压断路器的外形结构图。正常情况下，可通过手柄操作、杠杆操作、电磁操作进行合闸。电路发生短路故障时，过流脱扣器动作，使开关跳闸；当电路停电时，其失压脱扣器动作，可使开关跳闸，不致因停电后工作人员离开造成不必要的经济损失。

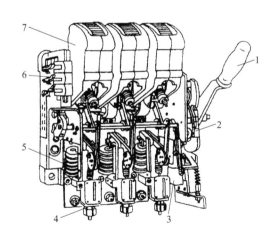

图 3-40 DW10 型万能式低压断路器
1—操作手柄；2—自由脱扣机构；3—失压脱扣器；
4—过流脱扣器电流调节螺母；5—过电流脱扣器；
6—辅助触点（联锁触点）；7—灭弧罩

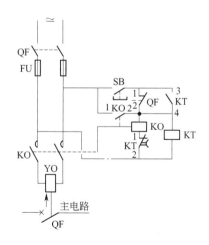

图 3-41 DW 型低压断路器的交直流
电磁合闸操作电路
QF—低压断路器；SB—合闸按钮；KT—时间继电器；
KO—合闸接触器；YO—电磁合闸线圈

图 3-41 是一种典型的 DW 型断路器交直流电磁合闸电路。电磁合闸线圈 YO 是按短时大功率设计的，允许通电时间不得超过 1s。时间继电器的延时断开触点 $KT_{1,2}$ 在 KO 通过 1s

后会自动断开，使 KO 失电，保证电磁合闸线圈 YO 通电时间不超过 1s。时间继电器的常开触点 $KT_{3,4}$ 是用来防止按钮 SB 不返回或被粘住时，断路器多次跳、合于同一故障线路上，即防止断路器来回"跳动"。低压断路器的联锁触头 $QF_{1,2}$ 用于防止电磁合闸线圈在 QF 合闸成功后合闸线圈再次误通电的。

目前推广应用的万能式断路器有 DW15、DW15X、DW16、DW17（ME）、DW48（CB11）、DW914（AH），其中 DW16 型保留了 DW10 型结构简单、维修方便和价廉的优点，又克服了 DW10 型断路器的缺陷，技术性能显著改善，且其安装尺寸与 DW10 型完全相同，已经成为 DW10 型断路器更新换代的首选产品。

附录表 8 列出了部分万能式低压断路器的主要技术数据，供参考。

（2）塑料外壳式低压断路器

DZ 型塑壳式低压断路器又称装置式自动开关，其全部机构和导电部分都装设在一个塑料外壳内，仅在壳盖中央露出操作手柄，供手动操作之用，它通常装设在低压配电装置中。

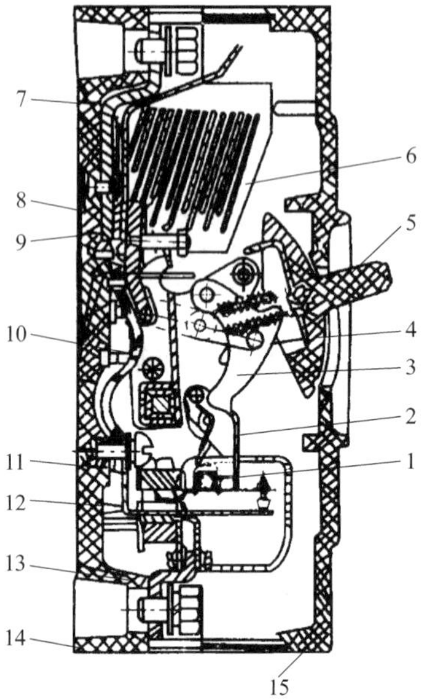

图 3-42 是一种广泛应用的 DZ10 型塑料外壳式低压断路器的剖面结构图。DZ 型低压断路器的操作机构一般采用四连杆机构，可自由脱扣。从操作方式分，有手动和电动两种。手动操作是利用操作手柄，电动操作是利用专门的控制电机，一般只有容量较大的断路器才装有电动操作。

低压断路器的操作手柄有下面三个位置。

① 合闸位置。手柄扳向上边，跳钩被锁扣扣住，触头维持闭合状态。

② 自由脱扣位置。跳钩被释放（脱扣），手柄移至中间位置，触头断开。

③ 分闸位置。手柄扳向下边，从自由脱扣位置变为再扣位置，为下次合闸做好准备。断路器自动跳闸后，必须将手柄扳向"再扣"位置（即分闸位置），否则不能直接合闸。

图 3-42 DZ10 型塑料外壳式低压断路器
1—牵引杆；2—锁扣；3—跳钩；4—连杆；5—操作手柄；6—灭弧室；7—引入线和接线端子；8—静触头；9—动触头；10—可挠连接条；11—电磁脱扣器；12—热脱扣器；13—引出线和接线端子；14—塑料底座；15—塑料盖

DZ 型断路器可根据工作要求装设以下脱扣器：a. 复式脱扣器，可同时实现过负荷保护和短路保护；b. 电磁脱扣器，只作短路保护；c. 热脱扣器，只作过负荷保护；d. 失压脱扣器，作低电压保护。

目前推广应用的塑壳式断路器有 DZX10、DZ15、DZ20 等类型，用引进技术生产的 H、C45N、3VE 等类型，尤其是 C45N 型已在电流为 100A 以下的工厂配电系统及民用建筑中得到广泛应用。

附录表 9 列出了 DZ10 型低压断路器的主要技术数据，供参考。

3.9 成套配电装置

将数量较多的电器按供电要求组装在一起，完成电力系统中某种功能的设备，称为电力成套配电装置。成套配电装置可分成三类：低压成套配电装置、高压成套配电装置（也称高压开关柜）、SF_6 全封闭式组合电器配电装置。

成套配电装置按安装地点可分为屋内式、屋外式。低压成套配电装置只做成屋内式，高压开关柜有屋内式和屋外式。由于屋外式有防水、防锈等问题,故目前大量使用的是屋内式。SF₆全封闭式组合电器也因屋外气候条件较差,大部分都布置在屋内。

3.9.1 高压成套配电装置

高压开关柜是指3~35kV的成套配电装置,用于配电室的室内。按开关柜的安装方式,有固定式和手车式两种。固定式的一、二次设备都是固定安装的,成本低;手车式则将主要一次设备装在手车上,采用隔离触点的啮合实现可移开元件与固定回路的电器连接,方便检修。按开关柜隔室的构成形式,有铠装式、间隔式、箱式和半封闭式。铠装式对主开关及与其两端连接的元件均采用全封闭金属隔室,保证故障限制在相应隔室内,安全可靠性高;间隔式采用全封闭非金属隔室,结构较紧凑;箱室隔室数目少,结构较简单;半封闭式母线不封闭,成本低。按主母线的设置,有单母线式、单母线带旁路母线式和双母线式。按柜内绝缘介质,有空气绝缘式和复合绝缘式。高压开关柜要求具有防断路器误操作、防带负荷操作隔离开关或手车、防带电挂接地线、防带接地线误送电、防误人带电间隔的"五防"安全措施。

下面以手车式高压开关柜和固定式高压开关柜为例说明其组成、型号及工作原理。

(1) 固定式高压开关柜

固定式高压开关柜的断路器固定安装在柜内,与手车式相比,其体积大、封闭性能差(GG系列)检修不够方便,但制造工艺简单、钢材消耗少、价廉。因此仍较广泛用于中、小型变电所的6~35kV屋内配电装置。

固定式高压开关柜有GG—1A(F)、GG—10、GG—15、GSG—1A、KGN等型,由于比较经济,在一般中小型工厂中被广泛使用,但故障时需停电检修,且检修人员要进入带电间隔,检修好后方可供电,延长了恢复供电的时间。GG—1A(F)—07S型固定式高压开关柜的结构如图3-43所示。

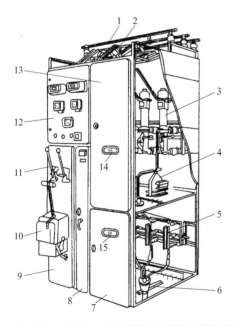

图3-43 GC—1A(F)—07S型高压开关柜(断路器柜)
1—母线;2—母线隔离开关(QS1,GN8—10型);3—少油断路器(QF,SN10—10型);4—电流互感器(TA,LQJ—10型);5—线路隔离开关(QS2,GN6—10型);6—电缆头;7—下检修门;8—端子箱门;9—操作板;10—断路器的手动操作机构(CS2型);11—隔离开关的操动机构手柄;12—仪表继电器屏;13—上检修门;14—观察窗口

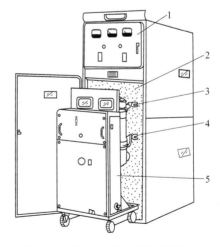

图3-44 GC—10(F)型高压开关柜
(断路器手车柜未推入)
1—仪表屏;2—手车室;3—上触头(兼起隔离开关作用);4—下触头(兼起隔离开关作用);5—SN10—10型断路器手车

(2) 手车式(又称移开式)高压开关柜

手车式高压开关柜有 GBC、GFC、KYN、JYN 等型,这种开关柜的主要电气设备如断路器等是装在手车上的。断路器等设备需检修时,可将故障手车拉出,然后推入同类备用手车,即可恢复供电,因此采用手式开关柜,较之采用固定式开关柜,具有检修安全、供电可靠性高等优点,但价格较贵。

GC10(F)型手车式高压开关柜的外形结构如图3-44所示。

老系列高压开关柜全型号的表示和含义如下:

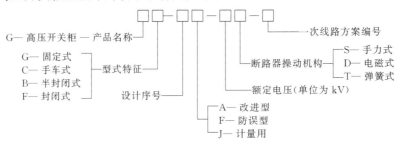

新系列高压开关柜全型号的表示和含义如下:

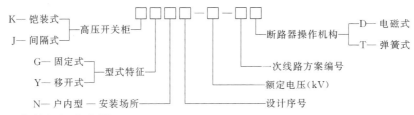

(3) SF_6 全封闭组合电器(GIS)

SF_6 全封闭组合电器是按发电厂变电站电气主接线的要求,将各电器设备依次连接组成一个整体,全部封装在封闭着的金属接地壳体内,壳体内充溢 SF_6 气体,作为灭弧和绝缘介质用,以优质环氧树脂绝缘子作支撑的一种新型成套高压电器。

SF_6 全封闭式组合电器由以下几个主要元件组成:①母线;②隔离开关(负荷隔离开关);③断路器;④接地开关(工作接地开关和快速接地开关);⑤电流互感器;⑥电压互感器;⑦避雷器;⑧电缆终端(或出线套管)。各元器件可制成不同的标准独立结构,并辅以一些过渡元件(如弯头、三通、波纹管等),即可适应主接线的要求,组成各配电装置。

图3-45为110kV单母线接线的 SF_6 封闭组合电器断面图。为了便于支撑和检修,母线布线在下部。母线采用三相共筒式结构。该封闭组合电器内部分为母线、熔断器,以及隔离开关与电压互感器等四个相互隔离的气室,各气室内 SF_6 压力不完全相同。封闭组合电器各气室相互隔离,这样可以防止事故范围的扩大,也便于各元件的分别检修与更换。

SF_6 封闭式组合电器与其他类型配电装置相比,具有以下特点:

① 尽量节省配电装置所占地面与空间;

② 运行可靠性高;

③ 土建和安装工作量小,建设速度快;

④ 检修周期长,维修方便;

⑤ 由于金属外壳接地的屏蔽作用,能消除对无线电的干扰,也无静电感应和噪声等,同时,也没有偶然触及带电体的危险,有利于工作人员的安全;

⑥ 抗震性能好;

⑦ 对材料性能、加工精度和装配工艺要求很高;

⑧ 需要专门的 SF_6 的气体系统和压力监视装置,对 SF_6 的纯度要求严格;

第 3 章 变配电实用技术

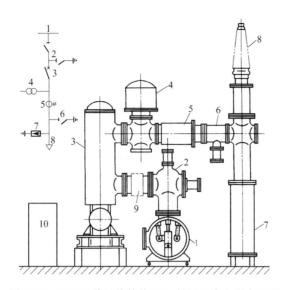

图 3-45 110kV 单母线接线 SF$_6$ 封闭组合电器断面图
1—母线；2—隔离开关、接地开关；3—断路器；4—电压互感器；5—电流互感器；6—快速接地开关；
7—避雷器；8—引线套管；9—波纹管；10—操作机构

⑨ 金属耗量大，造价较高。

SF$_6$ 全封闭式组合电器配电装置主要用于 110～500kV 的工业区、市中心、险峻山区、地下洞内以及需要扩建而缺乏土地的发电厂和变电站，还可以用于军用变电设施。

3.9.2 低压成套配电装置

低压成套配电装置是包括电压等级为 1kV 及以下的电压开关柜、动力配电柜、照明箱、控制屏（台）、直流配电屏及补偿成套装置。这些设备广泛应用在电力系统、工矿企业、港口机场和高层建筑等场合，作为动力、照明配电及补偿之用。

本节主要介绍两种广泛应用在企业中的固定式低压配电屏和抽屉式低压开关柜。

（1）GGD 型低压配电屏

如图 3-46 所示为 GGD 型固定式低压配电屏外形及安装尺寸图。配电屏的构架为拼装式结合局部焊接。正面上部装有测量仪表，双面开门。三相母线布置在屏顶，隔离开关、熔断器、低压断路器、互感器和电缆端头依次布置在屏内，继电器、二次端子排也装设在屏内。主母线排列在柜的上部后方柜体的下部、后上部和顶部均有通风、散热装置。

固定式低压配电屏结构简单、价格低，维护、操作方便，广泛应用于发电厂、变电所、工矿企业等电力用户。

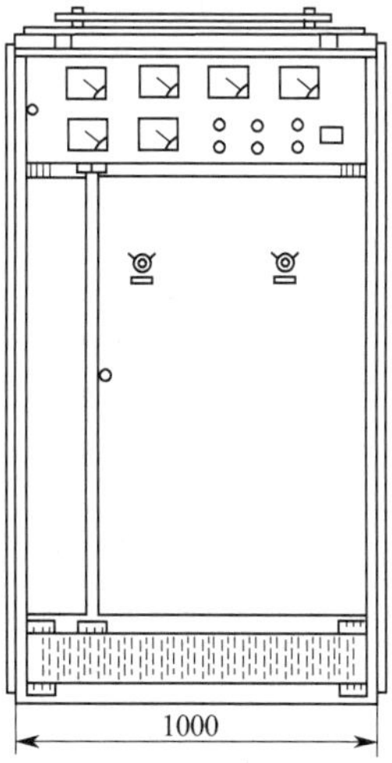

（2）GCS 抽屉式低压开关柜

如图 3-47 所示为 GCS 抽屉式低压开关柜外形及安装尺寸图。

图 3-46 GGD 型固定式低压配电屏外形及安装尺寸图

GCS 为密封式结构，内部分为功能单元室、母线室和电缆室。电缆室内为二次线和端子排。功能室由抽屉组成，主要低压设备均安装在抽屉内。若回路发生故障时，可立即换上备用的抽屉，迅速恢复供电。开关柜前面门上装有仪表、控制按钮和电压断路器操作手柄。抽屉有联锁机构，可防止误操作。

这种配电屏的特点是：密封性能好，可靠性高，占地面积小；但钢材消耗较多，价格较高，它将逐步取代固定式低压配电屏。

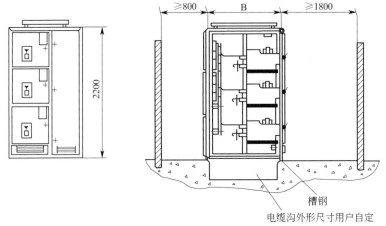

图 3-47　GCS 抽屉式低压开关柜及安装尺寸图

旧系列低压配电屏全型号的表示和含义如下：

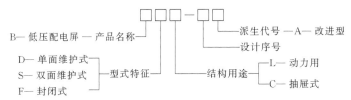

新系列低压配电屏全型号的表示和含义如下：

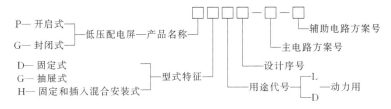

思考题与习题

3-1　电弧是一种什么现象？其主要特征是什么？开关电器有哪些常用的灭弧方法？

3-2　熔断器在电路中的主要功能是什么？"冶金效应"在熔断器中起什么作用？

3-3　一般跌落式熔断器与一般高压熔断器（如 RN1 型）在功能方面有什么异同？负荷型跌落式熔断器与一般跌落式熔断器在功能方面又有什么区别？

3-4　"限流式"熔断器与"非限流式"熔断器有何区别？

3-5　高压隔离开关有哪些功能？为什么不可带负荷操作？

3-6　高压负荷开关有哪些功能？在装设高压负荷开关的电路中采取什么措施来切除短路故障？

3-7　高压断路器有哪些功能？少油断路器和多油断路器中的油各起什么作用？

3-8　高压少油断路器、SF_6 断路器和真空断路器各自的灭弧介质是什么？各适用什么场合？

3-9　DW 系列低压断路器与 DZ 系列低压断路器各有何结构特点和动作特性？

3-10　在图 3-41 所示低压断路器的电磁合闸电路中，时间继电器 KT 起什么作用？

3-11　电流互感器有哪些功能？常用的接线方式有哪几种？为什么其二次侧必须可靠接地？为什么电流互感器的二次侧在运行时不能开路？

3-12　高压电流互感器的两个二次绕组各有何用途？

3-13　电压互感器有哪些功能？为什么其二次侧必须可靠接地？

第 4 章　工厂变配电所

> **教学目标**
> - 了解工厂变配电所的任务及类型。
> - 掌握用电企业的供配电系统变压器台数和容量的选择。
> - 了解企业变配电所的设置及类型。
> - 熟悉企业变配电所主接线设计的基本要求及其基本的配电方式。
> - 熟悉对供配电线路导线和电缆的选择。

4.1　工厂变配电所概述

引入电源不经过电力变压器变换，直接以同级电压重新分配给附近的变电所或供给各用电设备的供电场所称为配电所；而将引入电源经过电力变压器变换成不同级别的电压后，再由配电线路送至下一级供电场所或直接供给各用电负荷的供配电场所称为变配电所，简称为变电所。通常将变配电所看作是变电所和配电所的合称。

变电所是各类工厂和民用建筑的电能供应中心。一般中小用户（企业或民用建筑）的用电量不大，多采用 6~10kV 变电所供电。对于大型用户，由于用电量很大，为了减少线路电能损耗，保证用电质量，多采用 35kV 及以上的变电所供电。变电所一般由电力变压器、高压配电室、低压配电室等部分组成。根据实际需要，有的变电所内还设有高压电容器补偿室、控制室、值班室和其他辅助房间。

根据用户变配电所的设置场所及其应用对象的不同，可划分为工厂变电所和民用建筑变电所。

4.1.1　工厂变配电所的任务及类型

1) 变配电所的任务

变电所担负着从电力系统受电，经过变压，然后配电的任务。配电所担负着从电力系统受电，然后直接配电的任务。显然，工厂变配电所是工厂供电系统的枢纽，在工厂里和工业生产中占有极其重要的地位。

2) 变配电所的类型

工厂变电所分为总降压变电所和车间变电所。一般中小型工厂不设总降压变电所，只设车间变电所。

车间变电所按其变压器安装的地点来分，有下列几种类型。

(1) 车间附设变电所

变压器室的一面或几面墙体与生产车间墙体共用，变压器室的大门向生产车间外或墙体外开。如果按变压器室位于车间的墙内还是墙外，还可进一步分为内附式（如图 4-1 中的 1、2）和外附式（如图 4-1 中的 3、4）。这种类型适用于一般车间。

(2) 车间内变电所

变压器室位于车间内部的单独房间内，变压器室向车间内开。这种类型变配电所适合于

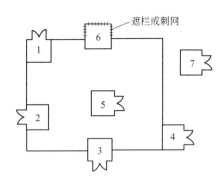

图 4-1 车间变电所类型
1,2—内附变电所；3,4—外附变电所；
5—车间内变电所；6—露天（半露天）
变电所；7—独立变电所

负荷大而集中且布置比较稳定的大型车间厂房（如图 4-1 中的 5）。这种车间变电所，位于车间负荷的中心，可以降低电能损耗和有色金属消耗量，并减小线路的电压损耗，容易保证电压质量，所以这种型式的技术经济指标比较好。但是这种变电所建在厂房内部，要占一定的生产面积。

（3）独立变电所

整个变电所设在车间以外的单独建筑物内。如图 4-1 中的 7。这种类型建筑费用高，适合于负荷较小而分散的中小型工厂，或为了远离易燃、易爆及腐蚀性物质的场所。比如化工类车间。

（4）地下变电所

目前，国外有些工厂为了减少占地面积，把整个变电所装置在地下设施内，地下变电所通风散热条件差，湿度也较大，建筑费用较高，但相当安全，且不碍观瞻。现在我国采用的还不多。

以上四种类型变电所因变压器安装在户内，所以统称为户内变电所。

（5）露天变电所

变压器安装在露天的变电所称为露天变电所。变压器可安装在户外地面上，周围用栅栏或围墙保护（如图 4-1 中的 6）；变压器也可安装在电杆上，低压配电设备安装在户内。这两种类型变电所简单经济，适用于工厂生活区和小型工厂。

工厂的高压配电所，尽可能与邻近的车间变电所合建，以节约建筑费用。

工厂的总降压变电所和高压配电所多采用独立的户内式。

4.1.2 工厂变配电所的选址、布置与结构

变电所是接受电能、变换电压和分配电能的重要场所，是供配电系统的能源供给中心。

变电所主要由电力变压器、高低压配电装置、控制保护测量信号等二次设备及其建筑物构成。因此，变配电所的正确选址和合理布置，是实现供配电系统安全可靠、经济高效运行的重要保证。

1）变配电所位置的选择

（1）一般原则

根据国家行业标准 JGJ 16—2008《民用建筑电气设计规范》，变配电所位置选择应根据下列要求综合考虑确定：

① 深入接近负荷中心。以减少配电距离，降低配电系统的电能损耗、电压损耗和有色金属消耗量。

② 进出线方便。特别是采用架空进出线时更应考虑这一点。

③ 接近电源侧。对总变配电所特别要考虑。

④ 设备吊装运输方便。便于变压器和控制柜等设备的吊装与运输

⑤ 不应设在有剧烈振动或有爆炸危险介质的场所。

⑥ 不宜设在多尘、水雾或有腐蚀性气体的场所，当无法远离时，不应设在污染源的下风侧。

⑦ 不应设在厕所、浴室、厨房或其他经常积水场所的正下方，且不宜与上述声所贴邻。如果贴邻，相邻隔墙应做无渗漏、无结露等防水处理。

⑧ 变配电所为独立建筑物时，不应设置在地势低洼和可能积水的场所。

另外,工厂变配电所位置选择时还应考虑以下因素:
① 高压配电所应尽量与车间变电所或有大量高压用电设备的厂房合建在一起;
② 不应妨碍工厂或车间的发展,并应考虑今后扩建的可能;
③ 地震烈度为 7 级以上的地区,应有防震措施。

(2) 确定负荷中心的方法

企业或车间的负荷中心,可用下面所讲的负荷指示图或负荷矩的计算方法近似地确定。

① 负荷指示图。负荷指示图是将电力负荷按一定比例用负荷图的形式标示在企业或车间的平面图上。各专间建筑的负荷的圆心应与车间建筑的负荷"重心"大致相等,此负荷"重心"即粗略地定位负荷中心。如图 4-2 所示负荷圆的半径 r,由车间的计算负荷 $P_{30} = K\pi r^2$ 得

$$r = \sqrt{\frac{P_{30}}{K\pi}} \quad (4-1)$$

式中,K 为负荷圆的比例,kW/mm^2。

由于负荷指示图只是直观和粗略地确定企业(或车间)的负荷中心,所以变配电所位置的选择还要结合其他条件,分析比较几个方案,最终确定最佳方案。

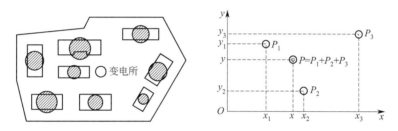

图 4-2 负荷指示图及按负荷功率确定负荷中心

② 负荷功率矩法。负荷功率矩法又称静态负荷中心计算法。这种方法不考虑负荷的工作时间。

如图 4-2 所示,设有负荷 P_1、P_2、P_3,它们在坐标系中的坐标分别为 (z_1, y_1)、(z_2, y_2)、(z_3, y_3),设负荷中心坐标为 (z, y),则总的负荷为 $\sum P = P_1 + P_2 + P_3$,根据求重心的力矩方程,得

$$\left.\begin{array}{l} x\sum P = P_1 x_1 + P_2 x_2 + P_3 x_3 \\ y\sum P = P_1 y_1 + P_2 y_2 + P_3 y_3 \end{array}\right\} \quad (4-2)$$

经整理,负荷中心的坐标为

$$\left.\begin{array}{l} x = \dfrac{\sum (P_i x_i)}{\sum P_i} \\ y = \dfrac{\sum (P_i y_i)}{\sum P_i} \end{array}\right\} \quad (4-3)$$

③ 负荷电能矩法。负荷电能矩法又称动态负荷中心计算法。这种方法考虑到各负荷的工作时间不一定相同,因而负荷中心的确定与工作时间有关。

负荷中心的坐标按下式求得

$$\left.\begin{array}{l} x = \dfrac{\sum (P_i t_i x_i)}{\sum P_i t_i} \\ y = \dfrac{\sum (P_i t_i y_i)}{\sum P_i t_i} \end{array}\right\} \quad (4-4)$$

式中，t_i 为各负荷的最大负荷利用小时；P_i 为各负荷的有功计算负荷。

2) 变配电所的总体布置

(1) 对变配电所总体布置的要求

变配电所总体布置的方案应因地制宜、合理设计，布置方案应通过几个方案的技术经济比较而最后确定。

一般来说，变配电所的总体布置，应满足以下要求。

① 便于运行维护和检修

a. 有人值班的变配电所，一般应设单独的值班室。值班室应尽量靠近高低压配电室，且有门直通。如值班室靠近高压配电室有困难时，则值班室可经走廊与高压配电室相通。

b. 值班室也可与低压配电室合并，但在放置值班工作桌的一面或一端，低压配电装置到墙的距离不应小于3m。

c. 主变压器室应靠近交通运输方便的马路侧。

d. 条件许可时，可单设工具材料室或维修室。

e. 昼夜值班的变配电所，宜设休息室。

f. 有人值班的独立变配电所，宜设有厕所和给排水设施。

② 保证运行安全

a. 值班室内不得有高压设备。

b. 值班室的门应朝外开。高低压配电室和电容器室的门应朝值班室开或朝外开。

c. 油量为100kg及以上的变压器应装设在单独的变压器室内，变压器室的大门应朝马路开，但应避免朝向露天仓库；在炎热地区，应避免朝西开门。

d. 变电所宜采用单层布置。当采用双层布置时，变压器应设在底层。

e. 高压电容器组一般应装设在单独房间内，但数量较少时，可装在高压配电室内。低压电容器组可装设在低压配电室内，但数量较多，宜装设在单独的房间内。

f. 所有带电部分离墙和离地的尺寸以及各室维护操作通道的宽度，均应符合有关规程的要求，以确保运行安全。

③ 便于进出线

a. 如果是架空进线，则高压配电室宜位于进线侧。

b. 考虑到变压器低压出线通常是采用矩形裸母线，因此变压器的安装位置（户内式变电所即为变压器室），宜靠近低压配电室。

c. 低压配电室宜位于其低压架空出线侧。

④ 节约土地和建筑费用

a. 值班室可与低压配电室合并，这时低压配电室面积适当增大，以便安置值班桌或控制台，以满足值班工作要求。

b. 高压开关柜的数量不多于6台时，可与低压配电设置在同一房间内，但高压柜与低压屏间距离不得小于2m。

c. 不带可燃性油的高、低压配电装置和非油浸的电力变压器，可设置在同一房间内。

d. 具有符合IP3X防护等级外壳的不带可燃性油的高、低压配电装置和非油浸的电力变压器，当环境允许时，可相互靠近布置在车间内。

e. 高压电容器柜数量较少时，可装设在高压配电室内。

f. 周围环境正常的变电所，宜采用露天或半露天变电所。

g. 高压配电所应与邻近车间变电所合建。

⑤ 适应发展要求

a. 变压器室应考虑到扩建时有更换大一级容量变压器的可能。

b. 高低压配电室内均应留有适当数量开关柜（屏）的备用位置。

c. 既要考虑到变配电所留有扩建的余地，又要不妨碍工厂或车间今后的发展。

（2）变电所总体布置方案

变电所总体布置方案，应因地制宜，合理设计。布置方案的最后确定，应该通过几个方案的技术经济比较。

图 4-3 所示为有高压配电室、低压配电室、变压器室及值班室和高压电容器室的车间变电所平面图和剖面图。高压配电室中的开关柜为双列布置时，按规定通道不得小于2m，这里按一般设计，取为2.5m，这样，运行维护更为安全方便。变压器尺寸，按所装设的变压器容量增大一级来考虑，以适应变电所在负荷增长时改换大一级容量变压器的要求。高低压配电室也都留有一定地余地，供将来增设高低压开关柜用。

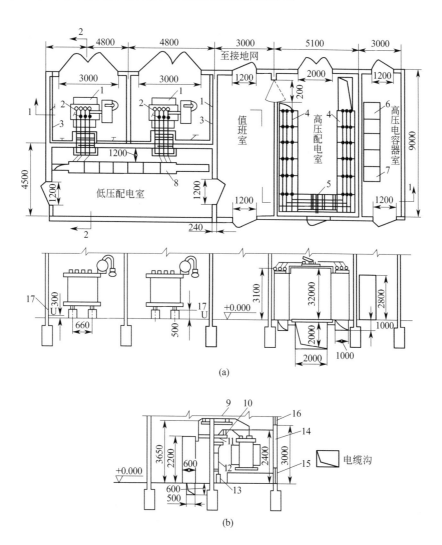

图 4-3 高压配电所及其附设2号车间变电所的平面图和剖面图

1—SL7—630/6型电力变压器；2—PEN线；3—PE线；4—GG—1A（F）型高压开关柜；5—分段隔离开关及母线桥；6—GR—1型高压电容器柜；7—GR—1型高压电容器的放电互感器柜；8—PGL2型低压配电屏；9—低压母线及支架；10—高压母线支架；11—电缆头；12—电缆；13—电缆保护管；14—大门；15—进风口（百叶窗）；16—出风口（百叶窗）；17—PE线及其固定钩

从图 4-3 可以看出：值班室和变压器室紧靠高、低压配电室，而且有门直通，便于运行维护；高、低压配电室和变压器的进出线都较为方便；所有大门都要求朝外开设；高压电容器室和高压配电室分开，又只一墙之隔，既安全，配线又方便；各室均留有一定的余地，以适应发展的需求。

图 4-4 是工厂高压配电所与附设车间变电所合建的几种平面布置方案。

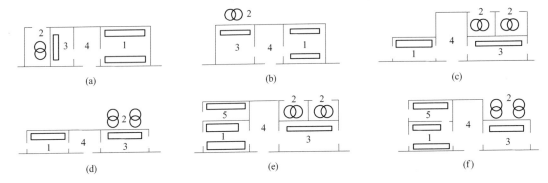

图 4-4　工厂高压配电所与附设车间变电所合建的平面布置方案（示例）
1—高压配电所；2—变压器室或户外变压器装置；3—低压配电室；4—值班室；5—高压电容器室

对于不设有高压配电所或总降压变电所的工厂，其车间（或工厂）变电所与图 4-3、图 4-4 所示布置方案基本相同，只是高压开关柜的数量较少，因此高压配电室也相应小一些；如果不设高压配电室和高压电容器室，将图 4-3、图 4-4 中的这两个室取消即可。

对于既无高压配电室又无值班室的车间变电所，其平面布置方案更为简单，如图 4-5 所示。

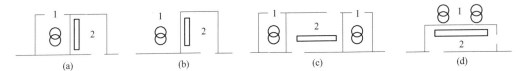

图 4-5　无高压配电室和值班室的车间变电所平面布置方案（示例）
1—变压器室或户外变压器装置；2—低压配电室

3）变配电所的结构

（1）户内变电所变压器室的结构

变压器室的结构形式，决定于变压器的形式、容量、放置方式、主接线方案及出线方式和方向等因素；并要考虑运行维护安全、通风、防火等问题；同时还要考虑到发展，变压器室宜有更换大一级容量变压器的可能性。

为保证变压器安全运行及防止变压器失火时故障蔓延，规定每台三相油浸式变压器应安装在单独的房间内，变压器外壳与变压器室四壁的距离应不小于国家有关规定标准。

变压器室的建筑属一级耐火等级，其门窗材料应该是阻燃的。变压器室门的大小，一般按变压器推进面的外壳尺寸外加 0.5m 考虑，且门应向外开；户内只设通风窗，不设采光窗；进风窗应设在变压器的下方，并应有防止小动物进入的措施；出风窗应设在变压器室的上方。变压器室通风的面积，根据变压器的容量、进风温度及变压器中心标高至出风窗中心标高的距离等因素确定。

变压器的布置方式，按变压器推进方向，分为宽面推进式和窄面推进式两种。

变压器室的地坪，按变压器的通风要求，分为地坪抬高和不抬高两种形式。变压器室地坪抬高时，通风散热好，但建筑费用高。变压器容量在 800kVA 及以下的变压器室地坪，一般不抬高。

(2) 高低压配电室和值班室的结构

① 高低压配电室的结构形式。高低压配电室的结构主要决定于高低压开关柜的型式和数量，同时要充分考虑运行维修的安全和方便，留有足够的维护通道，另外要照顾到今后的发展，留有适当数量的备用开关柜（屏）位置，但是占地面积不宜过大，建筑费用不宜过高。

高压配电室建筑的耐火等级不应低于二级。当高压配电室的长度大于 8m 时，应设两个门，并宜设在室的两端，门要向外开。

低压配电室建筑的耐火等级不应低于三级。当低压配电室的长度大于 8m 时，应设两个门，也宜设在室的两端，门也要向外开。

高、低压配电室都应考虑通风和自然采光，但应防止小动物窜入，以免造成事故。

② 值班室的结构形式。值班室的结构要结合变配电所总体布置全般考虑，要有利于运行维护，并保证安全。值班室应有良好的自然采光，采光窗宜朝南，总面积不宜小于 $12m^2$；在采暖地区，值班室应有采暖设施，采暖设计温度为 18℃；在蚊虫较多的地区，值班室应装纱窗纱门；值班室通往外边的门（除通向高低压配电室的门外），均应向外开。

4.2 工厂变配电所的一次主接线

工厂变配电所的电气接线图，按其在变配电所的作用分为一次接线图和二次接线图。

一次接线图又称为电气主接线图或一次系统图，是由各种主要电气设备（包括变压器、开关电器、母线、互感器及连接线路等）按一定顺序连接而成的接受和分配电能的总电路图。而二次接线图又称二次系统图，是表示用来控制、指示、测量和保护一次电路及其设备运行的电路图。一次电路中的所有电气设备，称为一次设备或一次元件；二次电路中的所有电气设备，称为二次设备或二次元件。一次电路与二次电路之间的联系，通常是通过电流互感器和电压互感器完成的。

电气主接线是变配电所电气部分的主体，对安全运行、电气设备的选择、配电装置的布置和电能质量都起着重要作用。为此对主接线提出如下基本要求：

① 安全。符合有关技术规范的要求，能充分保证人身和设备的安全。

② 可靠。保证在各种运行方式下，能够满足负荷对供电可靠性的要求。

③ 灵活。能适应供电系统所需要的各种运行方式，操作简便，并能适应负荷的发展。

④ 经济。在满足安全、可靠、灵活的前提下，应力求投资省、运行维护费用最低，并为今后发展留有余地。

通常电气主接线以单线图的形式表示，仅在个别情况下，当三相电路设备不对称时，则用三线图表示。

电气主接线应按国家标准的图形符号和文字符号绘制。为了阅读方便，经常在图上标明主要电气设备的型号和技术参数。

4.2.1 高压配电所主接线方案

高压配电所担负着从电力系统受电并向各车间变电所及某些高压用电设备配电的任务。

图 4-6 所示是某中型工厂供电系统中高压配电所及其附设 2 号车间变电所的系统式主接线，它具有一定的代表性。下面按顺序作简要分析。

(1) 电源进线

该高压配电所有两路 6kV 电源进线，一路是架空线 WL1，另一路是电缆线 WL2。最常见的进线方案是一路电源来自备发电厂或电力系统变电站，作为正常工作电源；而另一路电源则来自邻近单位的高压联络线，作为备用电源。

根据国家有关规定，在电源进线处各装设一台 GG—1A—J 型电能计量柜（No.101 和 No.112），其中的电压互感器和电流互感器只用来连接计费的电度表。

这里装设进线断路器的高压开关柜（No.102 和 No.111），因需与计量相连，因此采用 GG—1A(F)—11 型。由于进线采用高压断路器控制，所以切换操作十分灵活方便，而且可配以继电保护和自动装置，使供电可靠性大大提高。

考虑到进线断路器在检修时有可能两端来电，因此为保证断路器检修时的人身安全，断路器两侧（母线侧和线路侧）都必须装设高压隔离开关。

(2) 母线

又称汇流排，是配电装置中用来汇集和分配电能的导体。高压配所的母线，通常采用单母线制。如果是两路及以上的电源进线时，则采用母线分段制。这里高低压侧母线都采用单母线分段接线，高压母线采用隔离开关分段，分段隔离开关可单独安装在墙上，也可采用专门的分段柜（也称联线柜，如 GG—1A—119）。

图 4-6 所示的高压配电所通常采用一路电源工作，另一路电源备用的运行方式，因此母线分段开关通常是闭合的。如果工作电源进线发生故障或检修时，在切除该进线后，投入备用电源即可使整个高压配电所恢复供电。如果采用备用电源自动投入装置（APD），则供电可靠性更高。

为了测量、监视、保护和控制一次电路设备的需要，每段母线上都接有电压互感器，进线上和出线上均串接有电流互感器。图 4-6 上的高压电流互感器均有两个二次绕组，其中一个接测量仪表，另一个接继电保护装置。为了防止雷电波侵入高压配电所时击毁其中的电气设备，因此各段母线上都装设了避雷器。避雷器和电压互感器装在同一个高压柜中，并共用一组高压隔离开关。

(3) 高压配电出线

高压配电所共有六路高压配电出线。第一路由左段母线 WB1 经隔离开关—断路器，供电给无功补偿用的高压电容器组；第二路由左段母线 WB2 经隔离开关——断路器，供电 No.1 车间变电所；第三路、第四路分别由两段母线经隔离开关-断路器，供电给 No.2 车间变电所；第五路由右段母线 WB2 经隔离开关-断路器，供电给 No.3 车间变电所；第六路由右段母线 WB2 经隔离开关-断路器，供电给 6kV 高压电动机。

由于配电出线为母线侧来电，因此只在断路器的母线侧装设隔离开关，就可以保证断路器和出线的安全检修。

(4) 2 号车间变电所

该车间变电所是由 6~10kV 降至 380V/220V 的终端变电所。由于该厂有高压配电所，因此该车间的高压侧开关电器、保护装置和测量仪表等按通常情况安装在高压配出线的首端，即高压配电所的高压配电室内。该车间变电所采用两个电源、两台变压器供电，说明其一、二级负荷较多。低压侧母线（220V/380V）采用单母线分段接线，并装有中性线。380V/220V 母线后的低压配电，采用 PGL2 型低压配电屏（共五台），分别配电给动力和照明。其中照明线采用低压刀开关—低压断路器控制；而低压动力线均采用刀熔开关控制。低压配出线上的电流互感器，其二次绕组均为一个绕组，供

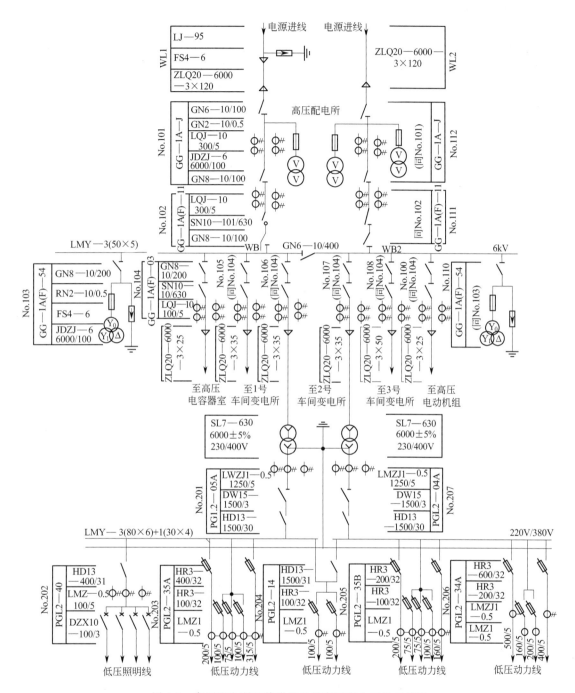

图 4-6 高压配电所及其附设 2 号车间变电所的主接线

低压测量仪表和继电保护使用。

4.2.2 总降压变电所的主接线方案

对于电源进线电压为 35kV 及以上的大中型厂，通常是先经工厂总降压变电所降为 6~10kV 的高压配电电压，然后经车间变电所，降为一般低压用电设备所需的电压，如 220V/380V。

下面介绍工厂总降压变电所较常见的几种主电路方案。

1) 单母线接线

（1）单母线不分段接线

单母线不分段接线，如图 4-7 所示。断路器的作用是切断负荷电流或短路故障电流。而隔离开关按其作用分为两种：靠近母线侧的称为母线隔离开关，用来隔离母线电源；靠近线路侧的称为线路隔离开关，用于防止在检修断路器时倒送电和雷电过电压沿线路侵入，保证检修人员的安全。

单母线不分段接线的优点是电路简单、使用设备少以及配电装置的建造费用低；其缺点是可靠性和灵活性较差。当母线和隔离开关发生故障或检修时，必须断开所有回路的电源，而造成全部用户停电。所以这种接线方式只适用于容量较小和对供电可靠性要求不高的中小型工厂。

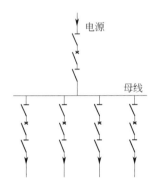

图 4-7　单母线不分段接线

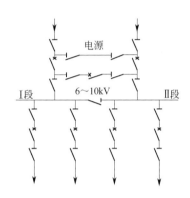

图 4-8　单母线分段接线

（2）单母线分段接线

单母线分段接线，如图 4-8 所示。这种接线是克服不分段母线存在的工作不可靠、灵活性差的有效方法。单母线分段是根据电源数目，功率和电网的接线情况来确定的。通常每段接一个或两个电源，引出线分别接到各段上，使各段引出线负荷分配与电源功率相平衡，尽量减少各段之间的功率变换。

单母线可用隔离开关分段，也可用断路器分段。由于分段的开关设备不同，其作用也有差别。

① 用隔离开关分段的单母线接线。母线检修时可分段进行，当母线发生故障时，经过倒闸操作可切除故障段，保证另一段继续运行，故比单母线不分段接线提高了可靠性。

② 用断路器分段的单母线接线。分段断路器除具有分段隔离开关的作用外，与继电保护配合，还能切断负荷电流、故障电流以及实现自动分、合闸。另外，检修故障段母线时，可直接操作分段断路器，断开分段隔离开关，且不会引起正常段母线停电，保证其继续正常运行。在母线发生故障时，分段断路器的继电保护动作，自动切除故障段母线，从而提高了运行可靠性。

2) 双母线接线

双母线接线克服了单母线接线的缺点，两条母线互为备用，具有较高的可靠性和灵活性。图 4-9 所示为双母线接线。

双母线接线一般只用在对供电可靠性要求很高的大型工厂总降压变电所 35～110kV 母线系统和有重要高压负荷或

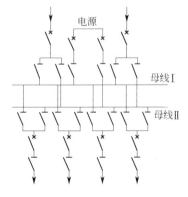

图 4-9　双母线接线

有自备发电厂的 6～10kV 的母线系统。

双母线接线有两种运行方式：一种运行方式是一组母线工作，另一组母线备用（明备用），母线断路器正常时是断开状态；另一种运行方式是两组母线同时工作，也互为备用（暗备用），此时母联断路器及母联隔离开关均为闭合状态。

3）桥式接线

对于具有两条电源进线、两台变压器的工厂总降压变电所，可采用桥式接线。其特点是在两条电源进线之间有一条跨接的"桥"。它比单母线分段接线简单，可减少断路器的数量。根据跨接桥横跨位置的不同，又分为内桥式接线和外桥式接线两种。

① 一次侧采用内桥式接线，二次侧采用单母线分段的总降压变电所主电路图（见图 4-10）。这种主接线，其一次侧的高压断路器 QF_{10} 跨接在两路电源进线之间，犹如一座桥梁，而且处在线路断路器 QF_{11} 和 QF_{12} 的内侧，靠近变压器，因此称为内桥式接线。这种主接线的运行灵活性较好，供电可靠性较高，适用于一、二级负荷的工厂。如果某路电源例如 WL_1 线路停电检修或发生故障时，则断开 QF_{11}，投入 QF_{10}（其两侧 QS 先合），即可由 WL_2 恢复对变压器 T_1 的供电。这种内桥式接线多用于电源线路较长因而发生故障和停电检修的机会较多、并且变电所的变压器不需经常切换的总降压变电所。

② 一次侧采用外桥式接线、二次侧采用单母线分段的总降压变电所主电路图（见图 4-11）。

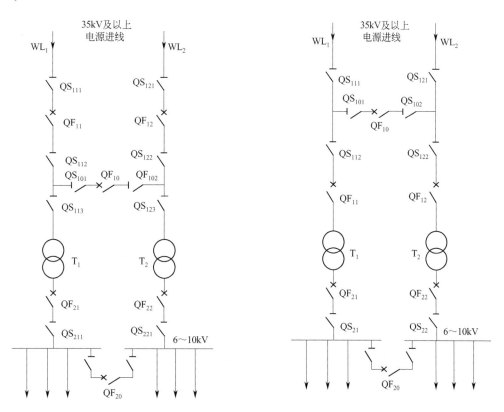

图 4-10 采用内桥式接线的总降压变电所主电路图　图 4-11 采用外桥式接线的总降压变电所主电路图

这种主接线，其一次侧的高压断路器 QF_{10} 也跨接在两路电源进线之间，但处在线路断路器 QF_{11} 和 QF_{12} 的外侧，靠近电源方向，因此称为外桥式接线。这种主接线的运行灵活性比较好，供电可靠性同样较高，适用于一、二级负荷的工厂。但与内桥式接线适用的场合有所不同。如果某台变压器例如 T_1 停电检修或发生故障时,则断开 QF_{11},投入 QF_{10}(其两侧 QS 先合),使两路电源进线又恢复并列运行。这种外桥式接线适用于电源线路较短而变电所负荷变动较大、适于经济运行需经常切换的总降压变电所。当一次电源电网用环形接线时,也适宜于采用这种接线,使环形电网的穿越功率不通过进线断路器 QF_{11}、QF_{12},这对改善线路断路器的工作及其继电保护的整定都极为有利。

4) 线路-变压器组单元接线

在工厂变电所中,当只有一条电源进线和一台变压器时,可采用线路-变压器组单元接线。这种接线在变压器高压侧可根据不同情况,装设不同的开关电器,如图 4-12 所示。

这种接线的优点:接线简单,所用电气设备少,配电装置简单,占地面积小,投资省。不足的是当该单元中任一台设备故障或检修时,全部设备将停止工作。但由于变压器故障率较小,所以仍具有一定的供电可靠性。

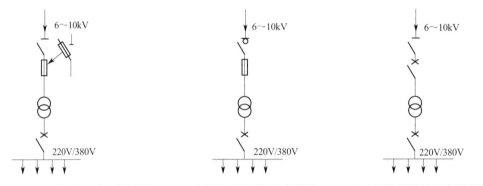

(a) 高压侧采用隔离开关(熔断器或跌开式熔断器)　　(b) 高压侧采用负荷开关(熔断器)　　(c) 高压侧采用隔离开关(断路器)

图 4-12　单台变压器的变电所主接线

4.2.3　6~10kV 车间变配电所的主接线方案

车间变电所及小型工厂变电所,是供电系统中将高压(6~10kV)降为一般用电设备所需低压(如 220V/380V)的终端变电所。它们的主接线相当简单。从车间变电所高压侧的主接线来看,分两种情况。

① 对于有工厂总降压变电所或高压配电所的车间变电所,其高压侧的开关电器、保护装置和测量仪表等,一般都安装在高压配电线路的首端,即总变、配电所的高压配电室内,而车间变电所只设变压器室(室外为变压器台)和低压配电室,其高压侧多数不装开关,或只装简单的隔离开关、熔断器(室外为跌开式熔断器)、避雷器等,如图 4-13 所示(图 4-6 中的三个车间变电所也是如此)。由图 4-13 可以看出,凡是高压架空进线,无论变电所是户内式还是户外式,均须装设避雷器以防雷电波沿架空线侵入变电所击毁电力变压器及其他设备的绝缘。而高压电缆进线时,避雷器是装设在电缆的首端的(图 4-13 上未示出),而且避雷器的接地端要连同电缆的金属外皮一起接地。此时变压器高压侧一般可不再装设避雷器。如变压器高压侧为架空线加一段引入电缆的进线方式时,如图 4-6 中的进线 WL_1,则变压器高压侧仍应装设避雷器。

② 工厂内无总变、配电所时,其车间变电所往往也是工厂的降压变电所,其高压侧的开关电器、保护装置和测量仪表等,都必须配备齐全,所以一般要设置高压配电室。在变压器容量较小、供电可靠性要求较低的情况下,也可不设高压配电室,其高压熔断器、隔离开关、负荷开关或跌开式熔断器等,就装设在变压器室(室外为变压器台)的墙上或杆上,而在低压侧计量电能;或者其高压开关柜(不多于 6 台时)就装在低压配电户内,在高压侧计

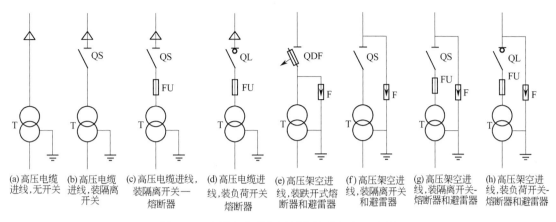

图 4-13 车间变电所高压侧主接线方案（示例）

量电能。

4.3 工厂电力线路的接线方式

电力线路是电力系统的重要组成部分，担负着输送和分配电能的重要任务。电力线路按电压高低分，有高压线路即 1kV 以上线路和低压线路即 1kV 及以下线路。按结构形式分，有架空线路、电缆线路和车间（室内）线路等。工厂电力线路有放射式、树干式和环形等基本接线方式。

（1）放射式接线

放射式又分为单回路放射式、双回路放射式和具有公共备用线的放射式接线。图 4-14 所示为单回路放射式接线，它是由工厂企业总降压变电所 1 的 6～10kV 母线上引出一线路，直接向高压用电设备 3 或车间变电所 2 等供电，沿线无分支。此种接线的优点是：线路敷设简单，检修维护方便，继电保护简单。其缺点是：由于总降压变电所出线较多，所需的高压设备较多，投资大。另外，当任一线路或高压设备发生故障或检修时，都要造成这条线路停电。故单回路放射式接线的供电可靠性不高，一般用于三级负荷的车间。

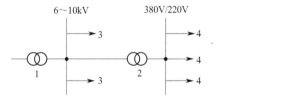

图 4-14 单回路放射式接线
1—总降压变电所；2—车间变电所；
3—高压用电设备；4—低压用电设备

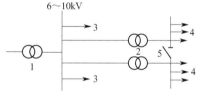

图 4-15 双回路放射式接线
1—总降压变电所；2—车间变电所；3—高压
用电设备；4—低压用电设备；5—隔离开关

为了提高供电可靠性可采用双回路放射式接线，如图 4-15 所示，就是对任一变电所采用双回路线路供电。这样当一条回路线路发生故障或检修时，另一条回路线路可以继续供电，并担负全部负荷。显然此种接线所需用的高压设备更多，投资更大，一般用于二级负荷的车间。但当电源发生故障或检修总降压变电所设备时，则仍要停电。因此，对供电可靠性要求更高的一级负荷车间和高压用电设备，可采用双电源双回路放射式接线，如图 4-16

所示。

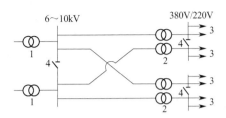

图 4-16 双电源双回路放射式接线
1—总降压变电所；2—车间变电所；
3—低压用户；4—隔离开关

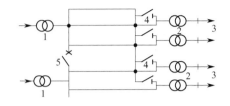

图 4-17 具有公共备用线放射式接线
1—总降压变电所；2—车间变电所；3—低压用户；
4—隔离开关；5—断路器

为了提高供电可靠性，还可采用公共备用线的放射式接线，如图 4-17 所示。此种接线总降压变电所的 6~10kV 母线采用开关分段形式，公共备用线由另一电源供电，正常运行时处于带电状态。当任一线路发生故障或检修时，只要经过短时间的操作即可由公共备用线路对原有线路所供给的车间变电所供电，从而提高了供电的可靠性。此种接线一般用于二级负荷的车间。

(2) 树干式接线

树干式接线可分为直接连接树干式和链串型树干式、低压链式三种。图 4-18 所示为直接连接树干式接线，它是由总降压变电所引出一架空敷设的高压配电干线。每个车间变电所、杆上变电所或高压用电设备等都从该干线上直接接出分支线供电，其分支线数一般不超过 5 个。此种接线的优点是：高压配电设备数目少，总降压变电所出线减少了，不仅敷设简单，而且节省有色金属，降低线路消耗，使接线总投资减少。其缺点是供电可靠性差，只适用于三级负荷。

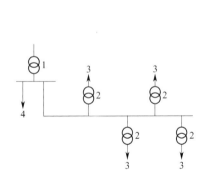

图 4-18 直接连接树干式接线
1—总降压变电所；2—车间变电所；
3—低压用户；4—高压用户

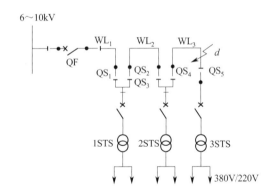

图 4-19 链串型树干式接线

为了提高供电可靠性，发挥树干式接线的优点，可以采用链串型树干式接线，如图 4-19 所示。干线进出两侧均安装隔离开关，如图 4-19 中的 QS_1、QS_2、QS_3、QS_4 等。当干线末端 WL_3 线路发生故障时，总降压变电所中的干线断路器 QF 跳闸，拉开隔离开关 QS_4，再合上 QF 后，则车间变电所 1STS 和 2STS 可以恢复供电，这样减少了停电时间，提高了供电可靠性。但是当干线首端 WL_1 或 QF 发生故障或检修时，则由该干线供电的所有变电所仍要停电。此干线可采用架空敷设，也可采用电缆敷设。

图 4-20(a) 和图 4-20(b) 是一种变形的树干式接线,通常称为低压链式接线。低压链式接线的特点与树干式基本相同,适于用电设备彼此相距很近、而容量均较小的次要用电设备,链式相连的设备一般不宜超过 5 台,链式相连的配电箱不宜超过 3 台,且总容量不宜超过 10kW。

(3) 环状式接线

图 4-21 所示为环状式接线,其运行方式有开环运行和闭环运行两种。闭环运行时,形成两端供电,当干线任一线段 $WL_1 \sim WL_5$ 出现故障时,将使两路进线端的断路器 QF_1、QF_2 跳闸,造成所有变电所停电。因此,一般采取开环运行方式。设开环点 F 在隔离开关 QS_5 处,即 QS_5 在正常运行时是断开的。当任一线路发生故障时,仅使一路进线断路器(QF_1 或 QF_2)断开。例如,当干线 WL_2 段发生故障时,断路器 QF_1 跳闸,变电所 1STS、2STS 停电,这时将故障线段 WL_2 两侧隔离开关 QS_2 和 QS_3 拉开,再断开另一路进线断路器 QF_2,合上开环点隔离开关 QS_5,然后将两路进线断路器 QF_1 和 QF_2 合上,所有的变电所即可恢复供电。所以环状式接线具有运行灵活,供电可靠性较高的优点。而且当干线任何线段发生故障时,只需短时停电进行倒闸操作即可恢复供电,因此比树干式接线恢复供电要快,一般适用于容许停电 30~40min 的二、三级负荷车间。

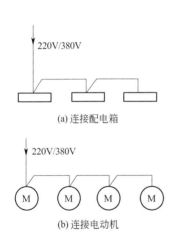

图 4-20 低压链式接线

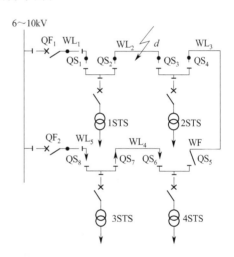

图 4-21 环状式接线

在工厂的变配电系统中,也往往是采用几种接线方式的组合,依具体情况而定,不过在正常环境的车间或建筑内,当大部分用电设备容量不很大而无特殊要求时,宜采用树干式配电,这一方面是由于树干式配电较之放射式经济,另一方面是由于我国各工厂的供电人员对采用树干式配电积累了相当成熟的运行经验。实践证明,树干式配电一般正常情况下能够满足生产要求。

总的来说,工厂电力线路(包括高压和低压线路)的接线应力求简单。运行经验证明,供电系统如果接线复杂,层次过多,不仅浪费投资,维护不便,而且由于电路串联的元件过多,因操作错误或元件故障而产生的事故也随之增多,且事故处理和恢复供电的操作也比较麻烦,从而延长了停电时间。同时由于配电级数多,继电保护级数也相应增多,动作时间也相应延长,对供电系统的故障保护十分不利。因此 GB 50052—2009《供配电系统设计规范》规定:"供电系统应简单可靠,同一电压供电系统的变配电级数不宜多于两级。"即由工厂总降压变电所直接配电到车间变电所的配电级数就只有一级,而由总降压变电所经高压配电所再配电到车间变电所的配电级数就有两级了,最多不宜超过两级。此外,高低压配电线路都应尽可能深入负荷中心，以减少线路的电能损耗和有色金属消耗量，提高电压水平。

4.4 工厂电力线路的结构、敷设与维护

4.4.1 架空线路的结构、敷设与维护

1) 架空线路的结构

由于架空线路与电缆线路相比有较多优点，如结构简单、施工容易、投资少，维护和检修方便，易于发现和排除故障等，所以架空线路在一般工厂中应用相当广泛。

架空线路由导线、电杆、绝缘子和线路金具等主要元件组成，如图 4-22 所示。为了防雷，有的高压架空线路上还装设有避雷线（又称架空地线）。为了加强电杆的稳固性，有的电杆还安装有拉线或扳桩。

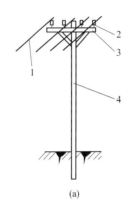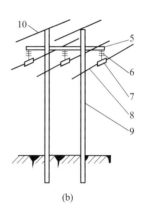

图 4-22 架空线路的结构

1—低压导线；2—针式绝缘子；3—横担；4—低压电杆；5—横担；6—高压悬式绝缘子串；
7—线夹；8—高压导线；9—高压电杆；10—避雷线

（1）架空线路的导线和避雷线

导线是线路的主体，担负着传导电流、输送电能的作用。它架设在电杆上边，要经常承受自身重量和各种外力（如导线上的覆冰、风压）的作用，并要承受大气中各种有害物质的侵蚀。因此，导线必须具有良好的导电性，同时还要具有一定的机械强度和耐腐蚀性能，且还需具有质轻价廉的特点。导线的常用材料有铜、铝和钢。这些材料的物理性能如表 4-1 所示。

表 4-1 导线材料的物理性能

材料	20℃时的电阻率/($\Omega \cdot mm^2/m$)	密度/(g/cm^3)	抗拉强度/MPa	腐蚀性能及其他
铜	0.0182	8.9	390	表面易形成氧化膜，抗腐蚀能力强
铝	0.029	2.7	160	表面氧化膜可防继续氧化，但易受酸碱盐的腐蚀
钢	0.103	7.85	1200	在空气中易锈蚀，须镀锌防锈

铜的导电性能最好（电阻率为 $0.0182\Omega \cdot mm^2/m$），机械强度也相当高（抗拉强度约为 390MPa），但铜的重量大，价格昂贵，在工农业生产中用途广泛，应尽量节约。

铝的导电率虽然比铜稍低，导电性能差（电阻率为 $0.029\Omega \cdot mm^2/m$），但也是一种导电性能较好的材料。铝的导热性能好、耐腐蚀性较强、重量轻（在相同电阻值下，约为铜质量的 50%），而且铝矿资源丰富产量高，价格低廉。铝的主要缺点是机械强度较低（抗拉强度约 160MPa），一般在挡距较小的工厂架空配电线路上广泛使用。

钢的导电率是最低的，但它的机械强度很高，且价格较有色金属低廉，在线路跨越山谷、江河等特大挡距且负荷较小有时采用钢导线。钢线需要镀锌以防锈蚀。因此在工厂架空配电线路上一般不用。

架空线路一般采用裸导线。裸导线按其结构分，有单股线和多股绞线。工厂供电系统中一般采用多股绞线。绞线又有铜绞线、铝绞线和钢芯铝绞线。架空线路一般情况下采用铝绞线。在机械强度要求较高和35kV及以上的架空线路上，则多采用钢芯铝绞线。钢芯铝绞线简称钢芯铝线，其横截面结构如图4-23所示。这种导线的线芯是钢线，用以增强导线的抗拉强度，弥补铝线机械强度较差的缺点，而其外围用铝线，取其导电性较好的优点。由于交流电流在导线中的集肤效应，交流电流实际上只从铝线通过，从而克服了钢线导电性差的缺点。钢芯铝线型号中表示的截面积就是其导电的铝线部分的截面积。例如LGJ—120，这120即为钢芯铝线（LGJ）中铝线（L）的截面积（单位为mm²）。

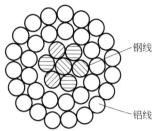

图4-23 钢芯铝线截面

架设在导线的上方的避雷线，其作用是保护导线免受直接雷击。避雷线一般采用截面积为25~70mm²的钢绞线。但10kV及以下的配电线路，除雷电活动强烈地区外，一般均不装设避雷线。35kV线路也只在靠近变电站1~2km的范围内装设避雷线，作为变电站的防雷措施。只有110kV及以上电压等级线路，才沿线架设避雷线以保护全线。

导线在电杆上的排列方式，如图4-24所示。

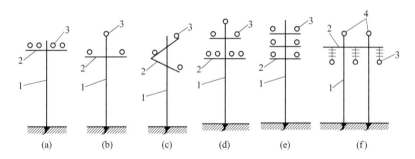

图4-24 导线在电杆上的排列方式
1—电杆；2—横担；3—导线；4—避雷线

三相四线制低压架空线路的导线，一般都采用水平排列，如图4-24(a)所示。由于中性线的电位在三相对称时为零，而且其截面也较小（一般不小于相线截面的50%），机械强度较差，所以中性线一般架设在靠近电杆的位置。

三相三线制架空线路的导线，可三角形排列，如图4-24(b)、(c)所示，也可水平排列，如图4-24(f)所示。

多回路导线同杆架设时，可三角、水平混合排列，如图4-24(d)所示，也可全部垂直排列，如图4-24(e)所示。电压不同的线路同杆架设时，电压较高的线路应架设在上面，电压较低的线路则架设在下面。

（2）电杆、横担

电杆是支持导线、避雷线的支柱，是架空线路的重要组成部分。对电杆的要求，主要是要有足够的机械强度，同时要经久耐用、价廉、便于搬运和安装。

电杆按其采用的材料分，有水泥杆和铁塔等两种。对工厂来说，水泥杆应用最为普遍，因为采用它可节约大量的木材和钢材，而且经久耐用，维护简单，也比较经济。

电杆按其在架空线路中的功能和地位分,有直线杆、耐张杆、转角杆、终端杆、跨越杆和分支杆等形式。图4-25是上述各种杆型在低压架空线路上应用的示意图。

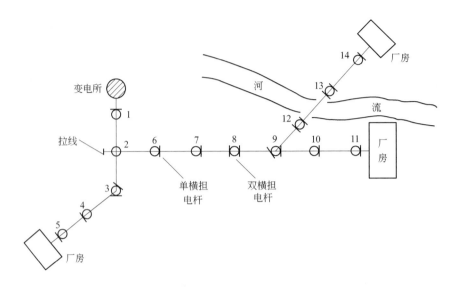

图 4-25 各种杆型在低压架空线路上的应用

1,5,11,14—终端杆;2,9—分支杆;3—转角杆;4,6,7,10—直线杆(中间杆);
8—分段杆(耐张杆);12,13—跨越杆

电杆按材料不同,可分为水泥杆和铁塔两种。工厂常用的电杆是水泥杆,它具有强度高、寿命长(可用四、五十年)、维护简单等优点;铁塔在一般工厂中不采用。

我国生产的水泥电杆有一定的标准规格。工厂常用的锥形杆杆长有 6、7、8、9、10、11、12 和 15(m)等多种。电杆梢径一般采用 150mm 和 190mm 两种。

横担按材料不同,可分为铁横担和瓷横担两种。铁横担作好防锈处理后,坚固耐用,目前在工厂中应用较广。

铁横担用角钢制成,一般用镀锌角钢,若使用非镀锌的角钢;则须刷樟丹油一道,银灰色油漆两道,以防生锈。角钢铁横担的选择可参考表4-2。

表 4-2 角钢铁横担选择表

导线截面积 /mm²	低压直线杆	低压承力杆		高压直线杆	高压承力杆
		二 线	四线以上		
16 25 35 50	L50×5	2×L50×5	2×L63×5	L63×6	2×L63×6
70 95 120	L63×5	2×L63×5	2×L70×6		2×L75×6

注:表中承力杆系指终端杆、分支杆以及30°以上的转角杆。

(3)拉线

拉线是地面加固电杆的一种有效措施。它能抵抗风力,在承受不平衡拉力的电杆上,拉线还用来平衡电杆各方面的拉力,防止电杆倾倒。

常用拉线如图4-26所示。

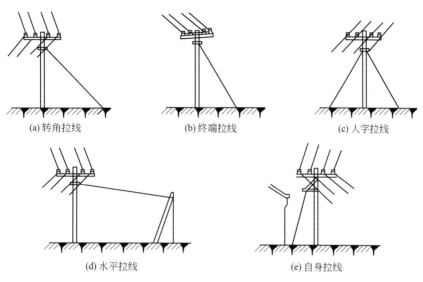

图 4-26 拉线的种类

(4) 绝缘子

绝缘子又称瓷瓶,是用来支持导线的绝缘体。绝缘子使导线与横担、杆塔之间保持足够的绝缘,同时承受导线垂直方向的荷重和水平方向的作用力,并经受日晒雨淋、气温变化和化学物质的侵蚀等。所以应有足够的电气绝缘能力和机械强度。绝缘子的好坏对线路的安全运行有很大的影响。线路绝缘子按电压高低分低压绝缘子和高压绝缘子两大类。

高低压线路上常用的绝缘子如图 4-27 和图 4-28 所示。

图 4-27 低压线路绝缘子

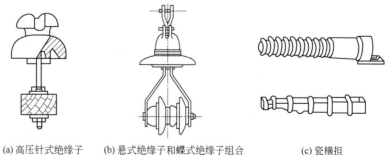

图 4-28 高压线路绝缘子

(5) 线路金具

架空线路上用来连接导线、安装横担和绝缘子等所用到的金属部件,统称为金具。在运行中大部分金具都受到较大的拉力,有的还要保证电气接触良好,它是线路上不可缺少的部件。

常用线路金具的种类如下。

① 接线金具。是用来把导线或避雷线连接起来的金具。它使连接处能承受正常的工作拉力和保持一定的接触面积。如铝绞线或钢芯铝绞线直线连接时,采用压接管用机械压接,分支连接时(干线上接支线)则采用并沟线夹进行连接如图 4-29 所示。电流小的低压导线的连接可不用接线金具,而采用两线相互缠绕法。

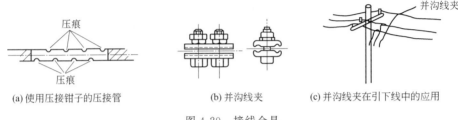

图 4-29 接线金具

② 连接金具。是用来将悬式绝缘子组装成串及将悬式绝缘子连接、悬挂在杆塔、横担上的金具,如图 4-29(b) 所示。悬式瓷瓶的上部利用平行挂板等固定在横担上,悬式瓷瓶的下部利用曲型拉板与茶台连接。而平行挂板和曲型拉板等就是连接金具。

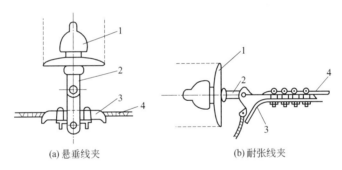

图 4-30 线夹组装
1—绝缘子;2—吊环;3—线夹;4—导线

③ 线夹。是用来将导线固定在绝缘子串上的金具。在直线杆塔上用的线夹称为悬垂线夹;在耐张杆塔上用的线夹称为耐张线夹,如图 4-30 所示。悬垂线夹和耐张线夹又分为多种,可根据需要来选用。

④ 拉线金具。组装拉线时所用到的各种金属零件。如紧固拉线端部用的紧线零件(楔型线夹和钢线卡子),调整拉线松紧用的调节零件(花篮螺钉、U 形螺钉等)和连接零件(U 形挂环,挂板等),如图 4-31 所示。

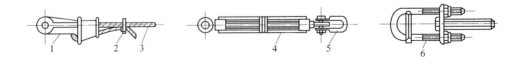

图 4-31 拉线金具
1—楔形线夹;2—钢线卡子;3—钢绞线;4—花篮螺钉;5—U 形挂环;6—U 形螺钉

2) 架空线路架设中常用技术数据

架空线路的架设以及电杆尺寸，都与以下数据有关。

(1) 架空线路的挡距

架空线路的挡距（又称跨距），如图 4-32 所示，是指同一线路上相邻两根电杆中心线之间的水平距离。不同电压等级的线路的挡距，可参见表 4-3。

表 4-3　挡距选择表

电 压 等 级	挡　距/m	说　明
380V	50～60	厂区、居民区选偏小数字
6～10kV	80～120	
35kV	150 以上	

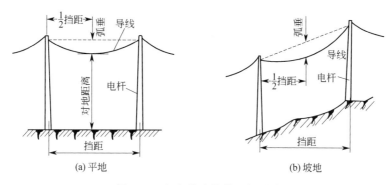

图 4-32　架空线路的挡距与弧垂

(2) 同杆架设导线线距和同杆架设横担间距

导线在电杆上不论采用何种排列方式，导线之间应有足够的距离，以满足绝缘要求。线间距离与线路电压及挡距等因素有关。表 4-4 列出了同杆架设的导线之间的最小距离，可供参考。

表 4-4　电线在电杆上排列时的最小线间距离　　　　　单位：m

线路电压等级	电杆挡距						
	40 以下	50	60	70	80	90	100
10kV	0.60	0.65	0.70	0.75	0.85	0.9	1.00
380kV	0.20	0.40	0.45	0.50	—	—	—

工厂厂区内的架空线路，往往在同一电杆上架设许多种类的线路。这些线路在电杆上排列的顺序是：高压电力线路在最高层，其次是低压电力线路，最下层是通信和广播线路，可参看图 4-24(e)。为了确保运行与检修的安全，两层导线之间应有一定的距离，表 4-5 列出了各层横担的最小允许距离，供参考。

表 4-5　同杆架设线路各层横担间的最小垂直距离　　　　　单位：m

横担类别	直　线　杆	分支或转角杆	横担类别	直　线　杆	分支或转角杆
6～10 与 6～10kV	0.8	0.45/0.60（注）	6～10kV 与信号线	2.0	2.0
6～10 与 0.4kV	1.2	1.0	0.4kV 与信号线	0.6	0.6
0.4 与 0.4kV	0.6	0.3			

注：分支或转角横距上面横担为 0.45m，距下面横担为 0.6m。

(3) 导线的弧垂：又称弛度

一般不特别说明均指挡距中点弧垂，如图 4-32 所示，是指架空线路一个挡距内挡距中点导线与两端电杆上导线悬挂点连线之间的铅直距离。导线的弧垂是由于导线存在着荷重所形成的。弧垂不宜过大，也不宜过小，过大则在导线摆动时容易引起相间短路，而且可造成导线对地或对其他物体的安全距离不够；过小则使导线内应力增大，在天冷时可能收缩绷断。

（4）限距

导线最低点到地面（或水面），或导线任意点至其他目标物的最小垂直距离，称为限距。

架空线路的导线在最大弧垂时对地面、地面建筑物、水面及架空线边线在最大风偏时对建筑物凸出部分的限距见表 4-6。

表 4-6 架空线路导线对地面、水面和跨越物的限距　　　　　　　单位：m

经过地区或跨越对象		线路至	线路电压/kV		
			1 以下	1～10	35
居民区、厂区		地面	6.0	6.5	7.0
非居民区		地面	5.0	5.5	6.0
道路		地面	6.0	7.0	7.0
		拉线至地面	5.0		
铁路	公用	轨顶	7.5	7.5	7.5
	非公用（窄轨）		6	6	7.5
不能通航及浮运的河、湖		水面	3.0	3.0	3.0
		冰面	5.0	5.0	6
建筑物		建筑物顶端	2.5	3.0	4.0
		外侧导线至建筑物凸出部分	1.0	1.5	2.0
特殊用途的管道		电力线在管道上面	1.5	3.0	4.0
		电力线在管道下面	1.5	不允许	不允许

3）架空线路的敷设

敷设架空线路时要严格遵守有关技术规程的规定。整个施工过程中，重视安全教育，采取有效的安全措施，注意人身安全，防止发生事故。竣工后按照规定的手续和要求进行检查和试验，确保工程质量。

（1）确定架空线路的路径

正确选择线路路径排定杆位，要求：路径要短，转角要少，交通运输方便，便于施工架设和维护，尽量避开江河、道路和建筑物，运行可靠，地质条件好，另外还要考虑今后的发展。

（2）确定导线在杆上的排列方式

三相四线制低压线路多采用水平排列，而三相三线制线路可三角形排列，也可水平排列，多回路导线架设时，可三角形、水平混合排列，见图 4-24。

（3）确定架空线路的跨距、弧垂和杆高

两相邻电杆之间的水平距离称为挡距，也称跨距。弧垂是指导线在电杆上的悬挂点与导线最低点之间的垂直距离，弧垂不宜过大，也不宜过小，过大则在导线摆动时容易造成相间短路，若过小，则导线的拉力过大，可能会出现断线或倒杆等现象，所以要通过计算来确定一个合理的弧垂。

导线的挡距、弧垂和杆高在有关技术规程中有明确的规定，必须严格遵守执行。

4）架空线路的维护

DL/T 741-2010《架空输电线路运行规程》中规定了架空输电线路工作的基本要求、技术标准，输电线路巡视、检测、维修、技术管理及线路保护区的维护和线路的环境保护等。

线路的维护要配备专业数量的工作人员，按规程的要求进行，从而保证线路的安全运行。

(1) 污秽和防污

线路绝缘子表面粘附着污秽物质,一般均有一定的导电性和吸湿性,在空气湿度大的季节里易发生污闪事故。如雨天、雾天、雪天。

① 作好绝缘子清扫工作。绝缘子的定期清扫周期为每年一次,污秽区的清扫周期为每半年一次,还要根据线路的污秽情况适当延长或缩短周期,清扫工作应在停电后进行。

② 定期检查和更换不良绝缘子。尤其应注意雷雨季节时,绝缘子的闪络放电情况。

③ 采用防污绝缘子。采用特制的防污绝缘子或在绝缘表面上涂一层涂料或半导体釉。

(2) 固定各部件

要做好镀锌铁塔、混凝土杆、木杆各部位的螺栓紧固工作,新线路投运一年后须紧一次,以后每隔5年一次,铁塔的刷漆工作一般为3~5年一次,也可根据实际情况而定。

(3) 线路覆冰及其消除措施

当线路出现覆冰时,视覆冰厚度,线路状况及天气情况而设法清除。清除要在停电时进行,通常采用从地面向导线抛短木棒的办法使冰脱落;也可用竹竿来敲打等。绝缘子上覆冰后要进行登杆清除。位于低洼地的电杆,由于冰冷胀的原因,使地基体积增大,将电杆被推向土壤的上部,即发生冻鼓现象。冻鼓轻则可使电杆在解冻后倾斜,重则因埋深不够而倾倒。所以对这类混凝土杆要在结浆前进行杆内排水和给电杆培土或将地基土壤换成石头,也可将电杆埋深增加等。

(4) 防风和其他维护工作

春秋两季风力较大,应调整导线的弧垂,对电杆进行补强;对线路两侧安全距离不符合要求的树木进行修剪和砍伐。运行中的电杆,由于外力作用和地基沉陷等原因,往往发生倾斜,因此必须根据巡视结果对倾斜电杆进行扶正,扶正后对基坑土质进行夯实。

总之,线路的运行即输送电能的工作,是长期连续进行的。只有认真做好线路的运行和维护工作,确保设备性能正常,才能顺利完成输送电能的工作。

4.4.2 电力电缆的结构、敷设与维护

电缆线路与架空线路相比,具有成本高,投资大,维修不便等缺点,但是它具有运行可靠、不易受外界影响、不需架设电杆、不占地面、不碍观瞻等优点,特别是在有腐蚀性气体和易燃、易爆场所,不宜架设架空线路时,只有敷设电缆线路。在现代化工厂中,电缆线路得到了越来越广泛的应用。

1) 电力电缆的结构和分类

(1) 电缆的结构

电缆是一种特殊的导线,在它几根(或单根)绞绕的绝缘导电芯线外面,统包有绝缘层和保护层。保护层又分内护层和外护层。内护层用以直接保护绝缘层,而外护层用以防止内护层免受机械损伤和腐蚀。外护层通常为钢丝或钢带构成的钢铠,外覆麻被、沥青或塑料护套。

电缆线芯分铜芯和铝芯两种。铜比铝导电性能好、机械强度高,但铜价比铝价高。按线芯数目可分为单芯、双芯、三芯和四芯。按截面形状又可分为圆形、半圆形和扇形三种。圆形和半圆形的用得较少,扇形芯大量使用于1~10kV三芯和四芯电缆。三芯电缆每个单线的截面为扇形,其中心角为120°。四芯电缆每个单线的截面也为扇形,其中心角为90°。3+1芯电缆中3个主要线芯的截面是中心角为100°的扇形,第4个芯的截面为中心角60°的扇形。根据电缆不同的品种与规格,线芯可以制成实体,也可以制成绞合线芯。

(2) 电力电缆的种类

电力电缆种类很多。根据电压、用途、绝缘材料、线芯数和结构特点等有以下分类。

① 按电压可分为高压电缆和低压电缆。

② 按使用环境可分为河底、矿井、船用、空气中、高海拔、潮热区电缆等。

③ 按线芯数可分为单芯、双芯、四芯、五芯等。

④ 按结构特征可分为统包型、分相型、钢管型、扁平型、自容型电缆等。

⑤ 按绝缘材料可分为油浸纸绝缘、塑料绝缘和橡胶绝缘电缆以及近期发展起来的交联聚乙烯电缆等。此外还有正在发展的低温电缆和超导电缆。

油浸纸绝缘电力电缆的结构和交联聚乙烯绝缘电力电缆的结构分别如图4-33、图4-34所示。

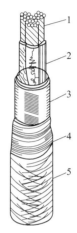

图4-33　油浸纸绝缘电力电缆　　　　　图4-34　交联聚乙烯绝缘电力电缆
1—缆芯（铝芯或铜芯）；2—油浸纸绝缘层；3—麻筋（填充物）；　　1—缆芯（铝芯或铜芯）；2—交联聚乙烯绝缘层；
4—油浸纸（统包绝缘）；5—铝包（或铅包）；6—纸带（内护层）；　　3—聚氯乙烯护套（内护层）；4—钢铠或铝铠；
7—麻包（内护层）；8—钢铠（外护层）；9—麻被（外扩层）　　　　　5—聚氯乙烯外套（外护层）

现将几种常用的电力电缆的主要特点分述如下。

① 油浸纸绝缘电缆

a. 黏性浸渍纸绝缘电缆：成本低；工作寿命长；结构简单，制造方便；绝缘材料来源充足；易于安装和维护；油易淌流，不宜作高落差敷设；允许工作电场强度较低。

b. 不滴流浸渍纸绝缘电缆：浸渍剂在工作温度下不滴流，适宜高落差敷设；工作寿命较黏性浸渍电缆更长；有较高的绝缘稳定性；成本较黏性浸渍纸绝缘电缆稍高。

② 塑料绝缘电缆。塑料绝缘电力电缆具有抗酸碱、防腐蚀、质量轻等优点，且适用于高落差较大的场所敷设。塑料绝缘电缆将逐步取代油浸纸绝缘电力电缆，以节约大量有色金属铝和铅。塑料绝缘电缆目前有两种：一种是聚氯乙烯绝缘及护套电缆，电压等级为10kV及以下。另一种为聚乙烯绝缘、聚氯乙烯护套电缆。聚乙烯电缆具有良好的电气性能。

a. 聚氯乙烯绝缘电缆：安装工艺简单；聚氯乙烯化学稳定性高，具有非燃性，材料来源充足；能适应高落差敷设；敷设维护简单方便；聚氯乙烯电气性能低于聚乙烯；工作温度高低对其机械性能有明显的影响。

b. 聚乙烯绝缘电缆：有优良的介电性能，但抗电晕、游离放电性能差；工艺性能好，易于加工；耐热性差，受热易变形，易延燃，易发生应力龟裂。

③ 交联聚乙烯绝缘电缆。交联聚乙烯绝缘电缆的绝缘层由热塑性塑料挤压而成，在挤压过程中添加交联剂，或在挤压过程中加热处理使分子交联而成。

电压等级10kV及以上的交联聚乙烯绝缘电缆的导线表面需要屏蔽层。屏蔽材料为半导体材料，屏蔽层厚度为0.5mm左右。

交联聚乙烯绝缘电缆通常采用聚氯乙烯护套，当电缆的机械性能需要加强时，护套的内、外层之间用钢带或钢丝铠装，称之为内铠装护层。

交联聚乙烯绝缘电缆的导电部分规范与油浸纸绝缘电缆导电规范相同。

交联聚乙烯绝缘电缆的特点如下：

a. 耐热性能好，允许温升高，因此允许载流量大；

b. 适用于落差较大场所敷设和垂直敷设；

c. 接头工艺要求严格；

d. 手工操作要求技术不高，便于推广。

④ 橡胶绝缘电缆。柔软性好，易弯曲，橡胶在很大的温差范围内具有弹性，适宜作多次拆装的线路；耐寒性能较好；有较好的电气性能、机械性能和化学稳定性；对气体、潮气、水的防渗透性较好；耐电晕、耐臭氧、耐热、耐油的性能较差；只能作低压电缆使用。

电缆型号的含义及其选择条件（环境条件和敷设方式要求）详见有关设计手册。

(3) 电缆的接头

电缆的接头包括中间接头和终端头两类。

将两段电缆连接起来，使之成为一条完整的线路，就需要利用电缆中间接头。电缆的始端和终端要与其他导体或电气设备连接，需要利用电缆终端头。

电缆中间接头和终端头的设计和制作应满足以下要求：a. 具有不低于电缆本身的绝缘强度；b. 导体连接良好；c. 密封可靠；d. 有足够的机械强度；e. 工艺简单。

目前，对油浸纸绝缘电力电缆的中间接头多采用套铅套管的方法，外面用钢筋混凝土盒加以保护；对交联聚乙烯电缆则采用绕包式或热缩式方法，外面用塑料连接盒加以保护。

电缆的终端头可分为户外和户内两种。户外终端头由于对密封有特殊要求，因此结构比较复杂。油浸纸绝缘电缆户外常用的是256型电缆头；交联聚乙烯电缆则采用绕包式、热缩式或冷缩式终端头。

运行经验说明，电缆头是电缆线路中的薄弱环节，电缆线路的大部分故障都发生在电缆接头处。由于电缆头本身的缺陷或者安装质量上的问题，往往造成短路故障，引起电缆头爆炸，破坏了电缆线路的正常运行。因此电缆头的安装质量十分重要，密封要好，其耐压强度不应低于电缆本身的耐压强度，要有足够的机械强度，且体积尽可能小，结构简单，安装方便。

2) 电缆的敷设

(1) 电缆的敷设方式

工厂中常见的电缆敷设方式有直接埋地敷设（见图4-35）、利用电缆沟（见图4-36）和电缆桥架（见图4-37）等几种，而电缆隧道和电缆排管等敷设方式较少采用。

(2) 电缆敷设路径的选择

选择电缆敷设路径时，应考虑以下原则：①避免电缆遭受机械性外力、过热、腐蚀等危害；②在满足安全要求条件下应使电缆较短；③便于敷设、维护；④应避开将要挖掘施工的地方。

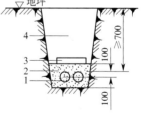

图4-35 电缆直接埋地敷设
1—电力电缆；2—砂；
3—保护盖板；4—填土

(3) 电缆敷设的一般要求

敷设电缆一定要严格遵守有关技术规程的规定和设计的要求。竣工以后，要按规定的手续和要求进行检查和验收，确保线路的质量。部分重要的技术要求如下：

① 电缆长度宜按实际线路长度考虑5%~10%的裕量，以作为安装、检修时的备用。直

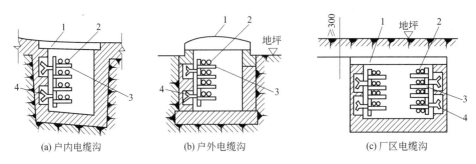

图 4-36 电缆在电缆沟内敷设
1—盖板；2—电缆；3—电缆支架；4—预埋铁件

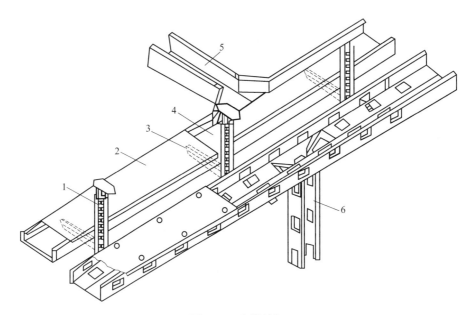

图 4-37 电缆桥架
1—支架；2—盖板；3—支臂；4—线槽；5—水平分支线槽；6—垂直分支线槽

埋电缆应作波浪形埋设。

② 下列场合的非铠装电缆应采取穿管保护：电缆引入或引出建筑物或构筑物；电缆穿过楼板及主要墙壁处；从电缆沟道引出至电杆，或沿墙敷设的电缆距地面 2m 高度及埋入地下小于 0.3m 深度的一段；电缆与道路、铁路交叉的一段。所用保护管的内径不得小于电缆外径或多根电缆包络外径的 1.5 倍。

③ 多根电缆敷设在同一通道中位于同侧的多层支架上时，应按下列要求进行配置：

a. 应按电压等级由高至低的电力电缆、强电至弱电的控制和信号电缆、通信电缆的顺序排列；

b. 支架层数受通道空间限制时，35kV 及以下的相邻电压级电力电缆，可排列于同一层支架，1kV 及以下电力电缆也可与强电控制和信号电缆配置在同一层支架上；

c. 同一重要回路的工作与备用电缆实行耐火分隔时，宜适当配置在不同层次的支架上。

④ 明敷的电缆不宜平行敷设于热力管道上部。电缆与管道之间无隔板防护时，相互间距离应符合表 4-7 所列的允许距离（据 GB 50217—2007《电力工程电缆设计规范》）。

表 4-7 电缆与管道相互间允许距离　　　　　　　　　　　　单位：mm

电缆与管道之间走向		电力电缆	控制和信号电缆
热力管道	平行	1000	500
	交叉	500	250
其他管道	平行	150	100

⑤ 电缆应远离爆炸性气体释放源。敷设在爆炸性危险较小的场所时，应符合下列要求：

a. 易燃气体密度比空气大时，电缆应在较高处架空敷设，且对非铠装电缆采取穿管或置于托盘、槽盒内等机械性保护；

b. 易燃气体比空气轻时，电缆应敷设在较低处的管、沟内，沟内非铠装电缆应埋沙。

⑥ 电缆沿输送易燃气体的管道敷设时，应配置在危险程度较低的管道一侧，且应符合下列规定：

a. 易燃气体密度比空气大时，电缆宜在管道上方；

b. 易燃气体密度比空气小时，电缆宜在管道下方。

⑦ 电缆沟的结构应考虑到防火和防水。电缆沟从厂区进入厂房处应设置防火隔板。为了顺畅排水，电缆沟的纵向排水坡度不得小于0.5%，而且不能排向厂房内侧。

⑧ 直埋敷设于非冻土地区的电缆，其外皮至地下构筑物基础的距离不得小于0.3m；至地面的距离不得小于0.7m；当位于车行道或耕地的下方时，应适当加深，且不得小于1m。电缆直埋于冻土地区时，宜埋入冻土层以下。直埋敷设的电缆，严禁位于地下管道的正上方或下方。有化学腐蚀的土壤中，电缆不宜直埋敷设。

⑨ 电缆的金属外皮、金属电缆头及保护钢管和金属支架等，均应可靠地接地。

3) 电缆线路维护

为了保持电缆设备的良好状态电缆线路的安全、可靠运行，首先应全面了解电缆的敷设方式、结构布置、走线方向及电缆中间接头的位置等。

电力电缆线路的运行维护工作主要包括线路巡视、维护、预防性试验、负载温度测量及缺陷处理等。巡视检查工作定期进行，一般要求每季进行一次巡视检查，并应经常监视其负荷大小和发热情况。如遇大雨、洪水及地震等特殊情况及发生故障时，应临时增加巡视次数。对巡视检查过程中发现的缺陷及电缆在运行中发生的故障，以及在预防性试验中发现的问题，都要及时处理和消除。

电缆巡视项目如下。

① 电缆头及瓷套管有无破损和放电痕迹；对填充有电缆胶（油）的电缆头，还应检查有无漏油溢胶现象。

② 对明敷电缆，还须检查电缆外皮有无锈蚀、损伤，沿线支架或挂钩有无脱落，线路上及附近有无堆放易燃易爆及强腐蚀性物体。

③ 对暗敷及埋地电缆，应检查沿线的盖板和其他保护物是否完好，有无挖掘痕迹，路线标桩是否完整无缺。

④ 电缆沟内有无积水或渗水现象，是否堆有杂物及易燃易爆危险品。

⑤ 线路上各种接地是否良好，有无松脱、断股和腐蚀现象。

⑥ 其他危及电缆安全运行的异常情况。

在巡视中发现异常情况，应记入专用记录本内，重要情况应及时汇报上级，请示处理。

4.4.3　车间线路的结构、敷设与维护

车间线路，包括室内配电线路和室外配电线路。室内（车间建筑内）配电线路大多采用

绝缘导线，少数采用电缆。室外配电线路指沿车间外墙或屋檐敷设的低压配电线路，都采用绝缘导线，也包括车间之间用绝缘导线敷设的短距离的低压架空线路。

（1）绝缘导线的分类和敷设

绝缘导线按芯线材质分，有铜芯和铝芯两种。除重要回路及振动场所或对铝有腐蚀的场所应采用铜芯绝缘导线外，一般应优先选用铝芯绝缘导线。

绝缘导线按绝缘材料分，有橡皮绝缘的和塑料绝缘的两种。塑料绝缘导线的绝缘性能好，耐油和抗酸碱腐蚀，价格较低，且可节约大量橡胶和棉纱，因此在室内明敷和穿管敷设中应优先选用塑料绝缘导线。但塑料绝缘在低温时要变硬发脆，高温时又易软化，因此室外敷设宜优先选用橡皮绝缘导线。

绝缘导线的敷设方式，分明敷和暗敷两种。明敷是导线直接或在管子、线槽等保护体内，敷设于墙壁、顶棚的表面及桁架、支架等处。暗敷是导线在管子、线槽等保护体内，敷设于墙壁、顶棚、地坪及楼板等内部，或者在混凝土板孔内敷线等。

绝缘导线的敷设要求，应符合有关规程的规定。其中有两点要特别注意：①线槽布线及穿管布线的导线中间不许直接接头，接头必须经专门的接线盒。②穿金属管或金属线槽的交流线路，应将同一回路的所有相线和中性线（如有中性线时）穿于同一管、槽内，否则，如果只穿部分导线，则由于线路电流不平衡而产生交流磁场作用于金属管、槽，在金属管、槽内产生涡流损耗，钢管还将产生磁滞损耗，使管、槽发热，导致其中导线过热甚至可能烧毁。③电线管路与热水管、蒸汽管同侧敷设时，应敷设在水、汽管的下方；有困难时，可敷设在其上方，但相互间距应适当增大，或采取隔热措施。

（2）裸导线的结构和敷设

车间内的配电裸导线大多采取硬母线的结构，其截面形状有圆形、管形和矩形等，其材质有铜、铝和钢。车间中以采用LMY型硬铝母线最为普遍。现代化的生产车间，大多采用封闭式母线（亦称"母线槽"）布线，如图4-38所示。封闭式母线安全、灵活、美观，但耗

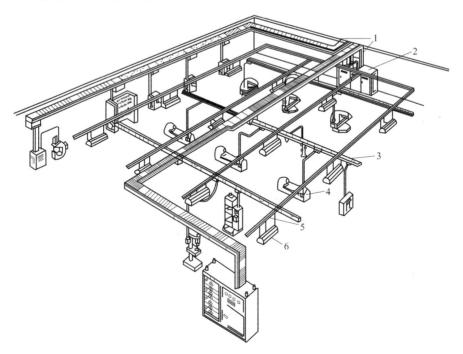

图4-38 封闭式母线在车间内的应用

1—馈电母线槽；2—配电装置；3—插接式母线槽；4—机床；5—照明母线槽；6—灯具

用钢材较多，投资较大。

封闭式母线水平敷设时，至地面的距离不应小于 2.2m。垂直敷设时，距地面 1.8m 以下部分应采取防止机械损伤措施。但敷设在电气专用房间内（如配电室、电机室等）时除外。

封闭式母线水平敷设的支持点间距不宜大于 2m。垂直敷设时，应在通过楼板处采用专用附件支承，垂直敷设的封闭式母线，当进线盒及末端悬空时，应采用支架固定。封闭式母线终端无引出、引入线时，端头应封闭。封闭式母线的插接分支点应设在安全及安装维护方便的地方。

为了识别裸导线相序，以利于运行维护和检修，GB 2681—81《电工成套装置中的导线颜色》规定交流三相系统中的裸导线应按表 4-8 所示涂色。裸导线涂色不仅用来辨别相序，而且能防蚀和改善散热条件。

表 4-8　交流三相系统中裸导线的涂色

裸导线类别	A 相	B 相	C 相	N 线和 PEN 线	PE 线
涂漆颜色	黄	绿	红	淡蓝	黄绿双色

（3）车间线路的维护

电力线路是电力系统的重要组成部分，车间线路的安全运行和维护工作同样重要。要搞好车间配电线路的安全检查工作，也必须全面了解车间配电线路的布线情况、结构形式、导线型号规格及配电箱和开关的位置等，并了解车间负荷的大小及车间变电室的情况。对车间配电线路，有专门的维护电工时，一般要求每周进行 1 次安全检查，其检查项目如下：

① 检查导线的发热情况。例如裸母线在正常运行时的最高允许温度一般为 70℃。如果温度过高时，将使母线接头处氧化加剧，接触电阻增大，运行情况迅速恶化，最后可能引起接触不良或断线。所以一般要在母线接头处涂以变色漆或示温蜡，以检查其发热情况。

② 检查线路的负荷情况。我们知道，线路的负荷电流不得超过导线的允许载流量，否则导线要过热。对于绝缘导线，导线过热还可能引起火灾。因此运行维护人员要经常注意线路的负荷情况，一般用钳形电流表来测量线路的负荷电流。

③ 检查配电箱、分线盒，开关、熔断器、母线槽及接地保护装置等的运行情况，着重检查母线接头有无氧化、过热变色和腐蚀等情况，接线有无松脱、放电和烧毛的现象，螺栓是否紧固。

④ 检查线路上和线路周围有无影响线路安全的异常情况。绝对禁止在绝缘导线上悬挂物体，禁止在线路近旁堆放易燃易爆危险品。

⑤ 对敷设在潮湿、有腐蚀性物质的场所的线路和设备，要作定期的绝缘检查，绝缘电阻一般不得低于 0.5MΩ。

在巡视中发现的异常情况，应记入专用记录本内，重要情况应及时汇报上级，请示处理。

4.5　导线和电缆截面的选择计算

合理选择电力线路的导线截面，在技术上和经济上都是必要的。导线截面选择过大，虽能降低电能损耗，但有色金属的消耗量增加，初始投资显著增加，导线截面选择过小，运行时会产生过大的电压损耗和电能损耗，难以保证供电质量和增加运行费用，甚至可能会因接头处温度过高而引起事故。为了保证工厂变配电系统安全、可靠、经济合理的运行，选择导线和电缆截面时必须满足下列条件。

(1) 发热条件

导线和电缆（包括母线）在通过正常最大负荷电流即线路计算电流时产生的发热温度，不应超过其正常运行时的最高允许温度。

(2) 电压损耗条件

导线和电缆在通过正常最大负荷电流即线路计算电流时产生的电压损耗，不应超过正常运行时允许的电压损耗。对于工厂内较短的高压线路，可不进行电压损耗校验。

(3) 经济电流密度

35kV 及以上的高压线路及电压在 35kV 以下但距离长电流大的线路，其导线和电缆截面宜按经济电流密度选择，以使线路的年运行费用支出最小。所选截面，称为"经济截面"。此种选择原则，称为"年费用支出最小"原则。工厂内的 10kV 及以下线路，通常不按此原则选择。

(4) 机械强度

导线（包括裸线和绝缘导线）截面不应小于其最小允许截面，如附录表 10 和附录表 11 所列。对于电缆，不必校验其机械强度，但需校验其短路热稳定度。母线也应校验短路时的稳定度。

对于绝缘导线和电缆，还应满足工作电压的要求。一般来讲，10kV 及以下高压线路及低压动力线路，通常先按发热条件来选择截面，再校验电压损耗和机械强度。低压照明线路，因其对电压水平要求较高，因此通常先按允许电压损耗进行选择，再校验发热条件和机械强度。对长距离大电流及 35kV 以上的高压线路，则可先按经济电流密度确定经济截面，再校验其他条件。按上述要求选择导线截面，比较容易满足要求，较少返工。

下面分别介绍按发热条件、经济电流密度和电压损耗选择计算导线和电缆截面的问题。关于机械强度，对于工厂的电力线路，只需按其最小截面（附录表 10、附录表 11）校验就行了，因此不再赘述。

4.5.1 按发热条件选择导线和电缆的截面

1) 三相系统相线截面的选择

导体通过电流则发热而使温度升高。绝缘导线和电缆的发热温度过高时，将使其绝缘加速老化、损坏和击穿；裸导线发热温度过高时，会使接头处的氧化加剧，增大接触电阻使之进一步发热、氧化。因此，导线和电缆的发热温度不能超过允许值。不同条件的导线和电缆正常运行时的允许最高温度，列于附录表 12。随着导体温度的升高，与周围介质形成温差而散热，当发热和散热达到平衡时，导体的温度保持稳定。因此，当周围介质温度为定值时，在最高允许温度的条件下，不同的导体和电缆，每一种截面都对应一个最大允许电流 I_{al}。在实际工作中，由于无法用理论分析方法进行计算，允许电流都是通过实验求出的，只要通过导体的电流（计算电流）I_{30} 不超过允许电流，导体的温度就不会超过正常运行时的最高允许温度。

按发热条件选择三相系统中的相线截面时，应使其最大允许电流 I_{al} 不小于通过相线的计算电流 I_{30}，即

$$I_{al} \geqslant I_{30} \tag{4-5}$$

所谓导线的最大允许电流（即允许载流量），就是在规定的环境温度条件下，导线能够连续承受而不致使其稳定温度超过允许值的最大电流。如果导线敷设地点的环境温度与导线允许载流量所采用的环境温度不同时，则导线的允许载流量应乘以温度校正系数

$$K_\theta = \sqrt{\frac{\theta_{al} - \theta_o'}{\theta_{al} - \theta_o}} \tag{4-6}$$

式中，θ_{al} 为导线额定负荷时的最高允许温度；θ_0 为导线的允许载流量所采用的环境温度；θ'_0 为导线敷设地点实际的环境温度。

这里所说的"环境温度"，是按发热条件选择导线和电缆的特定温度。在室外，环境温度一般取当地最热月平均最高气温。在室内，则取当地最热月平均最高气温加 5℃。对土中直埋的电缆，则取当地最热月地下 0.8～1m 的土壤平均温度，也可近似地取为当地最热月平均气温。

附录表 13(a) 列出了常用裸绞线在环境温度为 +25℃，最高允许温度 +70℃ 时的允许载流量及其温度校正系数值；附录表 14(a) 列出了 10kV 常用铝芯电缆的允许载流量及其有关校正系数值；附录表 15(a) 列出了 BLX 和 BLV 型铝芯绝缘线在不同环境温度下明敷及穿钢管和穿塑料管时的允许载流量。关于对应的铜线或铜芯电缆、铜芯绝缘线的允许载流量，可按相同截面的铝线或铝芯电缆、铝芯绝缘线允许载流量的 1.29 倍计❶。其他导线和电缆的允许载流量，可查有关设计手册。

按发热条件选择导线所用的计算电流 I_{30} 时，对降压变压器高压侧的导线，应取为变压器额定一次电流 $I_{1N.T}$。对电容器的引入线，由于电容器充电时有较大的涌流，因此 I_{30} 应取为电容器额定电流 $I_{N,C}$ 的 1.35 倍。

必须注意，按发热条件选择的导线和电缆截面，还必须要与相应的保护装置（熔断器或低压断路器的过电流脱扣器）配合得当。如配合不当，可能发生导线或电缆因过电流而发热起燃但保护装置不动作的情况，这当然是不允许的。

2) 中性线和保护线截面的选择

(1) 中性线（N 线）截面的选择

三相四线制系统中的中性线，要通过系统的不平衡电流和零序电流，因此中性线的允许载流量，不应小于三相系统的最大不平衡电流，同时应考虑谐波电流的影响。

一般三相四线制线路的中性线截面 A_0，应不小于相线截面且 A_φ 的 50%，即

$$A_0 \geqslant 0.5 A_\varphi \tag{4-7}$$

而由三相四线线路引出的两相三线线路和单相线路，由于其中性线电流与相线电流相等，因此它们的中性线截面 A_0 应与相线截面 A_φ 相同，即

$$A_0 = A_\varphi \tag{4-8}$$

当铜相导体截面小于等于 16mm² 或铝相导体截面小于等于 25 mm² 的三相四线线路也应符合式 4-8 的规定。

对于三次谐波电流相当突出的三相四线制线路，由于各相的三次谐波电流都要通过中性线，使得中性线电流可能接近甚至超过相电流，因此这种情况下，中性线截面 A_0 宜等于或大于相线截面 A_φ，即

$$A_0 \geqslant A_\varphi \tag{4-9}$$

(2) 保护线（PE 线）截面的选择

保护线要考虑三相系统发生单相短路故障时单相短路电流通过时的短路热稳定度。

根据短路热稳定度的要求，保护线（PE 线）与相线材料相同时的截面 A_{PE}，按 GB 50054—2011《低压配电设计规范》规定，有

① 当 $A_\varphi \leqslant 16\text{mm}^2$ 时

$$A_{PE} \geqslant A_\varphi \tag{4-10}$$

---

❶ 铜、铝导线允许载流量的等效换算，是基于相同截面和相同长度铜、铝导线在通过不同电流时产生相同的发热温度，或产生相同的功率损耗，即 $I_{Cu}^2 R_{Cu} = I_{Al}^2 R_{Al}$，或 $I_{Cu}^2 l/(\gamma_{Cu} A) = I_{Al}^2 l/(\gamma_{Al} A)$，故 $I_{Cu}/I_{Al} = \sqrt{\gamma_{Cu}/\gamma_{Al}} = \sqrt{53/32} = 1.29$，或 $I_{Cu} \approx 1.29 I_{Al}$，即铜线的允许载流量约为相同截面铝线允许载流量的 1.29 倍。

② 当 $16\text{mm}^2 < A_\varphi \leq 35\text{mm}^2$ 时

$$A_{PE} \geq 16\text{mm}^2 \qquad (4\text{-}11)$$

③ 当 $A_\varphi > 35\text{mm}^2$ 时

$$A_{PE} \geq 0.5 A_\varphi \qquad (4\text{-}12)$$

（3）保护中性线（PEN 线）截面的选择

保护中性线兼有保护线和中性线的双重功能，因此其截面选择应同时满足上述保护线和个性线的要求，取其中的最大值。

例 4-1 有一条采用 BLX—500 型铝芯橡皮线明敷的 220V/380V 的 TN-S 线路，计算电流为 50A，当地最热月平均最高气温为+30℃。试按发热条件选择此线路的导线截面。

解：此 TN-S 线路为含有 N 线和 PE 线的三相四线制线路。

（1）相线截面的选择

查附录表 15(a) 得环境温度为 30℃时明敷的 BLX—500 型截面为 10mm^2 的铝芯橡皮线的 $I_{al} = 60\text{A} > I_{30} = 50\text{A}$，满足发热条件。因此相线截面 $A_\varphi = 10\text{mm}^2$。

（2）N 线的选择

按 $A_o \geq 0.5 A_\varphi$，选 $A_o = 6\text{ mm}^2$。

（3）PE 线的选择

由于 $A_\varphi < 16\text{mm}^2$，故选 $A_{PE} = A_\varphi = 10\text{mm}^2$。

所选线路的导线型号规格可表示为：

$$\text{BLX—500—}(3 \times 10 + 1 \times 6 + \text{PE}10)$$

例 4-2 上例所示 TN-S 线路，如采用 BLV—500 型铝芯塑料线穿硬塑料管埋地敷设，当地最热月平均最高气温仍为+30℃。试按发热条件选择此线路的导线截面及穿线管内径。

解：查附录表 15(a) 得：30℃时 5 根单芯线穿硬塑管的 BLV—500 型截面为 25mm^2 的导线的允许载流量 $I_{al} = 56\text{A} > I_{30} = 50\text{A}$。

因此按发热条件，相线截面可选为 25mm^2。

N 线截面按 $A_o \geq 0.5 A_\varphi$，选为 16mm^2。

PE 线截面按式(4-9)规定，选为 16mm^2。

穿线的硬塑管内径查附录表 15(a)，选为 40mm。

选择结果可表示为：BLV—500—$(3 \times 25 + 1 \times 16 + \text{PE}16)$—VG40，其中 VG 为硬塑管代号。

4.5.2 按经济电流密度选择导线和电缆的截面

所谓经济电流密度，是指线路年运行费用最低时所对应的电流密度。导线（或电缆，下同）的截面越大，线路电能损耗就越小，但是线路投资、维修管理费用和有色金属消耗量却要增加。因此从经济方面考虑，导线应选择一个比较合理的截面，既使电能损耗小，又不致过分增加线路投资、维修管理费用和有色金属消耗量。

图 4-39 是年费用 C 与导线截面 A 的关系。其中曲线 1 表示线路的年折旧费（即线路投资除以折旧年限之值）和线路的年维修管理费之和与导线截面的关系曲线；曲线 2 表示线路的年电能损耗费与导线截面的关系曲线，曲线 3 为曲线 1 与曲线 2 的叠加，表示线路的年运行费用（包括线路的年折旧费、维修费、管理费和电能损耗费）与导线截面的关系曲线。由该曲线 3 可知，与年运行费最小值 C_a（a 点）相对应的导线截面 A_a 不一定是很经济

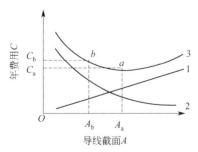

图 4-39　年费用与导线截面的关系

合理的导线截面,因为 a 点附近,曲线 3 比较平坦,如果将导线截面再选小一些,例如选为 A_b(b 点),年运行费用 C_b 增加不多,但导线截面即有色金属消耗量却显著地减少。因此从全面的经济效益来考虑,导线截面选为 A_b 看来比 A_a 更为经济合理。这种从全面的经济效益考虑,既使线路的年运行费用接近最小,又适当考虑有色金属节约的导线截面,称为经济截面,用符号 A_{ec} 表示。

各国根据其具体国情特别是有色金属资源的情况,规定了导线和电缆的经济电流密度。我国现行的经济电流密度规定如表 4-9 所列。

表 4-9 导线和电缆的经济电流密度 单位:A/mm²

线路类别	导线材质	年最大负荷利用小时		
		3000h 以下	3000~5000h	5000h 以上
架空线路	铝	1.65	1.15	0.90
	铜	3.00	2.25	1.75
电缆线路	铝	1.92	1.73	1.54
	铜	2.50	2.25	2.00

按经济电流密度 J_{ec} 计算经济截面 A_{ec} 的公式为

$$A_{ec}=\frac{I_{30}}{J_{ec}} \tag{4-13}$$

式中,I_{30} 为线路的计算电流。

按上式计算出 A_{ec} 后,应选最接近的标准截面(可取较小的标准截面),然后校验其他条件。

例 4-3 有一条用 LJ 型铝绞线架设的 5km 长的 10kV 架空线路,该线路经过居民区,其计算负荷为 1380kW,$\cos\varphi=0.7$,$T_{max}=4800h$。试选择其经济截面,并校验其发热条件和机械强度。

解:(1)选择经济截面

$$I_{30}=\frac{P_{30}}{\sqrt{3}U_N\cos\varphi}$$

$$\frac{1380}{\sqrt{3}\times10\times0.7}=114A$$

由表 4-9 查得 $J_{ec}=1.15A/mm^2$,因此

$$A_{ec}=\frac{114}{1.15}=99mm^2$$

选标准截面 95mm²,即选 LJ—95 型铝绞线。

(2)校验发热条件

查附录表 13(a)得 LJ—95 的允许载流量(室外 25℃时)$I_{al}=325A>I_{30}=114A$,因此满足发热条件。

(3)校验机械强度

查附录表 10 知,在居民区 10kV 架空铝绞线的最小截面 $A_{min}=35mm^2<A=95mm^2$,因此所选 LJ—95 型铝绞线满足机械强度要求。

4.5.3 按允许电压损耗选择导线和电缆截面

由于线路存在着阻抗,所以在负荷电流通过线路时要产生电压损耗。按规定,高压配电线路的电压损耗,一般不超过线路额定电压的 5%;从变压器低压侧母线到用电设备受电端的低压线路的电压损耗,一般不超过用电设备额定电压的 5%;对视觉要求较高的照明线路,则为 2%~3%。如线路的电压损耗值超过了允许值,则应适当加大导线的截面,使之

满足允许的电压损耗要求。根据经验，低压照明线路对电压要求较高，一般先按允许电压损耗选择导线截面，然后按发热条件和机械强度进行校验。

1）线路电压损耗的计算

在三相交流电路中，当各相负荷平衡时，各相导线中的电流均相等，电流、电压间的相位差也相等，故可计算一相的电压损耗，再换算成线电压。

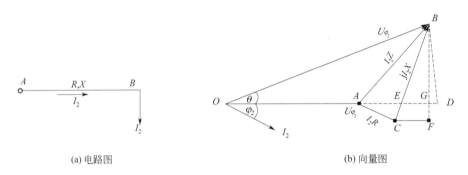

图 4-40 一个集中负荷线路上的电压损耗计算图

（1）终端有一个集中负荷的三相线路电压损耗的计算

图 4-40 所示为终端有一个集中负荷的单线电路图和以末端相电压 $\dot{U}_{\varphi_2}$ 为基准的一相电流、电压向量图。设电流滞后电压一个相位角 φ，电流通过线路电阻产生的电压降 $\dot{I}R$，与 $\dot{I}$ 同相，由此可作出矢量 $\overrightarrow{AC}$，由 C 点向横轴作垂线交于 E 点；而在电抗上产生的电压降 $j\dot{I}X$ 超前电流 $90°$，由此可作出矢量 $\overrightarrow{CB}$，由 B 点向横轴作垂线交于 G 点，并延长 BG 至 F 使 CF 与横轴平行；$\dot{U}_{\varphi_1}$ 为首端计算相电压，与 $\dot{U}_{\varphi_2}$ 相位差为 θ，以 O 为圆心以 U_{φ_1} 为半径画弧交横轴于 D 点，$AD = \Delta U_\varphi$ 为线路首、末端相电压的代数差，即电压损耗。因为 θ 角较小，所以 $OG \approx OD$，$AD \approx AE + EG$。则相电压损耗为

$$\Delta U_\varphi \approx AD \approx AE + EG = I_2 R\cos\varphi + I_2 X\sin\varphi \tag{4-14}$$

将相电压损耗 ΔU_φ 换算成线电压损失 ΔU，并用功率代替电流，得

$$\Delta U = \sqrt{3}\Delta U_\varphi = \frac{\sqrt{3}U_N I_2 R\cos\varphi + \sqrt{3}U_N I_2 X\sin\varphi}{U_N}$$

$$= \frac{P_1 R + Q_1 X}{U_N} = \frac{P_2 R + Q_2 X}{U_N} \tag{4-15}$$

式中，P_1、Q_1 为线路首端的有功功率和无功功率，kW、kvar；P_2、Q_2 为线路末端（负荷）的有功功率和无功功率，kW、kvar；U_N 为线路的额定电压，kV。

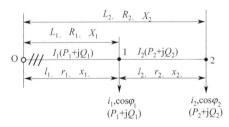

图 4-41 两个集中负荷线路上的电压损耗计算图

因为对于工厂电网，线路的功率损耗一般不大，所以计算中令 $P_1 = P_2$、$Q_1 = Q_2$ 是完全允许的。

（2）有多个集中负荷线路上的电压损耗计算

有多个集中负荷线路上的电压损耗计算是在一个集中负荷电压损耗的基础上进行。现以带两个集中负荷的三相电路为例，推算出计算公式。图 4-41 为计算电路图，设两个集中负荷点为 1 和 2，供电线路分为 O_1、O_2 两端。为了便于区分，各集中负荷点的负荷用小写字母并加下标表示，各线路上通过的

负荷则用大写字母并加下标表示，各段线路的阻抗和长度用小写字母并加下标表示，由电源到给各负荷点的阻抗和长度，则用大写字母并加下标表示，已标注在图 4-41 中。它们之间的关系如下：

$$P_1 = p_1 + p_2, \quad Q_1 = q_1 + q_2;$$
$$P_2 = p_2, \quad Q_2 = q_2;$$
$$X_1 = x_1, \quad R_1 = r_1, \quad L_1 = l_1;$$
$$R_2 = r_1 + r_2, \quad X_2 = x_1 + x_2, \quad L_2 = l_1 + l_2。$$

各段线路的电压损耗，可以首先按单负荷的方法求出各段线路的电压损耗，然后叠加即得出线路总的电压损耗。计算线路 O_1 段电压损耗时，可将两个负荷总合看成是作用在 1 点的集中负荷并按式(4-15)分别写出 O_1 段和 O_2 段的电压损耗公式为

$$\Delta U_{O1} = \frac{P_1 r_1 + Q_1 x_1}{U_N}$$

$$\Delta U_{12} = \frac{P_2 r_2 + Q_2 x_2}{U_N} \tag{4-16}$$

则线路上总的电压损耗为

$$\Delta U = \Delta U_{O2} = \Delta U_{O1} + \Delta U_{12} = \frac{P_1 r_1 + Q_1 x_1 + P_2 r_2 + Q_2 x_2}{U_N} \tag{4-17}$$

将线路各段功率用各负荷点的功率表示，则线路上总的电压损耗为

$$\Delta U = \Delta U_{O2} = \Delta U_{O1} + \Delta U_{12} = \frac{p_1 R_1 + q_1 X_1 + p_2 R_2 + q_2 X_2}{U_N} \tag{4-18}$$

由式(4-17)和式(4-18)中看出：当线路上有两个负荷（即两段）时，线路总的电压损耗中，有功功率和无功功率引起的电压损耗各有两项，若有三个负荷（即三段）时，则各有三项。由此类推：当线路有 n 个负荷（即 n 段）时，有功功率和无功功率引起的电压损耗则各有 n 项。因此，树干式线路具有 n 个集中负荷时，线路的电压损耗的一般计算式为

$$\Delta U = \Delta U_{On} = \frac{\sum Pr + \sum Qx}{U_N} \tag{4-19}$$

和

$$\Delta U = \Delta U_{On} = \frac{\sum pR + \sum qX}{U_N} \tag{4-20}$$

若线路各段导线的材料、截面和敷设条件均相同，则线路电阻和电抗，可用单位长度电阻 $r_o(\Omega/\text{km})$ 和感抗 $x_o(\Omega/\text{km})$ 乘以线路长度表示，则

$$\Delta U = \Delta U_{On} = \frac{r_o \sum Pl + x_o \sum Ql}{U_N} \tag{4-21}$$

或

$$\Delta U = \Delta U_{On} = \frac{r_o \sum pL + x_o \sum qL}{U_N} \tag{4-22}$$

例 4-4 如图 4-42 所示厂区架空线路，额定电压 10kV，选用截面为 95mm² 的 LGJ—95 的钢芯铝绞线，导线布置成三角形，线间距离为 1m，线路长度和负荷数据均标注于图中。试求线路的电压损失。

解：根据 LGJ—95，线间距离 1m 三角形布置，从附录表 16 查得：$r_o = 0.33\Omega/\text{km}$；$x_o = 0.334\Omega/\text{km}$。按公式 (4-19) 计算，得

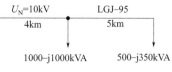

图 4-42 例 4-4 图

$$\Delta U = \Delta U_{On} = \frac{r_o \sum Pl + x_o \sum Ql}{U_N}$$

$$= \frac{0.33}{10}(1500 \times 4 + 500 \times 5) + \frac{0.334}{10}(1350 \times 4 + 350 \times 5) = 520\text{V}$$

若按公式(4-20)计算，得

$$\Delta U = \Delta U_{On} = \frac{r_o \sum pL + x_o \sum qL}{U_N}$$

$$= \frac{0.33}{10}(1000 \times 4 + 500 \times 9) + \frac{0.334}{10}(1000 \times 4 + 350 \times 9) = 520\text{V}$$

结果是一样的。电压损耗的百分数为

$$\Delta U\% = \frac{\Delta U}{U_N} \times 100\% = \frac{520}{10000} \times 100\% = 5.2$$

2) 导线和电缆截面的选择

由电压损耗的计算式(4-19)和式(4-20)可知

$$\Delta U = \frac{\sum(P_r + Q_x)}{U_N} = \frac{\sum(pR + qX)}{U_N}$$

$$= \sqrt{3} \sum (Ir\cos\varphi + Ix\sin\varphi) = \Delta U_r + \Delta U_x$$

式中，ΔU_r 为电阻上的电压损耗；ΔU_x 为电抗上的电压损耗。

线路上的电压损耗是由导线的电阻和电抗决定的。导线的电阻与导线截面成反比，而导线的电抗与导线截面关系较复杂，直接根据允许电压损耗求出导线截面是比较困难的。当导线截面增大时，其电阻减小很快，而电抗却减小的很少。对一般架空配电线路平均电抗约为 $x_o = 0.35 \sim 0.40\Omega/\text{km}$，它的变化范围很小。因此，在计算电压损耗时，通常是假定导线的电抗和导线截面无关，即采用这类线路的平均电抗。于是可得

$$\Delta U_x = \sqrt{3} \sum (Ix\sin\varphi)$$

$$= x_o \frac{\sum Ql}{U_N} = x_o \frac{\sum qL}{U_N} \tag{4-23}$$

式中，x_o 为线路的平均电抗，对 10kV 的架空线路，$x_o = 0.38\Omega/\text{km}$ 左右，对 35kV 架空线路，$x_o = 0.42\Omega/\text{km}$，对低压架空线路 $x_o = 0.35\Omega/\text{km}$，对三芯式穿管导线或电缆 $x_o = 0.07\Omega/\text{km}$；$I$ 为各段线路通过的电流，A；$\sin\varphi$ 为各段线路通过电流的功率因数角的正弦值；Q、q 为各段线路通过的无功功率和各负荷的无功功率，单位：kvar；l、L 为各段线路的长度和各负荷到电源的线路长度，单位：km；U_N 为线路额定电压，单位：kV。

如果总的允许电压损耗为 ΔU_{al}，则电阻上的允许电压损耗为

$$\Delta U_r = \Delta U_{al} - \Delta U_x \tag{4-24}$$

导线截面的计算，可根据电阻中的电压损耗 ΔU_r 进行。

当线路干线导线截面相等时，其截面可根据电阻中的电压损耗 ΔU_r 直接选择。电阻上的电压损耗 ΔU_r 与导线截面的关系为

$$\Delta U_r = \sqrt{3} \sum Ir\cos\varphi = \sqrt{3} r_o \sum Il\cos\varphi$$

$$= \frac{\sqrt{3}}{\gamma A} \sum Il\cos\varphi$$

所以

$$A = \frac{\sqrt{3}}{\gamma A} \sum Il\cos\varphi \tag{4-25}$$

或用功率值表示

$$A = \frac{\sum Pl}{\gamma \Delta U_r U_N} = \frac{\sum pL}{\gamma \Delta U_r U_N} \tag{4-26}$$

式中，A 为导线截面，mm^2；$\cos\varphi$ 为各段线路通过电流的功率因数；P、p 为分别表示各段线路通过的有功功率和各负荷的有功功率，kW；γ 为导线材料的导电系数，$m/\Omega \cdot mm^2$。

选择导线截面的步骤如下。

① 采用一定的平均电抗值。

② 按式(4-23)求出电抗中的电压损耗 ΔU_x。

③ 由线路总的允许电压损耗值 ΔU_{al}，按式(4-24)求出电阻中的电压损耗 ΔU_r。

④ 按式(4-26)计算导线的截面，并选出最接近的标称截面，一般应使标称截面略大于计算截面。

⑤ 按求得的导线标称截面的实际 r_o，x_o 值，计算线路中的实际电压损耗，如果实际电压损耗小于或等于允许电压损耗，则所选的截面可用，否则应改变导线截面再进行核算，直至求出合适的导线截面。

例 4-5 有一条额定电压为 10kV 线路，用钢芯铝导线架设，导线布置成三角形，线间几何均距为 1m，设允许电压损耗为 5%。线路各段长度和负荷均标在图 4-43 中，全用同一截面的导线，试按允许电压损耗选择导线截面。

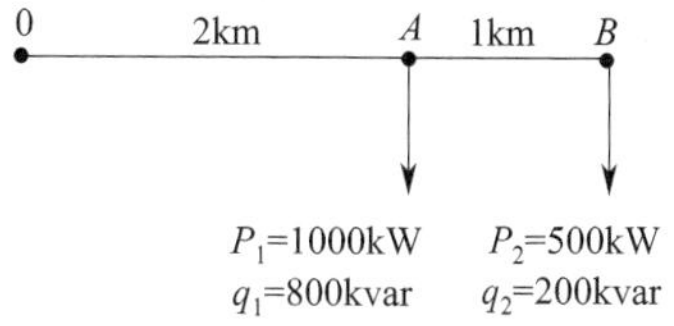

解：根据要求线路总的允许电压损耗为

$$\Delta U_{al} = \Delta U_{al}\% \times U_N = 0.05 \times 10000 = 500V$$

取平均电抗 $x_o = 0.38 \Omega/km$，根据式(4-21)，求出电抗中的电压损耗为

$$\Delta U_x = \frac{x_o \sum Ql}{U_N} = \frac{0.38 \times (1000 \times 2 + 200 \times 1)}{10} = 83.6V$$

图 4-43 例 4-5 图

按式(4-24)求出电阻中的电压损耗为

$$\Delta U_r = \Delta U_{al} - \Delta U_x = 500 - 83.6 = 416.4V$$

按式(4-26)计算导线的截面

$$A = \frac{\sum Pl}{\gamma \Delta U_r U_N} = \frac{1500 \times 2 + 500 \times 1}{32 \times 416.4 \times 10^{-3} \times 10} = 26.27 mm^2$$

所以选用 LGJ-35 型导线，其单位长度阻抗为 $r_o = 0.85 \Omega/km$，$x_o = 0.366 \Omega/km$。由此验算该线路实际的电压损耗为

$$\Delta U = \frac{r_o \sum Pl + x_o \sum Ql}{U_N} = \frac{0.85}{10}(1500 \times 2 + 500 \times 1) + \frac{0.366}{10}(1000 \times 2 + 200 \times 1)$$
$$= 297.5 + 80.52 = 378.02V < 500V$$

满足电压损耗要求。

4.6 变配电所的二次回路

在变电所中通常将电气设备分为一次设备和二次设备两大类。一次设备是指直接生产、输送和分配电能的设备，如主电路中变压器、高压断路器、隔离开关、电抗器、并联补偿电力电容器、电力电缆、送电线路以及母线等设备都属于一次设备。对一次设备的工作状态进行监视、测量、控制和保护的辅助设备称为二次设备，如测量仪器、控制和信号回路、继电保护装置等。二次设备通过电压互感器和电流互感器与一次设备取得联系。

一次设备及其连接的回路称为一次回路。二次设备按照一定的规则连接起来，以实现某种技术要求的电气回路称为二次回路。二次回路是电力系统安全生产、经济运行、可靠供电的重要保障，它是变电所中不可缺少的重要组成部分。

二次回路的内容包括变电所一次设备的控制、调节、继电保护和自动装置、测量和信号回路以及操作电源系统等。

控制回路是由控制开关和控制对象（断路器、隔离开关）的传递机构及执行（或操动）机构组成的。其作用是对一次开关设备进行"跳"、"合"闸操作。

调节回路是指调节型自动装置。它是由测量机构、传送机构、调节器和执行机构组成的。其作用是根据一次设备运行参数的变化，实时在线调节一次设备的工作状态，以满足运行要求。

继电保护和自动装置回路是由测量、比较部分、逻辑判断部分和执行部分组成的。其作用是自动判别一次设备的运行状态，在系统发生故障或异常运行时，自动跳开断路器，切除故障或发出故障信号，故障或异常运行状态消失后，快速投入断路器，恢复系统正常运行。

测量回路是由各种测量仪表及其相关回路组成的。其作用是指示或记录一次设备的运行参数，以便运行人员掌握一次设备运行情况。它是分析电能质量、计算经济指标、了解系统潮流和主设备运行情况的主要依据。

信号回路是由信号发送机构、传送机构和信号器具构成的。其作用是反映一、二次设备的工作状态。信号回路按信号性质可分为事故信号、预告信号、指挥信号和位置信号4种。

操作电源系统是由电源设备和供电网络组成的，它包括直流和交流电源系统，作用是供给上述各回路工作电源。变电所的操作电源多采用直流电源系统，简称直流系统，对小型变电所也可采用交流电源或整流电源。

按照不同的用途，通常将二次回路图分为原理接线图、展开接线图和安装接线图3大类
(1) 二次原理图

二次回路原理接线图以元件的整体形式表示二次设备间的电气连接关系，图中通常还画出了相应的一次设备，便于用来了解各设备间的相互联系。

图4-44所示为某10kV线路的过电流保护原理图，其工作原理和动作顺序为：当线路过负荷或故障时，流过它的电流增大，使流过接于电流互感器二次侧的电流继电器的电流也相应增大。在电流超过保护装置的整定值时，电流继电器KA_1、KA_2动作，其常开触点接通时间继电器KT。时间继电器KT线圈得电，经过预定的时限，KT的触点闭合发出跳闸脉冲，使断路器跳闸线圈YT带电，断路器QF跳闸。同时跳闸脉冲电流流经信号继电器KS的线圈，其触点闭合发出信号。

从以上分析过程可见，一次设备和二次设备都以完整的图形符号来表示，能够使我们对整套保护装置的工作原理有一个整体概念。不过从中很难看清楚继电保护装置实际的接线和因果关系，特别是遇到复杂的继电保护装置时（如距离保护等），更难看清，因此原理图只在设计的初期使用。

(2) 展开接线图

展开接线图简称展开图。图4-45所示为与图4-44对应的展开接线图，它以分散的形式表示二次设备之间的电气连接，通常是按功能电路如控制回路、保护回路、信号回路等来绘制，使分析电路的工作原理和动作顺序很方便。不过由于同一设备可能具有多个功能，因而属于同一设备或元件的不同线圈和不同触点可能画在了不同的回路中。展开图的绘制有很强的规律性，掌握了这些规律看图就会很容易。

展开图有如下规律。

① 直流母线或交流电压母线用粗线条表示，以示区别于其他回路的联络线。
② 继电器和各种电气元件的文字符号与相应原理接线图中的文字符号一致。
③ 继电器作用和每一个小的逻辑回路的作用都在展开图的右侧注明。

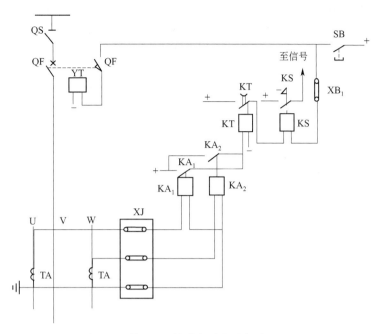

图 4-44　某 10kV 线路的过电流保护原理图

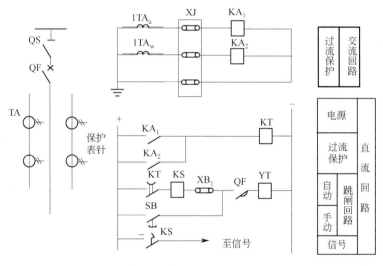

图 4-45　10kV 线路过电流保护展开接线图（左侧为一次电路）

④ 继电器的触点和电气元件之间的连接线段都有回路标号。

⑤ 同一个继电器的线圈与触点采用相同的文字符号。

⑥ 各种小母线和辅助小母线都有标号。

⑦ 对于个别继电器或触点在另一张图中表示，或在其他安装单位中有表示，都在图纸中说明去向，对任何引进触点或回路也说明来处。

⑧ 直流"+"极按奇数顺序标号，"-"极则按偶数标号。回路经过电气元件（如线圈、电阻、电容等）后，其标号性质随着改变。

⑨ 常用的回路都有固定的标号，如断路器 QF 的跳闸回路用 33，合闸回路用 3 等。

⑩ 交流回路的标号除用三位数外，前面还加注文字符号。交流电流回路数字范围为

400~599，电压回路为 600~799。其中个位数表示不同回路；十位数表示互感器组数。回路使用的标号组，要与互感器文字后的"序号"相对应。如：电流互感器 TA_1 的 U 相回路标号可以是 U_{411}~U_{419}；电压互感器 TV_2 的 U 相回路标号可以是 U_{621}~U_{629}。

（3）安装接线图

安装接线图是用来表示屏（成套装置）内或设备中各元器件之间连接关系的一种图形，在设备安装、维护时提供导线连接位置。图中设备的布局与屏上设备布置后视图是一致的，设备、元件的端子和导线、电缆的走向均用符号、标号加以标志。

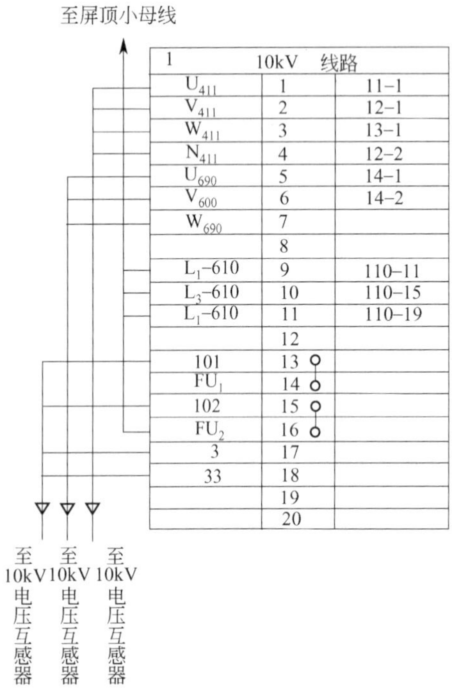

安装接线图包括：屏面布置图，它表示设备和器件在屏面的安装位置，屏和屏上的设备、器件及其布置均按比例绘制；屏后接线图，它表示屏内的设备、器件之间和与屏外设备之间的电气连接；端子排图，用来表示屏内与屏外设备间的连接端子、同一屏内不同安装单位设备间的连接端子以及屏内设备与安装于屏后顶部设备间的连接端子的组合。

（4）看端子排图的要领

端子排图是一系列的数字和文字符号的集合，把它与展开图结合起来看就可清楚地了解它的连接回路。

三列式端子排图如图 4-46 所示。图中左列的标号，是指连接电缆的去向和电缆所连接设备接线柱的标号。如 U_{411}、V_{411}、W_{411} 是由 10kV 电流互感器来的，并用编号为 1 的二次电缆将 10kV 电流互感器和端子排 I 连接起来的。

图 4-46 某 10kV 线路端子排图

端子排中间列的编号 1~20 是端子排端子的顺序号。

端子排右列的标号是到屏内各设备的编号。

两端连接不同端子的导线，为了便于查找其走向，采用专门的"相对标号法"。"相对标号法"是指每一条连接导线的任一端标以对侧所接设备的标号或代号，故同一导线两端的标号是不同的，并与展开图上的回路标号无关。这种方法很容易查找导线的走向，从已知的一端便可知另一端接至何处。如 I4-1 表示连接到屏内安装单位为 I，设备序号为 4 的第 1 号接线端子。按照"相对标号法"，屏内设备 I4 的第 1 号接线端子侧应标 I-5，即端子排 I 中顺序号为 5 的端子。

看端子排图的要领如下。

① 屏内与屏外二次回路的连接、同一屏上各安装单位的连接以及过渡回路等均应经过端子排。

② 屏内设备与接于小母线上的设备（如熔断器、电阻、小开关等）的连接一般应经过端子排。

③ 各安装单位的"＋"电源一般经过端子排，保护装置的"－"电源应在屏内设备之间接成环形，环的两端再分别接至端子排。

④ 交流电流回路、信号回路及其他需要断开的回路，一般需用试验端子。

⑤ 屏内设备与屏顶较重要的小母线（如控制、信号、电压等小母线），或者在运行中、

调试中需要拆卸的接至小母线的设备，均需经过端子排连接。

⑥ 同一屏上的各安装单位均应有独立的端子排。各端子排的排列应与屏面设备的布置相配合。一般按照下列回路的顺序排列：交流电流回路，交流电压回路，信号回路，控制回路，其他回路，转接回路。

⑦ 每一安装单位的端子排应在最后留 2~5 个端子作备用。正、负电源之间，经常带电的正电源与跳闸或合闸回路之间的端子排应不相邻或者以一个空端子隔开。

⑧ 一个端子的每一端一般只接一根导线，在特殊情况下 B1 型端子最多接两根。连接导线的截面积，对 B1 型和 D1—20 型的端子不应大于 $6mm^2$；对 D1—10 型的端子不应大于 2.5mm。

4.7 变配电所安全操作

4.7.1 变配电所的值班制度及值班员的职责

(1) 变配电所的值班制度

工厂变配电所的值班制度，有轮班制、在家值班和无人值班制等。采用在家值班制和无人值班制，可以节约人力，减少运行费用，但需要有一定的物质条件，如有较完善的监测信号系统或自动装置等，才能确保变配电所的安全运行。从发展方向来说，工厂变配电所肯定要逐步进行技术改造，向自动化和无人值班的方向发展。但在当前，我国一般工厂变配电所仍以三班轮换的值班制度为主，即全天分为早、中、晚三班，而值班人员是分为若干组，轮流值班，全年都不间断。这种值班制度对于确保变配电所的安全运行有很大的好处，但人力耗用较多。一些小型工厂的变配电所和大中型工厂的一些车间变电所，则往往采用无人值班制，仅由工厂的维修电工或工厂总变配电所的值班电工每天定期巡视检查。

有高压设备的变配电所，为保证安全，一般应不少于两人值班。但按电力行业标准 DL408—91《电业安全工作规程》（发电厂和变电所电气部分）规定，当户内高压设备的隔离室设有遮栏，遮栏的高度在 1.7m 以上，安装牢固并加锁者，且户内高压开关的操作机构用墙或金属板与该开关隔离或装有远方操作机构者，可由单人值班。单人值班时，不得单独从事修理工作。

(2) 变配电所值班员职责

① 遵守变配电所值班工作制度，坚守工作岗位，做好安全保卫工作，确保变配电所的安全运行。

② 积极钻研本职工作，认真学习和贯彻有关规程包括 DL408—91《电业安全工作规程》，熟悉变配电所的设备和接线及其运行维护方法和倒闸操作要求，掌握安全用具和消防器材的使用方法及触电急救法，了解变配电所现在的运行方式、负荷情况及负荷调整、电压调节等措施。

③ 监视所内各种设备的运行情况，定期巡视检查，按照规定抄报各种运行数据，记录运行日志。发现设备缺陷和运行不正常时，及时处理，并做好有关记录，以备查考。

④ 上级调度命令进行操作，发生事故时进行紧急处理，并做好有关记录，以备查考。

⑤ 保管所内各种资料图表、工具仪器和消防器材等，并做好和保持所内设备和环境的清洁卫生。

⑥ 按规定进行交接班。值班员未办好交接手续时，不得擅离岗位。在处理事故时，一般不得交接班。接班的值班员可在当班的值班员要求和主持下，协助处理事故。如事故一进难于处理完毕，在征得接班的值班员同意或上级同意后，可进行交接班。

这里必须指出：①不论高压设备带电与否，值班员不得单独移开或越过遮栏进行工作；如有必要移开遮栏时，必须有监护人在场，并符合《电业安全工作规程》（DL408—91）规定的设备不停电时的安全距离：10kV及以下，安全距离为0.7m，20~35kV为1m。②雷雨天气内巡视露高压设备时，应穿绝缘靴，并不得靠近避雷器和避雷针。③高压设备发生接地时，户内不得接近故障点4m以内，室外不得按近故障点8m以内。进入上述范围的人员必须穿绝缘靴，接触设备的外壳和构架时，应戴绝缘手套。

4.7.2 倒闸操作

1) 倒闸操作认识

电气设备分为运行、备用（冷备用及热备用）、检修三种状态。将设备由一种状态转变为另一种状态的操作叫倒闸操作。倒闸操作通过操作隔离开关、断路器以及挂、拆接地线将电气设备从一种状态转换为另一种状态。为了确保运行安全，防止误操作，电气设备运行人员必须严格执行操作票制和工作监护制。

① 运行状态：是指设备的隔离开关及断路器都在合闸位置。

② 热备用状态：是指设备隔离开关在合闸位置，只断开断路器的设备。

③ 冷备用状态：是指设备断路器，隔离开关均在断开位置，未作安全措施。

④ 检修状态：指电气设备的断路器和隔离开关均处于断开位置，并按"安规"和检修要求做好安全措施。

倒闸操作分为：监护操作、单人操作和检修人员操作。

① 监护操作时，由两人进行同一项的操作。其中一人对设备较为熟悉者作监护。特别重要和复杂的倒闸操作，由熟练的运行人员操作，运行值班负责人监护。

② 单人值班的变电站操作时，运行人员根据发令人用电话传达的操作指令填用操作票，复诵无误。

③ 实行单人操作的设备、项目及运行人员需经设备运行管理单位批准，人员应通过专项考核。

断路器和隔离开关是进行倒闸操作的主要电气设备。为了减少和避免因断路器未断开或未合好而引起带负荷拉、合隔离开关，倒闸操作的中心环节和基本原则是围绕着不能带负荷拉、合隔离开关的问题。因此，在倒闸操作时，应遵循下列基本原则。

① 在拉、合闸时，必须用断路器接通或断开负荷电流或短路电流，绝对禁止用隔离开关切断负荷电流或短路电流。

② 在合闸时，应先从电源侧进行，依次到负荷侧。在检查断路器QF确在断开位置后，先合上母线（电源）侧隔离开关，再合上线路（负荷）侧隔离开关最后合上断路器QF。

③ 在拉闸时，应先从负荷侧进行，依次到电源侧。

2) 倒闸操作的实施

（1）倒闸操作电气设备状态

① 运行状态：开关小车在运行位置，开关在合闸位置。

② 热备用状态：开关小车在运行位置，开关在分闸位置。

③ 冷备用状态：开关小车在试验位置，开关在分闸位置。

④ 检修状态：开关小车在检修位置，开关在分闸位置。

⑤ 线路检修状态：开关小车在试验位置，开关在分闸位置，线路侧的刀合入。

⑤ 开关及线路检修状态：开关小车在检修位置，开关在分闸位置，线路侧的刀合入。

（2）倒闸操作基本要求

① 操作隔离开关的基本要求

a. 在手动合隔离开关时,必须迅速果断。在合闸开始时如发生弧光,则应毫不犹豫地将隔离开关迅速合上,严禁将其再行拉开。因为带负荷拉开隔离开关,会使弧光更大,造成设备的更严重损坏,这时只能用断路器切断该回路后,才允许将误合的隔离开关拉开。

b. 在手动拉开隔离开关时,应缓慢而谨慎,特别是在刀片刚离开固定触头时,如发生电弧,应立即反向重新将刀闸合上,并停止操作,查明原因,做好记录。但在切断允许范围内的小容量变压器空载电流、一定长度的架空线路和电缆线路的充电电流、少量的负荷电流时,拉开隔离开关时都会有电弧产生,此时应迅速将隔离开关拉开,弧立即熄灭。

c. 在拉开单极操作的高压熔断器刀闸时,应先拉中间相再拉两边相。因为切断第一相时弧光最小,切断第二相时弧光最大,这样操作可以减少相间短路的机会。合刀闸时顺序则相反。

d. 在操作隔离开关后,必须检查隔离开关的开、合位置,因为有时可能由于操作机构的原因,隔离开关操作后,实际上未合好或未拉开。

② 操作断路器的基本要求。在运行和操作中,断路器本身的故障一般有拒绝合、分闸、假合闸、三相不同期、操作机构不灵、短路电流切断能力不够等现象。要避免或减少这类故障,应注意以下几个方面。

a. 在改变运行方式时,首先应检查断路器的断流容量是否大于该电路的短路容量。

b. 在一般情况下,断路器不允许带电手动合闸。因为手动合闸的速度慢,易产生电弧,但特殊需要时例外。

c. 遥控操作断路器时,扳动控制开关不能用力过猛,以防损坏控制开关;也不得使控制开关返回太快,防止断路器合闸后又跳闸。

d. 在断路器操作后,应检查有关信号灯及测量仪表(如电压表、电流表、功率表)的指示,确认断路器触头的实际位置。必要时,可到现场检查断路器的机械位置指示器来确定实际分、合位置,以防止在操作隔离开关时,发生带负荷拉、合隔离开关事故。

(3) 变配电所的送电操作

变配电所送电时,一般应从电源侧的开关合起,依次合到负荷侧开关。按这种程序操作,可使开关的闭合电流减至最小,比较安全,万一某部分存在故障,也容易发现。但是在高压断路器-隔离开关电路及低压断路器-刀开关电路中,送电时,一定要按照①母线侧隔离开关或刀开关、②线路侧隔离开关或刀开关、③高低压断路器的顺序依次操作。

如果变配电所是事故停电后恢复送电的操作,开关类型的不同而有不同的操作程序。如果电源进线是装设的高压断路器,则高压母线发生短路故障时,断路器自动跳闸。在故障消除后,直接合上断路器即可恢复送电。如果电源进线是装设的高压负荷开关,则在故障消除、更换了熔断器的熔管后,可合上负荷开关来恢复送电。如果电源进线装设的是高压隔离开关-熔断器,则在故障消除、更换了熔断器的熔管后,先断开所有出线开关,然后合隔离开关,最后合上所有出线开关才能恢复送电。如果电源进线是装设的跌开式熔断器(不是负荷型的),其操作程序也是要先断开所有出线开关,如上所述。

(4) 变配电所的停电操作

变配电所停电时,一般应从负荷侧的开关拉起,依次拉到电源侧开关。按这种程序操作,可使开关的开断电流减至最小,也比较安全。但是在高压断路器-隔离开关电路及低压断路器-刀开关电路中,停电时,一定要按照①高低压断路器、②线路侧隔离开关或刀开关、③母线侧隔离开关或刀开关的顺序依次操作。

线路或设备停电以后,为了安全,一般规定要在主开关的操作手柄上悬挂"禁止合闸,有人工作"之类的标示牌。如有线路或设备检修时,应在电源侧(如可能两侧来电时,应在其两侧)安装临时接地线。安装接地线时,应先接接地端,后接线路端,而拆除接地线时,操作顺序恰好相反。

3) 倒闸操作票的认识与使用

表 4-10 倒闸操作票格式

操作开始时间:2014 年 8 月 8 日 8 时 30 分		操作终了时间:2014 年 8 月 8 日 8 时 50 分
操作任务:WL_1 电源进线送电		
标记	顺序	操作项目
√	1	拆除线路端及接地端接地线;拆除标示牌
√	2	检查 WL_1、WL_2 进线所有开关均在断开位置,合 $\times\times^\#$ 母联隔离开关
√	3	依次合 No102 隔离开关,No 101 $1^\#$、$2^\#$ 隔离开关,合 No102 高压断路器
√	4	合 No103 隔离开关,合 No110 隔离开关
√	5	依次合 No104~No109 隔离开关;依次合 No104~No109 高压断路器
√	6	合 No201 刀开关;合 No201 低压断路器
√	7	检查低压母线电压是否正常
√	8	合 No202 刀天关;依次合 No202~No206 低压断路器或刀熔开关
备注:		

操作人:×× 监护人:××× 值班负责人:××× 值长:×××

倒闸操作票(格式如表 4-10 所示)应由操作人根据操作任务通知,按供配电系统一次接线模拟图的运行方式正确填写,设备应使用双重名称,即设备名称和编号。操作票应用钢笔或圆珠笔填写,票面应整洁,字迹应清楚,不得任意涂改。填写完毕后须经监护人核对无误后,分别签名,然后经值班负责人(工作许可人)审核签名。操作前,应先在模拟接线图上预演,以防误操作。倒闸操作应根据安全工作规定,正确使用安全工具。倒闸操作必须由二人及二人以上执行,并应严格执行监护制度,操作人和监护人都必须明确操作目的和顺序,由监护人按顺序口述操作任务,操作人按口述内部核对设备名称、编号正确无误后复诵一遍,监护人确认复诵无误即发出"对!执行"的口令,此时操作人方可执行操作。操作完闭二人共同检查无误后,由监护人在操作票上做一个"√"记号,而后再执行下一项操作,全部操作完毕后进行复查。操作中发生疑问时,应立即停止操作,向值班负责人或上一级发令人报告并弄清问题后再进行操作。

倒闸操作票应预先编号,按照编号顺序使用。作废的操作票和已执行的操作票,应明确注明。执行完的操作票应由有关负责人保管三个月备查。

思考题与习题

4-1 对工厂变配电所的电气主接线有哪些基本要求?

4-2 工厂变配电所常用的电气主接线有哪些基本形式?

4-3 什么是内桥式接线和外桥式接线?各适用于什么场合?

4-4 线路-变压器组单元接线有什么优缺点?

4-5 变配电所选址应考虑哪些条件?变配电所总体布置应考虑哪些要求?

4-6 试分别比较高压和低压的放射式接线和树干式接线的优缺点,并分别说明配电系统各宜首先考虑哪种接线方式?

4-7 架空线路主要组成元件有哪些?其导线有何作用?一般用何种线?三相四线制低压架空线路的导线一般采用何种排列方式?其中性线的截面一般如何确定?在电杆上如何布置?

第4章 工厂变配电所

4-8 导线和电缆截面的选择应考虑哪些条件？一般动力线路宜先按什么条件选择？照明线路宜先按什么条件选择？为什么？

4-9 三相系统中的中性线（N线）截面一般情况下如何选择？三相系统引出的两相三线线路和单相线路的中性线截面，又如何选择？3次谐波比较严重的三相系统的中性线截面，又该如何选择？

4-10 三相系统中的保护线（PE线）和保护中性线（PEN线）的截面如何选择？

4-11 试按发热条件选择220V/380V、TN-C系统中的相线和PEN线截面及穿线钢管（G）的直径。已知线路的计算电流为150A，安装地点的环境温度为25℃。拟用BLV型铝芯塑料线穿钢管埋地敷设。

4-12 如果上题所述220V/380V线路为TN-S系统。试按发热条件选择其相线、N线和PE线的截面及穿线钢管（G）的直径。

4-13 什么叫"经济电流密度"？什么叫"经济截面"？什么情况下的线路导线或电缆要按"经济电流密度"选择？

4-14 有一条380V的三相架空线路，配电给2台40kW（$\cos\phi=0.8$，$\eta=0.85$）的电动机。该线路长70m，线间几何均距为0.6m，允许电压损耗为5%，该地区最热月平均最高气温为30℃。试选择该线路的相线和PE线的LJ型铝绞线截面。

4-15 工厂变配电所值班员有哪些主要职责？雷雨天巡视室外高压设备时应注意哪些事项？

4-16 倒闸操作需要注意哪些事项？

4-17 采用高压隔离开关——断路器及低压开关——断路器的线路中，送电和停电操作顺序有何不同？

4-18 变配电所配电装置的巡视项目有哪些？周期多长？

4-19 怎样做好架空线路和电缆线路运行维护？如何做好车间变配电线路的运行维护？

第 5 章　室内供配电系统实用技术与电气照明

> **教学目标**
> - 熟悉室内供配电系统的形式和配电方式。
> - 掌握室内供配电系统的保护装置的设置及选择。
> - 了解配电箱的基本型号和选择布置。
> - 了解照明技术的基本概念，熟悉照度计算的方法。
> - 掌握低压供配电系统中电气和导体的选择。

5.1　室内供配电要求及配电方式

民用建筑一般从市电高压 10kV 或低压 380/220V 电网取得电源，称为供电；然后将电源分配到各个用电负荷，称为配电。采用各种元件及设备将电源与负荷连接起来，即组成了民用建筑的供配电系统。

室内供配电是指：从建筑物的配电室或配电箱，至各层分配电箱或各层用户单元开关箱之间的供配电系统。室内供配电系统一般是低压配电系统。

5.1.1　室内供配电要求

室内供配电系统一般应满足可靠性要求、电能质量要求、发展要求，以及民用建筑低压配电系统的其他要求等。

(1) 可靠性要求

供配电线路应尽可能地满足民用建筑所必需的供电可靠性要求。与企业供配电系统相同，室内供配电系统的负荷，根据可靠性的要求不同，也可分为三个等级：一级负荷，二级负荷和三级负荷。一级负荷为重要负荷，要求保证连续供电，因此应由两个独立电源供电；对于二级负荷，如果条件允许时，宜由两个电源供电；三级负荷无特殊供电要求。

(2) 电能质量要求

衡量电能质量的指标，一般为电压、频率和波形。电压质量对于动力和照明线路的合理设计有很大关系，必须考虑线路中的电压损失。GB 50052—2009《供配电系统规范》中给出了线路电压与输送距离的关系，一般 380V 架空线，供电半径不宜超过 250m。

(3) 发展要求

低压配电线路应力求接线简单，便于维修，操作灵活以及运行安全。还需指出的是必须能适应用电负荷的发展需要。

由于生活水平的日益提高、居住面积增大，各种电器设备和家用电器走进了平常百姓家中，住宅用电负荷密度随之迅速增加。因此设计时应留有一定裕度，适当考虑发展的需要。

(4) 其他要求

室内供配电系统与企业供配电系统一样，都要满足一些供配电系统的基本要求，如：

① 配电系统的电压等级一般不超过两级；

② 单相用电设备应合理分配，力求使三相负荷平衡；
③ 尽可能节省有色金属，减少电能的损耗；
④ 降低运行费用等。

5.1.2 室内配电系统的基本配电方式

室内配电系统由配电装置和配电线路组成，常用的配电方式有以下几种形式。

（1）放射式

其优点是各个负荷独立受电、供电，可靠性较高，故障时影响面较小，如图 5-1 所示。但系统灵活性较差，有色金属消耗较多，投资也较大。此种形式适用于以下情况：
① 容量大、负荷集中或重要的用电设备；
② 需要联锁启动、停车的设备；
③ 有腐蚀性介质和爆炸危险等场所，不宜将配电及保护启动设备放在现场者。

（2）树干式

树干式的特点是配电设备有色金属的消耗较少，系统灵活性好；但干线故障时影响范围大。在正常环境的室内配电，宜首先考虑采用这种配电方式。如图 5-2 所示。

（3）混合式

混合式的特点介于放射式和树干式两者之间，如图 5-3 所示。大多数情况下，大的系统一般都采用树干式与放射式混合的配电方式。

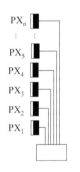
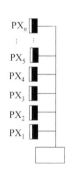
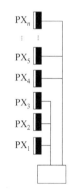

图 5-1　放射式低压配电系统图　　图 5-2　树干式低压配电系统图　　图 5-3　混合式低压配电系统图

5.1.3 室内配电系统的形式和构成原则

5.1.3.1 室内配电系统的形式

室内配电系统也可以称作低压配电系统，有按带电导体和系统接地形式两种分类。

所谓带电导体是指正常通过工作电流的相线和中性线，带电导体系统的形式宜采用三相四线制、三相三线制、两相三线制、单相两线制。如图 5-4 所示。

按系统接地形式分，是指系统中性点接地的形式，即中性点不接地、中性点接地和中性点经阻抗或消弧线圈接地。

5.1.3.2 室内配电系统的构成原则

（1）低压电力配电系统的构成

主要应考虑以下几种情况。

① 低压配电电压应采用 220V/380V，配电系统的形式宜采用单相二线制、两相三线制和三相四线制。

② 当大部分用电设备为中、小容量且无特殊要求时，在正常环境的车间或建筑物内，宜采用树干式配电。

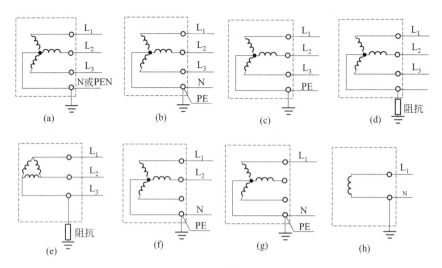

图 5-4 带电导体系统的形式

(a),(b)—三相四线制;(c),(d),(e)—三相三线制;
(f)—两相三线制;(g),(h)—单相二线制

③ 当用电设备容量大,或负荷性质重要,或在有潮湿、腐蚀性环境的车间、建筑内,宜采用放射式配电。

④ 单相用电设备的配置应力求三相平衡。

⑤ 需要备用电源的车间或建筑,可与邻近的车间或建筑设低压联络线。

⑥ 建筑物内安全保障用电设备较多时,应设应急负荷母线段,并有可靠电源支持。

(2) 低压照明配电系统的构成

主要应考虑下述各种情况。

① 正常照明电源宜与电力负荷合用变压器。但当有较大冲击性电力负荷,而不能保证照明电源与电压质量时,则宜单独设置。

② 特别重要的照明负荷,宜在负荷末端配电盘采用自动切换电源的方式;还可采用由两个专用回路各带约50%照明灯具的配电方式。

③ 照明系统中的每一个单相回路的电流不宜超过16A,灯具数量不宜超过25个。大型建筑组合灯具每一单相回路电流不宜超过25A,光源数不宜超过60个。建筑物轮廓灯每一单相回路不宜超过100个。

④ 插座宜由单独的回路配电,并且一个房间内的插座宜由同一回路配电。备用、疏散照明的回路上不应设置插座。

5.1.4 高层建筑的供配电系统

高层建筑和多层建筑的室内配电系统有以下不同之处:

① 电力负荷中增加了电梯、水泵等动力负荷,提高了建筑物的供电负荷等级;

② 由于设置了消防设备(如消防电梯、水泵及疏散照明等),增加了一系列的消防报警及控制的要求。

5.1.4.1 电力负荷的水平及负荷等级

高层建筑的面积很大,居民多,所以对照于多层建筑应相应地提高负荷的等级。

① 高层普通住宅的客梯、生活水泵电力、楼梯照明为二级负荷。

② 高层普通住宅的消防用电梯及消防用电设备为一级负荷。

③ 高层住宅19层及以上的普通住宅为一类防火等级建筑,10~18层的普通住宅为二类

防火等级建筑。

④ 一类建筑的消防用电按一级负荷要求供电；二类建筑的消防用电按二级负荷要求供电。

消防用电包括：消防控制室、消防水泵、消防电梯、防排烟设施、火灾自动报警、自动灭火装置、火灾应急照明和电动防火门窗、卷帘、阀门等。

5.1.4.2 供电电源

高层建筑的供电电源除了必须满足建筑的功能要求和维护管理条件外，往往取决于消防设备的设置、建筑的防火分区以及各项消防技术要求。

一级负荷应采用两个独立电源供电。这两个独立电源可取自城市电网，当发生一种故障且主保护装置失灵时，仍有一个电源不中断供电；在大型的保护完善和运行可靠的城市电网条件下，这两个独立电源的源端应至少是 35kV 及以上枢纽变电所的两段母线。这两个独立电源还可以一个取自城市电网，另一个取自备用电源。

二级负荷应有两个电源供电。

5.1.4.3 配电方式

高层建筑配电方式主要有放射式、树干式和混合式三种，而大多数采用混合式分区配电方式。

（1）照明配电

为了能够在故障停电时，或在火灾或其他特殊情况时，可以将楼层分段停电，在配电设计时，将高层住宅的照明干线分段供电是最适宜的。

以一高层塔楼为例，高度 18 层、每层 8 户，每户用电设备功率为 24kW。可以按六段供电、每段三层，即相当于每相供一层，事故照明干线与正常照明干线平行引出，也按干线分段供电，但供电源端在紧急情况下可经自动切换开关与备用电源或备用发电机组相接。

（2）动力配电

① 对于高层建筑中容量较大，有单独控制要求的负荷，如冷冻机组等，宜由专用变压器的低压母线以放射式配电方式直接供电。

② 空调动力、厨房动力、电动卷帘门等一般动力由专用动力变压器供电，在由低压母线按不同种类负荷以放射式引出若干条干线，分段进行配电。

③ 消防泵、消防电梯等消防动力负荷采用放射式供电。并且应有两路电源供电，一条工作电源，另一条为备用电源。在末端采用备用电源自动投入装置，在紧急情况下，可以经切换开关自动投入备用源。

5.2 室内供配电系统的保护装置及选择

高层建筑的供配电系统线路繁多、复杂，因此存在着发生各种故障的可能，为了保证供电首端发生故障时，能及时切除故障线路避免故障范围的扩大，供配电系统中需装设保护装置。

5.2.1 用电设备及配电线路的保护

高层建筑按其用途不同，分为住宅、商服、办公楼、医院等。因此，建筑用电也可以分为多种不同的用途。这些用电设备按其使用电能的形式，可归纳为照明、电热器、电动机、小型变压器等。根据形式的不同要分别采取不同的保护措施。

（1）照明设备的保护

照明设备需要保护的是其中的灯具、插座、开关及其连接导线，由于这些元件数量较多，但价值不高，通常不对每个元件进行单独保护。照明支路的保护一般采用熔断器或空气断路器。目前，大多数的建筑都采用空气断路器（俗称空气开关）。一些重要照明支路还加有漏电保护装置。

民用建筑的许多小型用电设备，通常用插头连接在照明插座支路上，需要照明支路的保护作为它们的主保护或后备保护。因此，在住宅中照明与插座混合的支路或单独的插座回路的保护装置，必须考虑到能够保护插在其上的用电设备，所以其保护电路的额定电流一般不大于10A。

（2）动力设备的保护

民用建筑中，常有的动力设备主要为电动机，其中包括炊事设备、医疗设备，还有消防用的设备等。虽然多数设备带有操作开关和保护装置，但在设计时，还需装设保护装置。一般动力设备的保护遵循以下规则。

① 所有电动机均应装设短路保护，总计算电流不超过10A时，可共用一套保护装置。
② 长时间无人监视的容量在3kW以上的电动机或容易过负荷的电动机，应装设过负荷保护。
③ 3kW以下的笼型电动机，允许采用封闭型开关与保护。
④ 不频繁启动的电动机，可采用电动机保护用空气断路器。
⑤ 3kW及以下的电动机装有过负荷保护时，可不装设断相保护。
⑥ 10kW及以下的电动机，如条件允许自启动时，可不装设低电压保护。

（3）配电线路的保护

配电线路保护的一般规定如下。

① 配电线路应装设短路保护、过负载保护和接地故障保护，作用于切断供电电源或发出报警信号。
② 配电线路采用的上下级保护电器，其动作应具有选择性，各级之间应能协调配合。但对于非重要负荷的保护电器，可采用无选择性切断。
③ 对电动机、电焊机等用电设备的配电线路的保护，除应符合本章要求外，尚应符合现行国家标准《通用用电设备配电设计规范》（GB 50055—2011）的规定。

5.2.2 短路保护

短路故障是电力系统中最常见，也是危害最大的一种故障。配电线路的短路保护，应在短路电流对导体和连接件产生的热作用和机械作用造成危害之前切断短路电流。

当保护电器为符合《低压开关设备和控制设备 第2部分：断路器》（GB14048.2—2008）的低压断路器时，短路电流不应小于低压断路器瞬时或短延时过电流脱扣器整定电流的1.3倍。

在线芯截面减小处、分支处或导体类型、敷设方式或环境条件改变后载流量减小处的线路，当越级切断电路不引起故障线路以外的一、二级负荷的供电中断，且符合下列情况之一时，可不装设短路保护。

① 配电线路被前段线路短路保护电器有效的保护，且此线路和其过负载保护电器能承受通过的短路能量。
② 配电线路电源侧装有额定电流为20A及以下的保护电器。
③ 架空配电线路的电源侧装有短路保护电器。

5.2.3 过负载保护

配电线路的过负载保护，应在过负载电流引起的导体温升对导体的绝缘、接头、端子或导体周围的物质造成损害前切断负载电流。

下列配电线路可不装设过负载保护。

① 已由电源侧的过负载保护电器有效地保护。

② 不可能过负载的线路。

过负载保护电器宜采用反时限特性的保护电器，其分断能力可低于电器安装处的短路电流值，但应能承受通过的短路能量。

过负载保护电器的动作特性应同时满足下列条件：

$$I_B \leqslant I_n \leqslant I_Z \tag{5-1}$$
$$I_2 \leqslant 1.45 I_Z$$

式中，I_B 为线路计算负载电流，A；I_n 为熔断器熔体额定电流或断路器额定电流或整定电流，A；I_Z 为导体允许持续载流量，A；I_2 为保证保护电器可靠动作的电流，A（当保护电器为低压断路器时，I_2 为约定时间内的约定动作电流；当为熔断器时，I_2 为约定时间内的约定熔断电流）。

5.2.4 接地故障保护

接地故障保护的设置应能防止人身间接电击以及电气火灾、线路损坏等事故。接地故障保护电器的选择应根据配电系统的接地形式，移动式、手握式或固定式电气设备的区别，以及导体截面等因素经技术经济比较确定。

采用接地故障保护时，在建筑物内应将下列导电体作总等电位连接：

① PE、PEN 干线；

② 电气装置接地极的接地干线；

③ 建筑物内的水管、煤气管、采暖和空调管道等金属管道；

④ 条件许可的建筑物金属构件等导电体。

上述导电体宜在进入建筑物处接向总等电位连接端子。等电位连接中金属管道连接处应可靠地连通导电。

(1) TN 系统的接地故障保护

TN 系统配电线路应采用下列的接地故障保护：

① 当过电流保护能满足要求时，宜采用过电流保护兼作接地故障保护。

② 在三相四线制配电线路中，当过电流保护不能满足规范要求且零序电流保护能满足时，宜采用零序电流保护，此时保护整定值应大于配电线路最大不平衡电流。

③ 当上述①、②的保护不能满足要求时，应采用漏电电流动作保护。

(2) TT 系统的接地故障保护

TT 系统配电线路内由同一接地故障保护电器保护的外露可导电部分，应用 PE 线连接至共用的接地极上。当有多级保护时，各级宜有各自的接地极。

(3) IT 系统的接地故障保护

① IT 系统的外露可导电部分可用共同的接地极接地，也可个别地或成组地用单独的接地极接地。

当外露可导电部分为单独接地，发生第二次异相接地故障时，故障回路的切断应符合 TT 系统接地故障保护的要求。

② 当外露可导电部分为共同接地，发生第二次异相接地故障时，故障回路的切断应符合 TN 系统接地故障保护的要求。

③ IT 系统的配电线路，当发生第二次异相接地故障时，应由过电流保护电器或漏电电流动作保护器切断故障电路。

5.2.5 低压熔断器的选择

低压熔断器主要用于保护供电线路和电气设备，使之不被短路过负载时所损坏。低压断路器具有结构简单、使用方便、分断能力高、价格低廉等特点。但同时它又具有保护方式简单、选择性差、只能一次性使用等缺点。

熔断器选择时应遵循以下几点要求。

① 熔断器的保护特性要同保护对象的过载能力相匹配，使保护对象在全范围内得到保护。因此，其额定电流选择如下。

a. 对于一般输配电线路，熔体的额定电流应稍大于或等于线路的额定电流。

b. 对于动力负载，因其启动电流大，故选择时应按下式计算单台电动机。

$$I_R = aI_N \tag{5-2}$$

式中，I_R 为熔体的额定电流，A；I_N 为电动机的额定电流，A；a 为系数，在 1.5～2.5 之间。

多台电动机，考虑到不是同时启动，按下式计算：

$$I_R = aI_{Nmax} + \sum I_{N-1} \tag{5-3}$$

式中，I_{Nmax} 为最大一台电动机的额定电流；$\sum I_{N-1}$ 为其余电动机额定电流的总和。

② 为了防止发生越级熔断，扩大停电事故范围，各级熔断器之间应有良好的协调配合，使下一级熔断器比上一级的先熔断。在设计时，一般要求前级熔体额定电流要比后级的大2～3倍。

③ 熔断器的额定电压应根据其所在电网的额定电压确定。

5.2.6 低压空气断路器的选择

（1）概述

低压空气断路器又称低压空气开关。用于配电线路和电气设备的过载、欠压、失压和短路保护。在 IEC50（441）国际电工词汇中，对断路器作了明确的定义：断路器是能接通、承载以及分断正常电路条件下的电流，也能在规定的时间内接通、承载以及分断非正常电路条件下的过负荷电流或短路的开关电器。

低压断路器按结构分为万能式断路器和塑料外壳式断路器两大类。其中常用的型号有：DW15、DWX15；DZ15、DZX15、DZ15L、DZ6、DZ12、DZ13等。还有引进的新型 S_{060} 系列断路器，分别用于照明保护和动力保护。

空气断路器根据其用途不同，大致可以分为配电用断路器和电动机保护用断路器。

配电用断路器主要用在配电线路中以分配电能，并对配电线路中的电线电缆和变压器等提供保护。因此配电用断路器的额定电流较大，短路分断能力较高，保护特性较"迟钝"。作为主开关的配电用断路器，其过载脱扣特性是以电线电缆和变压器的容许过载特性为依据。配电用断路器的机械寿命和电寿命方面要求不高。

电动机保护用断路器用于非频繁地启动和保护的电动机。其额定电流较小（630A及以下）。短路分断能力要求高些，它的过载保护特性以电动机的允许过载特性为依据。

（2）主要技术参数

断路器的主要技术参数有以下几个：

① 额定工作电压 U_N；

② 壳架等级额定电流 I_{mN} 和额定工作电流 I_N；

③ 额定短路通断能力和一次极限通断能力；

④ 保护特性和动作时间；

⑤ 电寿命和机械寿命；

⑥ 热稳定性和电动稳定性。

（3）容量选择

空气断路器的容量选择应包括以下三个方面。

① 选择空气断路器的额定电流，即主触头长期允许通过的电流，按电路的工作电流选择。

② 选择脱扣器的电流，即脱扣器不动作时，长期允许通过电流的最大值。也是按电路的工作电流去选择。

③ 选择脱扣器的瞬时动作整定电流或整定倍数，即脱扣器不动作时，瞬时允许通过的最大电流值。应考虑电路可能出现的最大尖峰电流。一般选择方法如下。

当用空气断路器控制单台电动机，按电动机的启动电流乘以系数选择，即

$$I_Z = KI_Q \tag{5-4}$$

式中，I_Z 为脱扣器的瞬时动作整定电流，A；I_Q 为电动机的启动电流，A；K 为系数，DW 型断路器取 1.35；DZ 型断路器取 21.7。

当用空气断路器控制配电干线时：

$$I_Z \geq 1.3(I_{mq} + \sum I) \tag{5-5}$$

式中，I_{mq} 为配电回路中最大电动机的启动电流，A；$\sum I$ 为配电回路中其余负载的工作电流之和，A。脱扣器的瞬间动作整定电流选定后，还要进行校验，看是否能够满足灵敏度的要求。

5.3 低压配电箱

低压配电系统由低压配电装置（配电盘或配电箱）及配电线路（干线及分支线）组成。从低压电源引入的总配电装置（第一级配电点）开始，至末端照明支路配电箱（盘）为止，配电级数一般不宜多于三级，每一级配电线路的长度不大于 30m。如从变电所的低压配电装置算起，则配电级数一般不多于四级，总配电线路的长度一般不宜超过 200m，每路干线的负荷计算电流一般不宜大于 200A。各级配电点均应设置配电箱（盘），以便将电能按要求分配于各个用电线路。

电力配电箱、照明配电箱、各种计量箱和控制箱在民用建筑中用量很大。它们是按照供电线路负荷的要求，将各种低压电器设备构成一个整体，它们属于小型成套电气设备。按结构分，配电箱分为板式、箱式和落地式。配电箱还可以分为户外式和户内式。

各种配电箱内都设有配电盘，而且一般还装有刀闸开关和熔断器，有的还有电度表，这些元件依一定的次序均匀地排列在盘面上。目前国内生产的照明配电箱和动力配电箱还分为标准式和非标准式，其中标准式已成为定型产品，有许多厂家生产这种设备。

5.3.1 标准电力配电箱

标准电力配电箱是按实际使用需要，根据国家有关规范和标准，进行统一设计的全国通用的定型产品。普遍采用的电力配电箱主要有 XL（F）—14、XL（F）—15、XK（R）—20、XL—21 等型号。其型号的含义如下：

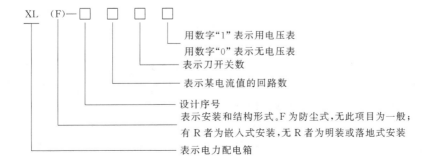

XL（F）—14、XL（F）—15 型配电箱内部主要有刀开关、熔断器等。刀开关额定电流一般为 400A，适用于交流 500V 以下的三相系统应用。其外形如图 5-5 所示。

XK（R）—20 型采用挂墙安装；XL—21 型除装有断路器外，还装有接触器、磁力启动器、热断电器等，箱门上还可装操作按钮和指示灯。其一次线路方案灵活多样，采用落地式靠墙安装，适合于各种类型的低压用电设备的配电。

动力负荷的性质好多种，动力负荷的分布可能分散，也可能集中。因此，动力负荷的配电系统需按电价、使用性质归类，按容量和方位分路。对集中负荷采用放射式配电干线，对分散负荷采取树干式配电，依次连接各个动力负荷配电箱。

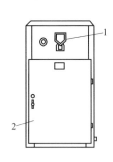

图 5-5　XL(F)—14、XL(F)—15 型电力配电箱外形
1—操作手柄；2—箱门

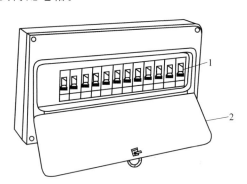

图 5-6　普通照明配电箱外形
1—开关手柄；2—箱门

5.3.2　标准照明配电箱

照明配电箱一般有挂墙式和嵌入式两种，普通照明配电箱外形如图 5-6 所示。

标准照明配电箱也是按国家标准设计的全国通用的定型产品。通常采用的有 XM—4 和 XM（R）—7 等型号。型号含义如下：

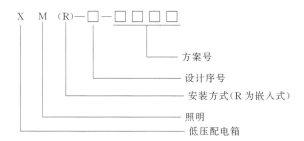

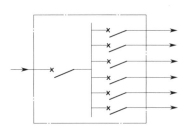

图 5-7　照明配电箱系统示意图

照明配电箱的系统如图 5-7 所示。由此系统图看出，照明配电箱内元件分为线路，包括干线的引入引出、支路线的引出以及干线与支路开关间的连接线等；电器部分包括控制和支路用的刀开关或断路器、熔断器，有的还装有电度表、漏电保护开关等。

XM—4 型照明配电箱适用于交流 380V 及以下的三相四线制系统中，用作非频繁操作的照明配电，具有过载和短路保护功能。

XM（R）—7 型照明配电箱适用于一般工厂、机关、学校和医院。用来控制 380V/220V 及以下电压具有接地中性线的交流照明回路。

照明配电系统的特点是按建筑物的布局形式选择若干配电点。一般情况下，在建筑物的每个沉降或伸缩区内设1~2个配电点，其位置应使照明支路线的长度不超过40m，如条件允许最好将配电点选在负荷中心。

建筑物内，一般在电源引入的首层设总配电箱或配电室。箱内设有能切断整个建筑照明供电的总开关，作为紧急事故或维护干线时切断总电源用。

建筑物的每个配电点均设置分配电箱，箱内设照明支路开关及能切断各个支路电源的总开关，作为紧急事故拉闸或维护支路开关时断开电源之用。

当有事故照明时，需与一般照明的配电分开，另按消防要求自成系统。

5.3.3 总配电装置

照明和动力总配电装置包括低压电源的受电部分及配电干线的控制和保护部分。当负载容量较小时，采用配电箱或配电板。负载容量较大时，总配电箱应采用落地式配电箱或配电柜，安装在专用的配电室内。

总配电装置的受电部分一般由电能表、电源指示灯及总开关组成。大型装置通常采用电压表替换电源指示灯，并装设电流表监视负荷情况。总配电装置的配电干线控制与保护部分一般采用空气断路器，当回路负荷很大时宜设监视负荷的电流表。

5.3.4 配电箱选择与布置

（1）配电箱的选择

选择配电箱主要考虑以下几个方面。

① 根据负荷性质和用途确定配电箱的种类，如是照明配电箱还是电力配电箱或计量箱等。

② 根据控制对象负荷电流的大小、电压等级以及保护要求，确定配电箱内主回路和各支路的开关电器，保护电器的容量和电压等级。

③ 应从使用环境和使用场合的要求选择配电箱的结构形式，如确定是明装式还是暗装式，以及外观颜色，防潮、防火等要求。

在选择各种配电箱时，一般应尽量注意选用通用的标准配电箱，以利于设计和施工。但当建筑设计需要时，也可根据设计要求向生产厂家要货，让厂家加工非标准配电箱。

（2）配电箱的布置原则

布置配电箱应考虑以下几个方面：

① 尽可能靠近负荷中心；

② 配电箱应设在进出线方便的地方；

③ 配电箱应设在便于操作和检修的地方，最好设在专用的配电室内；

④ 配电箱的布置应考虑到供电系统对环境的要求，还要考虑到与建筑物外观的协调。

5.3.5 新型配电箱和非标准配电箱

近年来，随着城乡建设的发展，特别是民用建筑的发展，对成套电气设备的需求量大大增加，对产品性能的要求也越来越高，产生出品种繁多的新型配电箱、插座箱和计算器等低压成套电器设备。如$X_RM—23X$系列照相配电箱、$X_RZ—24X$系列插座箱及$X_RC—31X$系列计算箱等，在现代化建设中得到广泛应用。

所谓非标准配电箱，是指那些箱体尺寸和结构等均未按国家规定的通用标准进行设计的非定型产品，是设计人员根据不同需要进行设计的。有些常用的非标准配电箱也有规定的型号，常用型号的含义如下：

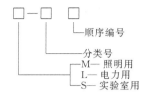

5.4 照明技术概述

照明是建筑设计的重要组成部分，理解光与建筑的相互作用，是照明设计不可缺少的一面。照明设计不仅要考虑照度水平、灯具布置，还要考虑视觉环境，重视照明效果。可以说，"光是建筑三维创作之外的另一个广阔天地。"

工厂企业照明分自然照明和人工照明两类。这里介绍人工照明的有关问题。电气照明是人工照明中应用范围最广的一种照明方式，因此电气照明的设计是工厂供配电系统设计的组成部分。照明设计是否合理，将对安全生产、保证产品质量、提高劳动生产率和营造舒适的劳动环境等方面有很大的影响。所以应重视电气照明的设计。

5.4.1 照明技术的有关概念

照明计量单位的国际单位制有基本单位和导出单位。光学计量基本单位为光强 I（坎[德拉] cd）；导出单位有光通量 φ（流[明]，lm）；照度 E（勒[克斯]，lx）；亮度 L（坎[德拉]/米^2，cd/m^2）等。

(1) 光通量（ϕ）

光源在单位时间内，向周围空间辐射出的使人眼产生光感的辐射能，称为光通量。

电光源发出的光通量（流明数）除以其消耗的电功率（瓦特数），称为电光源的光效。它是评价电光源用电效率最主要的技术参数。光源的单位用电所发出的光通量越大，则其转换成光能的效率越高，即光效越高。光通量是光流的时间速度概念，即光量在单位时间内的流速。

光通量的符号为 ϕ，其单位为 lm（流明）。用 SI 国际单位表示的表达式为：lm＝cd·sr

(2) 光强（I）

为表示光源发光的强弱程度，把光源向周围空间某一方向单位立体角内辐射的光通量，即光源在给定方向的辐射强度，称为发光强度，简称"光强"。对于向各个方向均匀辐射光通量的光源，其各个方向的发光强度相同。光强本身是在一个给定方向上，立体角内光通量密度，用公式表示为

$$I = \frac{\phi}{\omega} \tag{5-6}$$

式中，I 为光强，cd，也称烛光；ϕ 为光源在立体角内所辐射出的总光通量，lm；ω 为光源发光范围的立体角 sr，即

$$\omega = \frac{S}{r^2}$$

其中，r 为球的半径，S 是与立体角 ω 相对应的球表面积。

(3) 照度（E）

照度用来表示被照面上光的强弱，以入射光通量的面密度表示，即被照物体表面单位面积投射的光通量，称为"照度"。照度的符号为 E，其单位为 lx（勒[克斯]）。当光通量均匀地照射到某平面 S 上时，该平面上的照度为

$$E = \frac{\phi}{S} \tag{5-7}$$

式中，E 为照度，lx；ϕ 为均匀投射到物体表面的光通量，lm；S 为受照物体表面积，m^2。

(4) 亮度（L）

亮度是表征发光体表面光亮程度的物理量，是指发光体的光强与从观察方向"看到"的光源面积之比，这表明亮度具有反方向性。人眼对明暗的感觉不是直接决定于受照物体（间接发光体）的照度，而是决定于物件在眼睛视网膜上形成的像的照度。所以，亮度的含义可理解为发光体在视线方向单位投影面上的发光强度。

$$L = \frac{I_a}{S_a} = \frac{I \cos\alpha}{I \cos\alpha} \frac{I}{S} \tag{5-8}$$

式中，L 为亮度，cd/m^2；I 为光强，cd；S 为受照物体表面积，m^2。

从式（5-8）看出，实际上发光体的亮度光源及灯具值与视线方向无关。

光度基本单位可形象地用图 5-8 表示。

5.4.2 电光源和灯具

照明的效果取决于光源和灯具的选择，光源和灯具的正确选择是照明工程设计中的重要环节。

5.4.2.1 常用电光源的类型及其选择

电光源是将电能转换为光能的器具，俗称"灯泡"。电光源按其发光原理分，有热辐射光源、气体放电光源两大类。

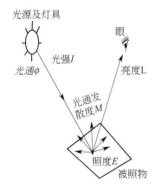

图 5-8 光学计量基本单位说明

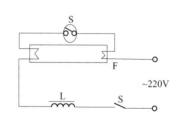

图 5-9 荧光灯的接线

热辐射光源是利用物体加热时辐射发光的原理所制成的光源，如荧光灯、高压汞灯、高压钠灯、金属卤化物灯和氙灯等。

(1) 白炽灯

是利用最早、最多的一种电光源。其显色性好、光谱连续，更主要的是其结构简单、价格低廉、使用方便，因此应用极为广泛。但是其发光效率比较低，使用寿命比较短，且耐振性比较差。随着科技的发展，白炽灯出现了一些换代产品，如涂白白炽灯、氪气白炽灯和红外反射膜白炽灯。

(2) 卤钨灯

是在灯泡内含有一定比例卤化物（碘、溴等）的一种改进型白炽灯，利用"卤钨循环"原理来提高灯的发光效率和使用寿命。普通的白炽灯在使用过程中，由于从灯丝蒸发出来的钨沉积在灯泡内壁上，导致玻璃壳体发黑。而卤钨灯，由于存在卤钨循环，使得钨沉积在灯丝上，玻璃壳体不发黑，使发光效率提高，且使灯丝损耗极少，从而延长使用寿命。

(3) 荧光灯

是利用汞蒸气在外加电压作用下产生弧度放电,产生紫外线,紫外线激发涂在灯管内壁上的荧光粉,从而转化为可见光的电光源。荧光灯的发光效率比白炽灯高得多,使用寿命也比白炽灯长。

荧光灯的接线如图 5-9 所示。图中 S 是启辉器,它有两个电极,当荧光灯接上电压后,启辉器首先辉光放电,使两极短接,从而使电流流过灯丝。灯丝加热后,发射电子,并使管内的少量汞气化。图中 L 是镇流器,它实际上是一个铁芯电感线圈,主要用来维持灯管稳定电流。

荧光灯工作时,其灯光会随电压周期性变化而产生闪烁,这就是"频闪效应"。因此,在有旋转机械的车间里不宜使用荧光灯。

(4) 高压汞灯

是利用汞放电时产生的高气压获得可见光的电光源,在发光管的内部充有汞和氩气,又称"高压水银荧光灯"。高压汞灯的光效高,寿命长;但启动时间较长,显色性较差。

(5) 高压钠灯

是利用高压钠热蒸气放电发光的光电源。它在发光管内除充有适量的汞和氩气或氙气外,还加入过量的钠。其发出的光呈淡黄色,呈色性较差,但其光效比高压汞灯高,而且使用的寿命长。

(6) 金属卤化物灯

其发光原理是灯管内充人金属卤化物及金属汞。由于汞较金属卤化物易于蒸发,所以接入电压后,汞蒸发使灯启燃,启燃后,金属卤化物被蒸发,转化为金属原子辐射发光。

应用的金属卤化物灯主要有三种:

① 充人钠、铊、铟碘化物的钠铊铟灯;

② 充入镝、铊、铟碘化物的镝灯;

③ 充入钠、钪、铟碘化物的钪钠灯。

金属卤化物灯比高压汞灯的发光效率高得多,显色性也比较好,使用寿命也比较长。可以用在要求显色性比较好的场所。

(7) 氙灯

氙灯是一种充氙气的高功率气体电光源。氙灯的光色接近天然日光,显色性好,适用于需正确辨色的场所作工作照明。又由于其功率大,可用于广场、车站、码头、机场、大型车间等大面积场所的照明。

常用电光源的适用场所见表 5-1。

表 5-1 各种光源的适用场所

光源名称	适用场所	示例
白炽灯	(1)要求照度不高的生产厂房、仓库 (2)局部照相,事故照明 (3)要求频闪效应小的场所,开关频率的地方 (4)需要避免气体的电灯对无线电设备或测试设备产生干扰的场所 (5)需要调光的场所	如汽机房、锅炉房、配电室、机械加工车间、修理间、厂区道路及其他场所等
卤钨灯	(1)照度要求较高,显色性要求较高,且无震动的场所 (2)要求频闪效应小的场所 (3)需要调光的场所	如汽机房、锅炉房、检修间、装配车间、精密机械加工车间及礼堂等

续表

光源名称	适用场所	示例
荧光灯	(1) 悬挂高度较低，又需要较高照度的场所 (2) 需要正确识别色彩的场所	如主控制室、单元控制室、计算机房、计量仪表间、修理间、设计室、阅览室、办公室等
混光灯	照度要求高，对光色有要求且悬挂较高的场所	汽机房、锅炉房、机械加工车间及厂区道路等
管形氙灯	宜用于要求照明条件好的大面积场所，或在短时间需要光照明的地方。一般悬挂高度在 20cm 以上	露天储煤场、屋外装置喷水池及大型广场、施工场地等
金属卤化物灯	厂房高，要求照度较高、光色较好的场所	汽机房、电焊车间、机械加工车间等

5.4.2.2 工程常用电光源类型的选择

工厂照明的电光源，按 GB 50034—2013《建筑照明设计标准》规定，在选择时应遵循下列原则。

(1) 按使用环境条件选择

在按环境条件选择照明器的类型时，需注意温度、湿度、振动、污秽、腐蚀等情况。

① 在正常温度条件下，一般选用开启式照明器。

② 在潮湿或特别潮湿的场所，应选用密闭型防水防尘照明器或配有防水灯头的开启式照明器。

③ 含有大量尘埃，但无爆炸危险和火灾危险的场所，一般选用防尘照明器。

④ 在有爆炸危险和火灾危险的场所，应按危险场所的等级选用相应的照明器。

⑤ 在振动较大的场所，一般选用防振型照明器。

⑥ 有酸碱腐蚀性的场所，一般选用耐酸碱型照明器。

⑦ 照明器的外观应与建筑物的风格和标准相协调。

(2) 按光强特性选择

① 照明器安装高度在 6~15m 时，一般选用集中配光的直射照明器（如窄配光深照型等），高度在 15~30m 时，一般选用高光强照明器。

② 照明器安装高度在 6m 及以下时，一般选用宽配光深照型照明器或余弦配光的照明器（如配照型）。

③ 当照明器上方有需要观察的对象时，一般选用上半球有光通分布的漫射型照明器（如乳白色玻璃圆球罩灯）。

④ 屋外大面积工作场所，一般选用投光灯、长弧氙灯及其他高光强照明器。

5.4.3 电气照明的照度计算

(1) 电气照明的照度标准

在工作过程中，操作人员的工作效率、产品质量都与工作场所的照明条件有着较大关系。在国家制定的《建筑照明设计标准》中，对各种工作场所的照度标准都做了规定，表 5-2 及表 5-3 给出了部分生产车间工作面上以及生活场所的照度标准，供查阅。

表 5-2 部分生产车间工作面上的最低照度值

车间名称及工作内容	工作面上的最低照度/lx			车间名称及工作内容	工作面上的最低照度/lx		
	混合照明	混合照明中的一般照明	单独使用一般照明		混合照明	混合照明中的一般照明	单独使用一般照明
机械加工车间： 　一般加工 　精密加工	500 1000	30 75	— —	铸工车间： 　熔化、浇铸 　造型	— —	— —	30 50

续表

车间名称及工作内容	工作面上的最低照度/lx			车间名称及工作内容	工作面上的最低照度/lx		
	混合照明	混合照明中的一般照明	单独使用一般照明		混合照明	混合照明中的一般照明	单独使用一般照明
机械装配车间：				木工车间：			
大件装配	500	30	—	机床区	300	30	—
精密小件装配	1000	75	—	木模区	300	30	—
焊接车间：				电修车间：			
弧焊、接触焊	—	—	50	一般	300	30	—
一般	—	—	75	精密	500	50	—

表 5-3 部分生产和生活场所的最低照度值

场所名称	单独一般照明工作面上的最低照度/lx	工作面离地高度/m	场所名称	单独一般照明工作面上的最低照度/lx	工作面离地高度/m
高低压配电室	30	0	工具室	30	0.8
变压器室	20	0	阅览室	75	0.8
一般控制室	75	0.8	办公室、会议室	50	0.8
主控制室	150	0.8	宿舍、食堂	30	0.8
试验室	100	0.8	主要道路	0.5	0.2
设计室	100	0.8	次要道路	0.2	0.2

(2) 照度的计算

当光源、灯具形式、功率、布置方式等确定后，尚需计算各工作面的照度，并检验其是否满足该场所的照度标准。

这里仅对应用最广的照度计算方法——利用系数法作一介绍。

所谓利用系数，是指投射到计算工作面的光通量与房间内光源发出的总光通量之比，并用 u 表示，即

$$u = \frac{\phi_j}{N\phi} \tag{5-9}$$

式中，ϕ_j 为投射到计算工作面上的光通量；N 为照明器数量；ϕ 为每支照明器的光通量。

利用系数法考虑了墙、天棚、地面之间光通量多次反射的影响，也就是投射到工作面的光通量，包括直射和反射到工作面的总光通量。

利用系数法是由利用系数来计算工作面上平均照度的一种方法，它适用于均匀白炽灯、荧光灯、荧光发光带等场所的照度计算。下面介绍平均照度计算。

当房间面积（长、宽）、计算高度、灯型及光源光通量为已知时，可按下式计算平均照度：

$$E_{\text{av}} = \frac{uN}{KZS} \tag{5-10}$$

$$Z = \frac{E_{\text{av}}}{E_{\min}} \tag{5-11}$$

式中，E_{av} 为平均照度，lx；u 为利用系数，查有关照明器技术数据；$E_{\min}$ 为最低照度，lx；S 为房间面积，m²；N 为照明器数量；K 为照度补偿系数（照明器使用期间，由于光源光通量的衰减、照明器和房间表面的污染，会使照度降低，因此在照度计算时应考虑照度补偿系数 K，其数值见表 5-4）；Z 为最小照度系数（其数值见表 5-5）。

第 5 章 室内供配电系统实用技术与电气照明

表 5-4 照度补偿系数

环境污染特征	K 值	
	白炽灯、荧光灯、高强度放电灯	卤钨灯
清洁	1.3	1.2
一般	1.4	1.3
污染严重	1.5	1.4
室外	1.4	1.3

表 5-5 最小照度系数 Z

环境污染特征	K 值	
	白炽灯、荧光灯、高强度放电灯	卤钨灯
清洁	1.3	1.2
一般	1.4	1.3
污染严重	1.5	1.4
室外	1.4	1.3

如当工作面位于最低照度的部位（距墙边 0.5~1.0m）处时，可采用调整照明器的布置或增装壁灯的办法来提高工作面上的照度值。

(3) 最小照度计算

在规程上规定的最小照度并非平均照度，两者之间的关系，用最小照度系数 Z 表示，由 (5-11) 式得：

$$E_{\min} = \frac{uN\phi}{K_j ZS} \tag{5-12}$$

当照明装置的 u、Z 等已知时，为保证工作面一定照度（不小于 $E_{\min}$。）所需的光通量或每个灯泡的光通量，可由下式计算：

$$\phi = \frac{E_{\min} KZS}{uN} \tag{5-13}$$

式中，$E_{\min}$ 为标准照度最小值；Z 为最小照度系数，可查表 5-5。

例 5-1 某厂房尺寸为 7m×8m，装有 4 个 150W 广照型照明器，每只光通量为 1800lm，利用系数 $u=0.6$，照度补偿系数 $K=1.3$，照明器装于 5m×6m 的正方形顶角处，悬挂高度为 $H=3.8$m。试计算水平工作面上平均照度。

解：(1) $N=4$，$\phi=1800$lm，所以工作面平均照度

$$E_{av} = \frac{uN\phi}{KS} = 59.34(\text{lx})$$

(2) 查表得 $Z=1.3$，工作面最小照度为

$$E_{\min} = \frac{E_{av}}{Z} = 45.69(\text{lx})$$

工程上为了提高计算的速度，常采用查概算曲线计算法。即利用已作好的照明器的概算曲线（假设被照面上的平均照度为 100lx 时，房间面积与所用照明器数量关系曲线）。

应用概算曲线要有下列几个条件：灯具的类型、光源种类及容量；照明器离工作面的高度；房间面积以及房间的顶棚、墙壁、地面的反射系数。不同的照明器有不同的概算曲线。

5.4.4 照明配电

照明配电系统是工厂企业供配电系统的一部分。当照明器的形式、功率、数量及布置方式确定以后，并经照度计算满足照明标准时，应进一步进行照明网络设计。它包括供电电压的选择、工作照明和事故照明供电方式的确定、照明负荷计算及导线截面选择等项工作。

5.4.4.1 供电电压

① 普通照明一般采用额定电压 220V，由 380V/220V 三相四线制系统供电。

② 在触电危险性较大场所，所采用的局部照明应采用36V及以下的安全电压。

③ 在生产工作房间内的照明器，当其安装高度低于2.5m时，应有防止容易触及灯泡以致触电的措施（如采用安全型灯），或采用36V以下供电电压。

④ 照明网络电压损失值照明网络一般配电线路较长，线路电压损失较大，以致使照明器两端电压过低，工作面上照度显著降低。为此，规定照明网络电压损失不能造成照明器两端电压低于国标的允许值。

5.4.4.2 供电方式

（1）工作照明的供电方式

工厂企业变电所及各车间的正常工作照明，一般由动力变压器供电。如果有特殊需要可考虑以照明专用变压器供电。

（2）事故照明的供电方式

事故照明一般应与常用照明同时投入，以提高照明器的利用率。但事故照明应有独立供电的备用电源，当工作电源发生故障时，由自动投入装置自动地将事故照明切换到备用电源供电。

5.4.4.3 照明供电电器及保护设备选择

照明供电系统常用的控制保护设备有照明配电箱、低压断路器和熔断器等。照明配电箱的类型很多，现多采用带低压断路器保护的照明配电箱。其一次线路方案及有关技术数据可参阅有关手册及产品样本。

（1）电器选择的一般要求

低压配电设计所选用的电器，应符合国家现行的有关标准，并应符合下列要求：

① 电器的额定电压应与所在回路标称电压相适应；

② 电器的额定电流不应小于所在回路的计算电流；

③ 电器的额定频率应与所在电路的频率相适应；

④ 电器应适应所在场所的环境条件；

⑤ 电器应满足短路条件下的动稳定与热稳定的要求。用于断开短路电流的电器，应满足短路条件下的通断能力。

（2）校验的标准

验算电器在短路条件下的通断能力，应采用安装处预期短路电流周期分量的有效值，当短路点附近所接电动机额定电流之和超过短路电流的1%时，应计入电动机反馈电流的影响。

采用熔断器或断路器进行短路和过负荷保护时，考虑到各种不同光源点燃时的启动电流不同，因此不同光源的保护装置额定电流也有所区别，其标准参见电工设计手册。

必须注意：用熔断器或低压断路器的脱扣器作照明线的短路保护时，其熔断器或脱扣器应装设在线路不接地的各相上。中性线上一般不装熔断器或低压断路器。如需要断开中性线时，则应装设能同时切断相线和中性线的保护电器，在PE线和PEN线上，严禁装设断开线路的任何电器。

5.4.4.4 导线截面选择

（1）选择导体截面的一般要求

选择导体截面，应符合下列要求：

① 线路电压损失应满足用电设备正常工作及启动时端电压的要求。

② 按敷设方式及环境条件确定的导体载流量，不应小于计算电流。

③ 导体应满足动稳定与热稳定的要求。

④ 导体最小截面应满足机械强度的要求，固定敷设的导线最小芯线截面应符合表5-6

的规定。导体的类型应按敷设方式及环境条件选择。

表 5-6 固定敷设的导线最小芯线截面

敷设方式	最小芯线截面/mm²		敷设方式	最小芯线截面/mm²	
	铜芯	铝芯		铜芯	铝芯
裸导线敷设于绝缘子上	10	10	绝缘导线穿管敷设	1.0	2.5
绝缘导线敷设于绝缘子上					
室内 $L \leqslant 2m$	1.0	2.5	绝缘导线槽板敷设	1.0	2.5
室外 $L \leqslant 2m$	1.5	2.5	绝缘导线线槽敷设	0.75	2.5
室内外 $2m < L \leqslant 6m$	2.5	4	塑料绝缘护套导线扎头直敷	1.0	2.5
$6m < L \leqslant 16m$	4	6			
$16m < L \leqslant 25m$	6	10			

注：L 为绝缘子支持点间距。

绝缘导体除满足上述条件外，尚应符合工作电压的要求。

(2) 选择导体截面的特殊要求

① 沿不同冷却条件的路径敷设绝缘导线和电缆时，当冷却条件最坏段的长度超过 5m，应按该段条件选择绝缘导线和电缆的截面，或只对该段采用大截面的绝缘导线和电缆。

② 导体的允许载流量，应根据敷设处的环境温度进行校正，温度校正系数可按下式计算：

$$K = \sqrt{\frac{t_1 - t_0}{t_1 - t_2}} \tag{5-14}$$

式中，K 为温度校正系数；t_1 为导体最高允许工作温度，℃；t_0 为敷设处的环境温度，℃；t_2 为导体载流量标准中所采用的环境温度，℃。

③ 导线敷设处的环境温度应采用下列温度值：

a. 直接敷设在土壤中的电缆，采用敷设处历年最热月的月平均温度。

b. 敷设在空气中的裸导体，屋外采用敷设地区最热月的平均最高温度；屋内采用敷设地点最热月的平均最高温度（均取 10 年或以上的总平均值）。

5.4.4.5 中性线和保护线的选择

在三相四线制配电系统中，中性线（以下简称 N 线）的允许载流量不应小于线路中最大不平衡负荷电流，且应计入谐波电流的影响。

① 以气体放电灯为主要负荷的回路中，中性线截面不应小于相线截面。

② 采用单芯导线作保护中性线（以下简称 PEN 线）干线，当截面为铜材时，不应小于 10mm²；为铝材时，不应小于 16mm²。采用多芯电缆的芯线作 PEN 线干线，其截面不应小于 4mm²。

③ 当保护线（以下简称 PE 线）所用材质与相线相同时，PE 线最小截面应符合表 5-7 的规定。

表 5-7 PE 线最小截面 单位：mm²

相线芯线截面	PE 线最小截面	相线芯线截面	PE 线最小截面
$S \leqslant 16$	S	$S > 35$	$S/2$
$16 < S \leqslant 35$	16		

注：当采用此表若得出非标准截面时，应选用与之最接近的标准截面导体。

④ PE 线采用单芯绝缘导线时，按机械强度要求，截面不应小于下列数值：

a. 有机械性的保护时为 2.5mm²；

b. 无机械性的保护时为 4mm²。

⑤ 装置外可导电部分严禁用作 PEN 线。

⑥ 在 TN-C 系统中,PEN 线严禁接入开关设备。

思考题与习题

5-1 室内配电系统的配电要求是什么?
5-2 室内配电系统有哪些基本配电方式?
5-3 高层建筑供配电有何特点?
5-4 配电箱的选择和布置原则是什么?
5-5 低压空气断路器的作用是什么?为什么它能带负荷通断电流?
5-6 解释名词:光通量、光强、亮度、照度。
5-7 常用的电光源可以分为几类?
5-8 简要叙述照度计算的方法和步骤。

第6章 短路计算及电气设备的选择与校验

> **教学目标**
> - 了解电力系统短路故障的基本类型及其发生的危害。
> - 了解无限大容量电力系统发生三相短路时短路过程的分析。
> - 掌握三相短路电流的计算方法。
> - 掌握短路电流的效应与稳定度校验。
> - 学会选择和校验供电系统中的电器设备。

6.1 概述

供电系统应该安全不间断地可靠供电,以保证生产和生活的正常进行。但是供电系统的正常运行常常因为短路而遭到破坏,短路是出现次数最多的、也是最严重的一种故障形式。所谓短路是指相与相之间或者相与地之间不通过负荷而发生的直接连接故障(后一种情况是指中性点直接接地的系统)。

6.1.1 短路的原因

电力系统发生短路故障,究其原因,主要是以下四个方面。

(1) 电力系统中电气设备载流部分绝缘的损坏

绝缘损坏是造成短路的最主要的原因。而引起绝缘损坏的原因有绝缘材料老化、过电压击穿(操作过电压、雷击过电压、电压谐振等引起)、机械力引起的损伤以及电气设备和载流导体产品本身绝缘不合格等。

(2) 错误操作及误接

工作人员不遵守合理的操作规程而发生误操作,如隔离开关带负荷操作、检修结束后未拆除接地线而通电、误将低电压的设备接入高电压的电路中等情况所引起。

(3) 飞禽或小动物跨越在裸露的载流部分上

鸟兽(尤其是老鼠、麻雀、蛇等)跨接在裸露导体或相线与中性线、接地物之间造成短路。

(4) 其他原因

如暴风雨,输电线路的断线、倒杆事故,人为的盗窃、破坏,放风筝,设备维护不周,导线与树枝的短接等均能引起短路。

6.1.2 短路的后果

电力系统发生短路故障时,系统的总阻抗减少,短路点及其附近各支路的电流比正常运行时工作电流大几十倍甚至几百倍。在大的电力系统中,短路电流可达几万至几十万安培。这样过大的电流有很大的危害,主要有以下几方面。

① 会产生很大的电动力,引起电气设备机械变形、扭曲,甚至损害。

② 会产生很高的热量,使导体严重发热,造成导体熔化和绝缘损坏,甚至烧毁电气设备。

③ 短路时系统中各点的电压降低，使电气设备的正常工作受到破坏。例如感应电动机，其转矩与外加电压的平方成正比，当电压降低很多时，转矩减小不足以带动机械工作，而使电动机停转。

④ 接地短路对于与高压输电线路平行架设的通讯线路可产生严重的磁效应干扰，影响其正常运行。

⑤ 三相短路时，短路点的电压可降到零，造成大面积停电事故。短路故障点越靠近电源，所造成的停电范围越大，所造成经济损失也越大。

⑥ 严重的短路还将影响电力系统运行的稳定性，使并列运行的同步发电机组之间的稳定性破坏（即失去同步），可能引起继电保护装置误动作，造成与系统解列。

6.1.3 短路的种类

在三相电力系统中，短路的基本形式有：三相短路、两相短路、单相短路和两相接地短路等。各种短路的示意图及特点如表 6-1 所示。

表 6-1 各种短路的示意图及特点

短路名称	表示符号	示意图	短路性质	特点
单相短路	$k^{(1)}$	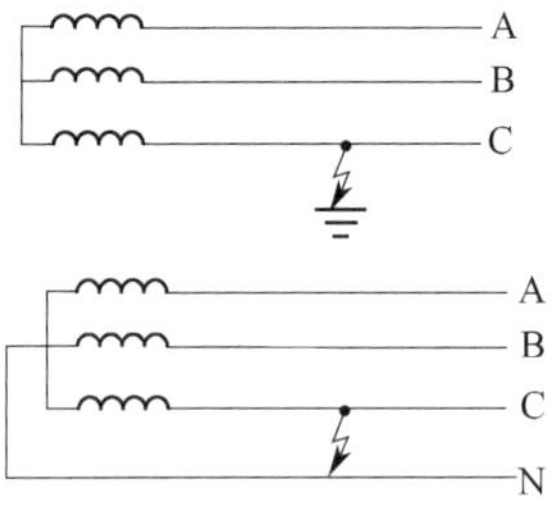	不对称短路	短路电流仅在故障相中流过，故障相电压下降，非故障相电压会升高
两相短路	$k^{(2)}$	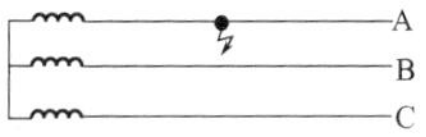	不对称短路	短路回路中流过很大的短路电流，电压和电流的对称性被破坏
两相短路接地	$k^{(11)}$	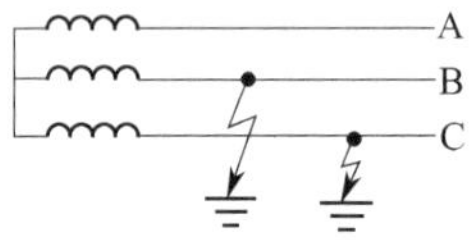	不对称短路	短路回路中流过很大的短路电流，故障相电压为零
三相短路	$k^{(3)}$	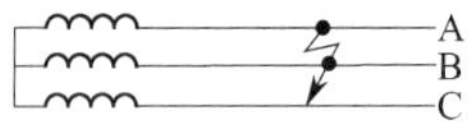	对称短路	三相电路中都流过很大的短路电流，短路时电压和电流保持对称，短路点电压为零

当线路或设备发生三相短路时，由于短路的三相阻抗相等，因此，三相电流和电压仍是对称的。所以三相短路又称为对称短路，其他类型的短路不仅相电流、相电压大小不同，而且各相之间的相位角也不相等，这些类型的短路统称为不对称短路。

电力系统中，发生单相短路的可能性最大，而发生三相短路的可能性最小，但通常三相短路电流最大，造成的危害也最严重。因而常以三相短路时的短路电流热效应和电动力效应来校验电气设备。

6.1.4 计算短路电流

1）计算短路电流的目的

计算短路电流的目的是为了解决以下几个方面的问题。

(1) 正确选择和校验电气设备

电力系统中的电气设备在短路电流的电动力效应和热效应作用下，必须不受损坏，以免扩大事故范围，造成更大的损失。为此，在设计时必须校验所选择的电气设备的电动力稳定度和热稳定度，因此就需要计算发生短路时流过电气设备的短路电流。如果短路电流太大，必须采用限流措施。

(2) 继电保护的设计和整定

关于电力系统中应配置什么样的继电保护，以及这些保护装置应如何整定，必须对电力网中可能发生的各种短路情况逐一加以计算分析，才能正确解决。

(3) 电气主接线方案的确定

在设计电气主接线方案时往往能出现这种情况：一个供电可靠性高的接线方案，因为电的联系强，在发生故障时，短路电流太大以至必须选用昂贵的电气设备，而使所设计的方案在经济上不合理，这时若采取一些措施，例如适当改变电路的接法，增加限制短路电流的设备，或者限制某种运行方式的出现，就会得到既可靠又经济的主接线方案。总之，在评价和比较各种主接线方案选出最佳者时，计算短路电流是一项很重要的内容。

2) 计算短路电流必需的原始资料

应该了解变电所主接线系统，主要运行方式，各种变压器的型号、容量、有关各种参数；供电线路的电压等级，架空线和电缆的型号，有关参数、距离；大型高压电机型号和有关参数，还必须到电力部门收集下列资料。

① 电力系统现有总额定容量及远期的发展总额定容量。

② 与本变电所电源进线所连接的上一级变电所母线，在最大运行方式下的短路容量，和最小运行方式下的短路容量。

③ 工厂附近有发电厂的应收集各种发电机组的型号、容量、同步电抗、连线方式、变压器容量和短路电压百分数，输电线路的电压等级，输电线型号和距离等。

④ 通常变电所有两条电源进线，一条运行，另一条备用，应判断哪条进线的短路电源较大，哪条较小，然后分别计算最大运行方式下和最小运行方式下的短路电流。

6.2 无限大容量电源系统供电时短路过程的分析

6.2.1 无限大容量电源系统的定义

无限大容量电源系统，这个名称从概念上是不难理解的，介绍如下。

① 电源容量为无限大时，外电路发生短路（一种扰动）所引起的功率改变对于电源来说是微不足道的，因而电源的电压和频率保持恒定。

② 无限大容量电源系统可以看作是由无限多个有限功率电源并联而成，因而其内阻抗为零，电源电压保持恒定。

实际上，真正的无限大容量电源是没有的，而只能是一个相对的概念，往往是指其容量相对于用户供电系统容量大得多的电力系统。如果系统阻抗（即等值电源内阻抗）不超过短路回路总阻抗的5%到10%，或电力系统容量超过用户供电系统容量50倍时，可将电力系统视为无限大容量系统。

对一般工厂供电系统来说，由于工厂供电系统的容量远比电力系统总容量小而阻抗又较电力系统大得多，因此工厂供电系统内发生短路时，电力系统变电所馈电母线上的电压，几乎维持不变，也就是说可将电力系统视为无限大容量的电源。另外由于按无限大容量电源系统所计算得到的短路电流，是电气装置所通过的最大短路电流，因此，在初步估算装置通过的最大短路电流或缺乏必需的系统数据时，都可以认为短路回路所接的电源是无限大容量的电源系统。

6.2.2 三相短路的物理过程

图 6-1 所示是一个电源为无限大容量的电力系统简图。正常运行时，电路中的电压 u 和电流 i 按正弦规律变化，电流取决于电源电压和电路中所有元件的总阻抗。这个阻抗包括负荷阻抗 R_L、X_L 在内，数值较大，所以电流在正常值范围内，电流 i 在相位上比电压 U 滞后 φ 角。

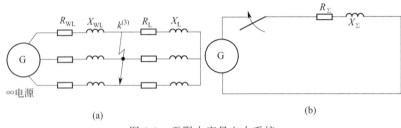

图 6-1 无限大容量电力系统

图 6-2 所示是无限大容量电力系统发生三相短路前后的电压、电流变动曲线。当突然发生三相短路时，由于负荷阻抗被短路，即回路总阻抗减小，而无限大容量电力系统的母线电压 u 是维持不变的，因此短路回路的电流将增大很多倍。但由于短路回路存在着电感，根据楞次定律，回路电流在 $t=0$ 的瞬间不可能突变，即 $i_{0(+)}=i_{0(-)}$。因此，在 $t=0$ 产生短路电流周期性分量 $i_{p(0)}$ 的同时，还将产生按指数规律衰减的非周期分量 $i_{np(0)}$，以保持 $t=0$ 时的电流 i_0 不变，直到 i_{np} 衰减完毕（一般约经 $t=0.2s$），这时仅有周期性分量 i_p 存在。这一过程即为短路暂态变化过程，短路电流非周期分量 i_{np} 衰减完毕后，短路即进入稳定状态。

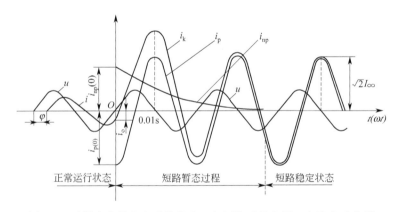

图 6-2 无限大容量电力系统发生三相短路时的电压、电流变动曲线

6.3 短路电流的计算

6.3.1 三相短路电流的短路参数和短路计算

（1）短路计算的目的和短路参数

根据需要，短路计算的任务通常需计算出下列短路参数。

① $I''^{(3)}$ 为短路后第一个周期的短路电流周期分量的有效值，称为次暂态短路电流有效值。用来作为继电保护的整定计算和校验断路器的额定断流容量。应采用电力系统在最大运行方式下，继电保护安装处发生短路时的次暂态短路电流来计算保护装置的整定值。

② $i_{sh}^{(3)}$ 为短路后经过半个周期（即 0.01s）时的短路电流峰值，是整个短路过程中的最大瞬时电流。这一最大的瞬时短路电流称为短路冲击电流。$i_{sh}^{(3)}$ 为三相短路冲击电流峰值，用来校验电器和母线的动稳定度。

③ $I_{sh}^{(3)}$ 为三相短路冲击电流有效值，短路后第一个周期的短路电流的有效值。也用来校验电器和母线的动稳定度。

对于高压电路的短路

$$i_{sh}^{(3)} = 2.55\, I''^{(3)} \tag{6-1}$$

$$I_{sh}^{(3)} = 1.51\, I''^{(3)} \tag{6-2}$$

对于低压电路的短路

$$i_{sh}^{(3)} = 1.84\, I''^{(3)} \tag{6-3}$$

$$I_{sh}^{(3)} = 1.09\, I''^{(3)} \tag{6-4}$$

④ $I_k^{(3)}$ 为三相短路电流稳态有效值，用来校验电器和载流导体的热稳定度。

⑤ $S_k^{(3)}$ 为三相短路容量，用来校验断路器的断流容量和判断母线短路容量是否超过规定值，也作为选择限流电抗器的依据。

(2) 短路计算

短路电流的计算方法，有有名值法（又称欧姆法）和标幺值法（又称相对单位制法）。其中有名值法属于最基本的短路计算法，而标幺值法在工程设计中应用较广。

对于低压回路中的短路，由于电压等级较低，一般用有名值法计算短路电流。对于高压回路中的短路，由于电压等级较多采用有名值计算时，需要多次折算，非常复杂。为了计算方便，在高压回路短路中，通常采用标幺值计算短路电流。

有名值法是因其短路计算中的阻抗都采用有名单位"欧姆"而得名。对于中小型工厂变配电系统来说，其设备的容量远比系统容量要小，而阻抗则较系统阻抗要大得多。所以当工厂变配电系统发生短路时，认为系统母线上的电压不变，容量为无穷大，称为无限大容量系统。即系统容量等于无穷大，而其内阻抗等于零。

① 三相短路电流稳态分量的计算。在这种无限大容量系统中发生三相短路时，其三相短路电流稳态分量有效值可按下式计算：

$$I_k^{(3)} = \frac{U_c}{\sqrt{3}\,|Z_\Sigma|} = \frac{U_c}{\sqrt{3}\,\sqrt{R_\Sigma^2 + X_\Sigma^2}} \tag{6-5}$$

式中，U_c 为短路点的短路计算电压（或称为平均额定电压）。

由于线路首端短路时其短路最为严重，因此按线路首端电压考虑，即短路计算电压取为比线路额定电压 U_N 高 5%，按我国电压标准，U_c 有 0.4、0.69、3.15、6.3、10.5、37…(kV) 等；$|Z_\Sigma|$、R_Σ、X_Σ 分别为短路电路的总阻抗、总电阻和总电抗值。

当短路电路的 $R_\Sigma < X_\Sigma/3$ 时，电阻可以忽略不计。如果不计电阻，则三相短路电流的周期分量有效值为

$$I_k^{(3)} = U_c/\sqrt{3}\,X_\Sigma \tag{6-6}$$

② 三相短路容量为

$$S_k^{(3)} = \sqrt{3}\, U_c I_k^{(3)} \tag{6-7}$$

③ 短路电路的阻抗、电阻的计算分别介绍如下。

短路时电力系统的电抗，可由电力系统变电所高压馈电线出口断路器的断流容量 S_{oc} 来估算，这 S_{oc} 就看作是电力系统的极限短路容量 S_k。因此电力系统的电抗为

$$X_s = U_c^2/S_{oc} \tag{6-8}$$

式中，U_c 为高压馈电线的短路计算电压。

为了便于短路电路总阻抗的计算，免去阻抗换算的麻烦，此式的 U_c 可直接采用短路点的短路计算电压；S_{oc} 为系统出口断路器的断流容量，可查有关手册或产品样本（参看附录表 4）。如只有开断电流 I_{oc} 数据，则其断流容量为

$$S_{oc} = \sqrt{3}\, I_{oc} U_N \tag{6-9}$$

式中，U_N 为其额定电压。

电力系统的电阻相对于电抗来说，很小，一般不予考虑。

变压器的电阻 R_T，可由变压器的短路损耗 ΔP_k 近似地计算：

$$R_T \approx \Delta P_k \left(\frac{U_C}{S_N}\right)^2 \tag{6-10}$$

式中，U_c 为短路点的短路计算电压；S_N 为变压器的额定容量；ΔP_k 为变压器的短路损耗，可查有关手册或产品样本（附录表 23）。

变压器的电抗 X_T，可由变压器的短路电压（即阻抗电压）$U_k\%$ 近似地计算。

$$X_T \approx \frac{U_k\%}{100} \frac{U_c^2}{S_N} \tag{6-11}$$

式中，$U_k\%$ 为变压器的短路电压（阻抗电压 $U_z\%$）百分值，可查有关手册或产品样本（附录表 23）。

线路的电阻 R_{wL}，可由导线电缆的单位长度电阻 R_0 值求得

$$R_{wL} = R_0 L \tag{6-12}$$

式中，R_0 为导线电缆单位长度的电阻，可查有关手册或产品样本（附录表 16）；L 为线路长度。

线路的电抗 X_{wL}，可由导线电缆的单位长度电抗 X_0 值求得

$$X_{wL} = X_0 L \tag{6-13}$$

式中，X_0 为导线电缆单位长度的电抗，可查有关手册或产品样本（附录表 16）。

如果线路的具体数据不详时，X_0 可按表 6-2 取其电抗平均值，因为同一电压的同类线路的电抗值变动幅度一般不大。

表 6-2　电力线路每相的单位长度电抗平均值　　　　单位：Ω/km

线路结构	线路电压	
	6～10kV	220V/380V
架空线路	0.38	0.32
电缆线路	0.06	0.066

求出短路电路中各元件的阻抗后，就化简短路电路，求出其总阻抗，然后按式（6-5）或式（6-6）计算短路电流稳态分量 $I_k^{(3)}$。

必须注意：在计算短路电路的阻抗时，假如电路内含有电力变压器，则电路内各元件的阻抗都应统一换算到短路点处的等效阻抗。阻抗等效换算的条件是元件的功率损耗不变。

由 $\Delta P = U^2/R$ 和 $\Delta Q = U^2/X$ 可知，元件的阻抗值与电压平方成正比，因此阻抗换算的公式为

$$R' = R\left(\frac{U_c'}{U_c}\right)^2 \tag{6-14}$$

$$X' = X\left(\frac{U_c'}{U_c}\right)^2 \tag{6-15}$$

式中，R、X 和 U_c 为换算前元件的电阻、电抗和元件所在处的短路计算电压；R'、X' 和 U_c' 为换算后元件的电阻、电抗和短路点的短路计算电压。

就短路计算中考虑的几个主要元件的阻抗来说，只有电力线路的阻抗有时需要换算，例如计算低压侧的短路电流时，高压侧的线路阻抗就需要换算到低压侧。而电力系统和电力变

压器的阻抗，由于它们的计算公式中均含有 U_c^2，因此计算阻抗时，公式中 U_c 直接代以短路点的计算电压，就相当于阻抗已经换算到短路点一侧了。

例 6-1 某供电系统如图 6-3 所示，无限大容量电力系统出口断路器的断流容量为 300MVA，工厂变电所装有两台并联运行的 S9—800/10 型配电变压器。试用有名值法计算该变电所 10kV 母线上 k-1 点短路和低压 380V 母线上 k-2 点短路的三相短路电流和短路容量。

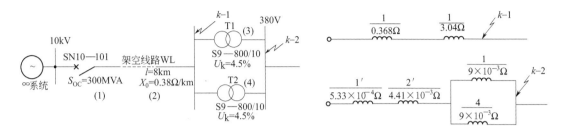

图 6-3 例 6-1 短路计算电路图   图 6-4 例 6-1 短路等效电路图

解：由供电系统图可画出 k-1、k-2 点的等效电路图，如图 6-4 所示，取 $S_{oc}=300\text{MVA}$，$U_{c1}=10.5\text{kV}$，$U_{c2}=0.4\text{ kV}$。

（1）k-1 点的短路计算

① 计算短路电路中各元件的电抗和总阻抗

电力系统的电抗为

$$X_1 = \frac{U_{c1}^2}{S_{oc}} = \frac{10.5^2}{300} = 0.368 \text{ }\Omega$$

架空线路的电抗 由表 6-2 查得 $X_o=0.38$ Ω/km，因此

$$X_2 = X_o l = 0.38 \times 8 = 3.04 \text{ }\Omega$$

k-1 点短路的总电抗为

$$X_{\Sigma(k\text{-}1)} = X_1 + X_2 = 0.368 + 3.04 = 3.408 \text{ }\Omega$$

② 计算 k-1 点的三相短路电流和短路容量

三相短路电流周期分量有效值

$$I_{k\text{-}1}^{(3)} = \frac{U_{c1}}{\sqrt{3}X_{\Sigma(k\text{-}1)}} = \frac{10.5}{\sqrt{3}\times 3.408} = 1.78\text{kA}$$

三相短路次暂态电流和稳态电流

$$I''^{(3)} = I_{\infty}^{(3)} = I_{k\text{-}1}^{(3)} = 1.78 \text{ kA}$$

三相短路冲击电流及第一个周期短路全电流有效值

$$i_{sh}'^{(3)} = 2.55\, I''^{(3)} = 2.55 \times 1.78 = 4.54 \text{ kA}$$

$$I_{sh}^{(3)} = 1.51\, I''^{(3)} = 1.51 \times 1.78 = 2.69 \text{ kA}$$

三相短路容量

$$S_{k\text{-}1}^{(3)} = \sqrt{3}U_{c1}I_{k\text{-}1}^{(3)} = \sqrt{3}\times 10.5 \times 1.78 = 32.37 \text{ MV}\cdot\text{A}$$

（2）k-2 点的短路计算

① 计算 k-2 点短路电路中各元件的电抗及总电抗

电力系统的电抗为

$$X'_1 = \frac{U_{c2}^2}{S_{oc}} = \frac{0.4^2}{300} = 5.33\times 10^{-4} \text{ }\Omega$$

架空线路的电抗

$$X'_2 = X_o l \left(\frac{U_{c2}}{U_{c1}}\right)^2 = 0.38 \times 8 \times \left(\frac{0.4}{10.5}\right)^2 = 4.41\times 10^{-3} \text{ }\Omega$$

电力变压器的电抗 由附录表 23 查得 $U_k\%=4.5\%$,因此

$$X_3=X_4\approx\frac{U_k\%}{100}\frac{U_c^2}{S_N}=\frac{4.5}{100}\times\frac{0.4^2}{800}=9\times10^{-6}\text{k}\Omega=9\times10^{-3}\ \Omega$$

k-2 点短路电路总电抗为

$$X_{\Sigma(k\text{-}2)}=X_1'+X_2'+X_3 /\!/ X_4=9.443\times10^{-3}\ \Omega$$

② 计算 k-2 点的三相短路电流和短路容量

三相短路电流周期分量有效值为

$$I_{k\text{-}2}^{(3)}=\frac{U_{c2}}{\sqrt{3}X_{\Sigma(k\text{-}2)}}=\frac{0.4}{\sqrt{3}\times9.443\times10^{-3}}=24.46\ \text{kA}$$

三相短路次暂态电流和稳态电流

$$I''^{(3)}=I_\infty^{(3)}=I_{k\text{-}2}^{(3)}=24.46\ \text{kA}$$

三相短路冲击电流及第一个短路全电流有效值为

$$i'^{(3)}_{sh}=1.84\ I''^{(3)}=1.84\times24.46=45\ \text{kA}$$

$$I^{(3)}_{sh}=1.09\ I'^{(3)}=1.09\times24.46=26.66\ \text{kA}$$

三相短路容量

$$S_{k\text{-}2}^{(3)}=\sqrt{3}U_{c2}I_{k\text{-}2}^{(3)}$$
$$=\sqrt{3}\times0.4\times24.46=16.95\ \text{MVA}$$

③ 列表

在工程设计说明书中,往往只列出短路计算结果,如表 6-3 所示。

表 6-3 例 3-1 的短路计算结果

短路计算点	三相短路电流/kA					三相短路容量/MVA
	$I_k^{(3)}$	$I''^{(3)}$	$I_\infty^{(3)}$	$i_{sh}^{(3)}$	I_{sh}^3	$S_k^{(3)}$
k-1 点	1.78	1.78	1.78	4.54	2.69	32.37
k-2 点	24.46	24.46	24.46	45	26.66	16.95

(3) 标幺值法

标幺值法,即相对单位制法,因其短路计算中的有关物理量是采用标幺值(相对单位)而得名。

任一物理量的标幺值 A_d^*,为该物理量的实际值 A 与所选定的基准值 A_d 的比值,即

$$A_d^*=\frac{A}{A_d} \tag{6-16}$$

式中,基准值 A_d 应与实际值 A 同单位,标幺值是一个无单位的比数。

按标幺值法进行短路计算时,一般是先选定基准容量 S_d 和基准电压 U_d。基准容量,工程计算中通常取 $S_d=100$ MVA。基准电压,通常取元件所在处的短路计算电压,即取 $U_d=U_c$。选定了基准容量 S_d 和基准电压 U_d 以后,基准电流 I_d 按下式计算:

$$I_d=\frac{S_d}{\sqrt{3}U_d}=\frac{S_d}{\sqrt{3}U_c} \tag{6-17}$$

基准电抗 X_d 则按下式计算:

$$X_d=\frac{U_d}{\sqrt{3}I_d}=\frac{U_c^2}{S_d} \tag{6-18}$$

下面分别讲述供电系统中各主要元件的电抗标幺值的计算(取 $S_d=100$ MVA,$U_d=U_c$)。

① 电力系统的电抗标幺值

$$X_S^*=X_S/X_d=\frac{U_c^2}{S_{oc}}\bigg/\frac{U_c^2}{S_d}=\frac{S_d}{S_{oc}} \tag{6-19}$$

② 电力变压器的电抗标幺值

$$X_T^* = X_T/X_d = \frac{U_k\%}{100}\frac{U_c^2}{S_N}\bigg/\frac{U_c^2}{S_d} = \frac{U_k\%S_d}{100S_N} \quad (6\text{-}20)$$

③ 电力线路的电抗标幺值

$$X_{WL}^* = X_{WL}/X_d = X_o l\bigg/\frac{U_c^2}{S_d} = X_o l\frac{S_d}{U_c^2} \quad (6\text{-}21)$$

短路电路中各主要元件的电抗标幺值求出以后，即可根据其电路图进行电路化简，计算其总电抗标幺值 X_Σ^*。由于各元件电抗均采用相对值，与短路计算点的电压无关，因此无需进行电压换算，这也是标幺值法较之有名值优越之处。

无限大容量系统三相短路周期分量有效值的标幺值按下式计算。

$$I_k^{(3)*} = I_k^{(3)}/I_d = \frac{U_c}{\sqrt{3}X_\Sigma}\bigg/\frac{S_d}{\sqrt{3}U_c} = \frac{U_c^2}{S_d X_\Sigma} = \frac{1}{X_\Sigma^*} \quad (6\text{-}22)$$

由此可求得三相短路电流稳态分量有效值

$$I_k^{(3)} = I_k^{(3)*} I_d = I_d/X_\Sigma^* \quad (6\text{-}23)$$

求得 $I_k^{(3)}$ 后，即可利用前面的公式求出 $I_k^{''(3)}$、$I_\infty^{(3)}$、$i_{sh}^{(3)}$ 和 $I_{sh}^{(3)}$ 等。

三相短路容量的计算公式为

$$S_k^{(3)} = \sqrt{3}U_c I_k^{(3)} = \sqrt{3}U_c I_d/X_\Sigma^* = S_d/X_\Sigma^* \quad (6\text{-}24)$$

例 6-2 试用标幺值法计算例 6-1 所示供电系统中 10 kV 母线上 k-1 点和 380V 母线上 k-2 点的三相短路电流和短路容量。

解：（1）确定基准值

$$S_d = 100 \text{ MVA}, U_{c1} = 10.5 \text{ kV}, U_{c2} = 0.4 \text{ kV}$$

$$I_{d1} = \frac{S_d}{\sqrt{3}U_{c1}} = \frac{100}{\sqrt{3} \times 10.5} = 5.50 \text{ kA}$$

$$I_{d2} = \frac{S_d}{\sqrt{3}U_{c2}} = \frac{100}{\sqrt{3} \times 0.4} = 144.3 \text{ kA}$$

（2）计算短路电路中各主要元件的电抗标幺值

① 电力系统（由附录表 4 得 $S_{oc} = 300$ MVA）

$X_1^* = 100/300 = 0.33$

② 架空线路（由表 6-2 得 $X_o = 0.38$ Ω/km）

$X_2^* = 0.38 \times 8 \times \frac{100}{10.5^2} = 2.76$

③ 电力变压器（由附录表 23 得 $U_k\% = 4.5$）

$$X_3^* = X_4^* = \frac{U_k\%S_d}{100S_N} = \frac{4.5 \times 100 \times 10^3}{100 \times 800} = 5.63$$

绘短路等效电路如图 6-5 所示，图上标出各元件的序号和电抗标幺值，并标出短路计算点。

（3）求 k-1 点的短路电路总电抗标幺值及三相短路电流和短路容量

① 总电抗标幺值

$X_{\Sigma(k\text{-}1)}^* = X_1^* + X_2^* = 0.33 + 2.76 = 3.09$

② 三相短路电流周期分量有效值

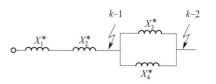

图 6-5 例 6-2 的短路等效电路图

$$I_{k-1}^{(3)} = I_{d1}/X_{\Sigma(k-1)}^* = 5.50/3.09 = 1.78 \text{ kA}$$

③ 其他三相短路电流

$$I_k''^{(3)} = I_\infty^{(3)} = I_{k-1}^{(3)} = 1.78 \text{ kA}$$
$$i_{sh}^{(3)} = 2.55 \times 1.78 = 4.54 \text{ kA}$$
$$I_{sh}^{(3)} = 1.51 \times 1.78 = 2.69 \text{ kA}$$

④ 三相短路容量

$$S_{k-1}^{(3)} = S_d/X_{\Sigma(k-1)}^* = 100/3.09 = 32.36 \text{ MVA}$$

(4) 求 k-2 点的短路电路总电抗标幺值及三相短路电流和短路容量

① 总电抗标幺值

$$X_{\Sigma(k-2)}^* = X_1^* + X_2^* + X_3^* // X_4^* = 0.33 + 2.76 + \frac{5.63}{2} = 5.91$$

② 三相短路电流周期分量有效值

$$I_{k-2}^{(3)} = I_{d2}/X_{\Sigma(k-2)}^* = 144.3/5.91 = 24.42 \text{ kA}$$

③ 其他三相短路电流

$$I_k''^{(3)} = I_\infty^{(3)} = I_{k-2}^{(3)} = 24.42 \text{ kA}$$
$$i_{sh}^{(3)} = 1.84 \times 24.42 = 44.93 \text{ kA}$$
$$I_{sh}^{(3)} = 1.09 \times 24.42 = 26.62 \text{ kA}$$

④ 三相短路容量

$$S_{k-2}^{(3)} = S_d/X_{\Sigma(k-2)}^* = 100/5.91 = 16.92 \text{ MVA}$$

由此可见，采用标幺值法计算与例 6-1 采用有名值计算的结果基本相同。

6.3.2 短路电流的效应与校验

电力系统中出现短路故障后，由于负载阻抗被短接，电源到短路点的短路阻抗很小，使电源至短路点的短路电流比正常时的工作电流大几十倍甚至几百倍。在大的电力系统中，短路电流可达几万安培至几十万安培，强大的电流所产生的热和电动力效应将使电气设备受到破坏，短路点的电弧将烧毁电气设备，短路点附近的电压会显著降低，严重情况将使供电受到影响或被迫中断。不对称短路所造成的零序电流，还会在邻近的通信线路内产生感应电动势干扰通信，也可能危及人身和设备的安全。为了正确选择电气设备，保证在短路情况下可靠工作，必须用短路电流的电动力效应及热效应对电气设备进行校验。

1）短路电流的电动力效应

我们都知道，通电导体周围存在电磁场，如处于空气中的两平行导体分别通过电流时，两导体间由于电磁场的相互作用，导体上即产生力的相互作用。三相线路中的三相导体间正常工作时也存在力的作用，只是正常工作电流较小，不影响线路的运行，当发生三相短路时，在短路后半个周期（0.01s）会出现最大短路电流即冲击短路电流，其值达到几万安培至几十万安培，导体上的电动力将达到几千至几万牛顿。对电力系统中的硬导体和电气设备都要求校验其在短路电流下的动稳定性。

三相导体在同一平面平行布置时，发生三相短路，中间相受到的电动力最大。最大电动力 $F^{(3)}$ 可按下式计算。

$$F^{(3)} = \sqrt{3} i_{sh}^{(3)2} \frac{l}{a} \times 10^{-7} \tag{6-25}$$

式中，a 为两导体的轴线间距离；l 为导体的两相邻支持点间距离，即挡距。

对一般电器，要求电器的极限通过电流（动稳定电流）峰值大于最大短路电流峰

第 6 章　短路计算及电气设备的选择与校验

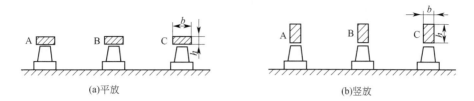

图 6-6　水平放置的母线

值，即：

$$i_{\max} \geqslant i_{\mathrm{sh}} \tag{6-26}$$

式中，$i_{\max}$ 为电器的极限通过电流（动稳定电流）峰值；i_{sh} 为最大短路电流峰值。

对绝缘子：要求绝缘子的最大允许抗弯载荷大于最大计算载荷，即

$$F_{\mathrm{al}} \geqslant F_{C} \tag{6-27}$$

式中，F_{al} 为绝缘子的最大允许载荷；F_{C} 为最大计算载荷。

对于硬母线，按下列公式校验

$$\sigma_{\mathrm{al}} \geqslant \sigma_{c} \tag{6-28}$$

式中，σ_{al} 为母线材料的最大允许应力，单位为 Pa，硬铜母线（TMY），$\sigma_{\mathrm{al}}=140\mathrm{MPa}$，硬铝母线（LMY），$\sigma_{\mathrm{al}}=70\mathrm{MPa}$（按 GB50060—2008《3～110kV 高压配电装置计算规范》的规定）；σ_{c} 为母线通过 $i_{\max}$ 时所受到的最大计算应力。

上述最大计算应力按下式计算：

$$\sigma_{c}=M/W \tag{6-29}$$

式中，M 为母线通过 $i_{\mathrm{sh}}^{(3)}$ 时所受到的弯曲力矩；当母线的挡数为 1～2 时，$M=F^{(3)}l/8$；当挡数大于 2 时，$M=F^{(3)}l/10$，这里的 $F^{(3)}$ 按式(6-25) 计算，l 为母线的挡距；W 为母线的截面系数；当母线水平放置时（图 6-6），$W=b^{2}h/6$；b 为母线截面的水平宽度，h 为母线截面的垂直高度。

电缆的机械强度很好，无须校验其短路动稳定度。

2) 对短路计算点附近交流电动机反馈冲击电流的考虑

当短路点附近所接交流电动机的额定电流之和超过系统短路电流的 1% 时，按 GB50054—2011《低压配电设计规范》规定，应计入电动机反馈电流的影响。由于短路时电动机端电压骤降，致使电动机因定子电动势反高于外施电压而向短路点反馈电流，如图 6-7 所示，从而使短路计算点的短路冲击电流增大。

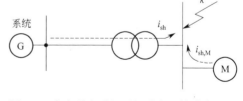

图 6-7　大容量电动机对短路点反馈冲击电流

当交流电动机进线端发生三相短路时，它反馈的最大短路电流瞬时值（即电动机反馈冲击电流）可按下式计算

$$\begin{aligned}i_{\mathrm{sh,M}} &= \sqrt{2}K_{\mathrm{sh,M}}I_{\mathrm{N,M}}\frac{E_{\mathrm{M}}^{\prime\prime*}}{X_{\mathrm{M}}^{\prime\prime*}}\\ &= CK_{\mathrm{sh,M}}I_{\mathrm{N,M}}\end{aligned} \tag{6-30}$$

式中，$E_{\mathrm{M}}^{\prime\prime*}$ 为电动机次暂态电动势标幺值，见表 6-4；$X_{\mathrm{M}}^{\prime\prime*}$ 为电动机次暂态电抗标幺值，见表 6-4；C 为电动机反馈冲击倍数，表 6-4；$K_{\mathrm{sh,M}}$ 为电动机短路电流冲击系数，对 3～10kV 电动机可取 1.4～1.7，对 380V 电动机可取 1；$I_{\mathrm{N,M}}$ 为电动机额定电流。

表 6-4　电动机的 $E_M''^*$、$X_M''^*$ 和 C

电动机类型	$E_M''^*$	$X_M''^*$	C	电动机类型	$E_M''^*$	$X_M''^*$	C
感应电动机	0.9	0.2	6.5	同步补偿机	1.2	0.16	10.6
同步电动机	1.1	0.2	7.8	综合性负荷	0.8	0.35	2.2

由于交流电动机在外部短路后很快受到制动，所以它产生的反馈电流衰减极快。因此只考虑短路冲击电流的影响时才需计入电动机反馈电流。

例 6-3　设例 6-1 所示工厂变电所 380V 侧母线上接有 380V 感应电动机 200kW，平均 $\cos\varphi=0.75$，效率 $\eta=0.8$。该母线采用 LMY-80×6 的硬铝母线，水平平放，挡距为 100mm，8 台屏并列安装，相邻两相母线的轴线距离为 160mm。试求该母线三相短路时所受的最大电动力，并校验其动稳定度。

解：（1）计算母线短路时所受的最大电动力

由例 6-1 知，380V 母线的短路电流 $I_k^{(3)}=24.46\text{kA}$，$i_{sh}^{(3)}=45\text{kA}$，而接于 380V 母线的感应电动机额定电流为

$$I_{N,M}=\frac{200}{\sqrt{3}\times 380\times 0.75\times 0.8}=0.51\text{ kA}$$

由于 $I_{N,M}>0.01 I_k^{(3)}$，故需计入感应电动机反馈电流的影响。该电动机的反馈电流冲击值为

$$i_{sh,M}=6.5\times 1\times 0.51=3.32\text{ kA}$$

因此母线在三相短路时所受的最大电动力为

$$F^{(3)}=\sqrt{3}(i_{sh}+i_{sh,M})^2\times\frac{l}{a}\times 10^{-7}$$

$$=\sqrt{3}(45\times 10^3+3.32\times 10^3)\times\frac{0.8}{0.16}\times 10^{-7}$$

$$=2022\text{ N}$$

（2）校验母线短路时的动稳定度

母线在 $F^{(3)}$ 作用时的弯曲力矩为

$$M=\frac{F^{(3)}l}{10}=\frac{2022\times 0.8}{10}=161.76\text{ Nm}$$

母线的截面系数为

$$W=\frac{b^2 h}{6}=\frac{0.08^2\times 0.006}{6}=6.4\times 10^{-6}\text{ m}^3$$

故母线在三相短路时所受到的计算应力为

$$\sigma_c=\frac{M}{W}=\frac{161.76}{6.4\times 10^{-6}}=25.275\text{ MPa}$$

而硬铝母线（LMY）的允许应力为

$$\sigma_{al}=70\text{ MPa}>\sigma_c$$

由此可见该母线满足短路动稳定度的要求。

3）短路电流的热效应

电力系统正常运行时，额定电流在导体中发热产生的热量一方面被导体吸收，并使导体温度升高，另一方面通过各种方式传入周围介质中。当产生的热量等于散发的热量时，导体达到热平衡状态。在电力系统中出现短路时，由于短路电流大，发热量大，时间短，热量来不及散入周围介质中去，这时可认为全部热量都用来升高导体温度。导体达到的最高温度 T_m 与导体短路前的温度 T、短路电流大小及通过短路电流的持续时间有关。

表 6-5 常用导体和电缆的最高允许温度

导体的材料和种类		最高允许温度/℃	
		正常时	短路时
硬导体：	铜	70	300
	铜(镀锡)	85	200
	铝	70	200
	钢	70	300
油浸纸绝缘电缆：	铜芯(10kV)	60	250
	铝芯(10kV)	60	200
交联聚乙烯绝缘电缆：	铜芯	80	230
	铝芯	80	200

计算出导体最高温度 T_m 后，将其与表 6-5 所规定的导体允许最高温度比较，若 T_m 不超过规定值，则认为满足热稳定要求。

对成套电器设备，因导体材料及截面均已确定，故达到极限温度所需的热量只与电流及通过的时间有关。因此，设备的热稳定校验可按下式进行：

$$I_t^2 t \geqslant I_\infty^2 t_{\text{ima}} \tag{6-31}$$

式中，$I_t^2 t$ 为产品样本提供的产品热稳定参数；I_∞ 为短路稳态电流；t_{ima} 为短路电流作用假想时间。

对导体和电缆，通常用式 (6-32) 计算导体的热稳定最小截面 $A_{\min}$：

$$A_{\min} = I_\infty \sqrt{\frac{t_{\text{ima}}}{C}} \tag{6-32}$$

式中，I_∞ 为稳态短路电流；t_{ima} 为短路电流作用假想时间 [$t_{\text{ima}} = t_k + 0.05 \text{ s}$，短路时间 t_k 为短路保护装置实际动作时间 t_{op} 与断路器（开关）的断路时间 t_{oc} 之和，即 $t_k = t_{\text{op}} + t_{\text{oc}}$]；$C$ 为导体的热稳定系数（见附录表 12）。

如果导体和电缆的选择截面大于等于 $A_{\min}$，即热稳定合格。

例 6-4 试校验例 6-3 所示工厂变电所 380V 侧 LMY 母线的短路热稳定度。已知此母线的短路保护实际动作时间为 0.5s，低压断路器的断路时间为 0.12s。该母线正常运行时最高温度为 60℃。

解：查附录表 12 得：$C = 87 \text{ A} \cdot \text{s}^2/\text{mm}^2$，故最小允许截面为

$$A_{\min} = I_\infty^{(3)} \frac{\sqrt{t_{\text{ima}}}}{C} = 24.46 \times 10^3 \times \frac{\sqrt{0.67}}{87} = 230 \text{ mm}^2$$

由于母线实际截面 $A = 80 \times 6 = 480 \text{ mm}^2 > A_{\min}$，因此该母线满足短路热稳定度要求。

6.3.3 两相和单相短路电流的计算

(1) 两相短路电流的计算

在无限大容量系统中发生两相短路时（图 6-8），其短路电流可由下式求得

$$I_k^{(2)} = \frac{U_c}{2|Z_\Sigma|} \tag{6-33}$$

式中，U_c 为短路点计算电压（线电压）。

如果只计电抗，则短路电流为

$$I_k^{(2)} = \frac{U_c}{2X_\Sigma} \tag{6-34}$$

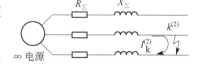

图 6-8 无限大容量系统中发生两相短路

其他两相短路电流 $I''^{(2)}$、$I_\infty^{(2)}$、$i_{\text{sh}}^{(2)}$ 和 $I_{\text{sh}}^{(2)}$ 等，都可按前面三相短路的对应短路电流的公式计算。

关于两相短路电流与三相短路电流的关系，可由 $I_k^{(2)} = \dfrac{U_c}{2|Z_\Sigma|}$、$I_k^{(3)} = \dfrac{U_c}{\sqrt{3}|Z_\Sigma|}$ 求得，即

$$\frac{I_k^{(2)}}{I_k^{(3)}} = \frac{\sqrt{3}}{2} = 0.866$$

因此
$$I_k^{(2)} = \frac{\sqrt{3}}{2} I_k^{(3)} = 0.866 I_k^{(3)} \tag{6-35}$$

上式说明，无限大容量系统中，同一地点的两相短路电流为三相短路电流的 0.866 倍。因此，无限大容量系统中的两相短路电流，可在求出三相短路电流后利用式（6-35）直接求得。

(2) 单相短路电流的计算

在大接地电流系统或三相四线制系统中发生单相短路时，根据对称分量法可求得其单相短路电流为

$$\dot{I}_k^{(1)} = \frac{3\dot{U}_\varphi}{Z_{1\Sigma} + Z_{2\Sigma} + Z_{0\Sigma}} \tag{6-36}$$

式中，$\dot{U}_\varphi$ 为电源相电压；$Z_{1\Sigma}$、$Z_{2\Sigma}$、$Z_{0\Sigma}$ 为单相短路回路的正序、负序和零序阻抗。

在工程计算中，可利用下式计算单相短路电流，即

$$I_k^{(1)} = \frac{U_\varphi}{|Z_{\varphi-0}|} \tag{6-37}$$

式中，U_φ 为电源相电压；$|Z_{\varphi-0}|$ 为单相短路回路的阻抗［模］，可查有关手册，或按下式计算

$$|Z_{\varphi-0}| = \sqrt{(R_T + R_{\varphi-0})^2 + (X_T + X_{\varphi-0})^2} \tag{6-38}$$

式中，R_T、X_T 分别为变压器单相的等效电阻和电抗；$R_{\varphi-0}$、$X_{\varphi-0}$ 分别为相线与 N 线或与 PE 或 PEN 线的回路（短路同路）的电阻和电抗，包括回路中低压断路器过流线圈的阻抗、开关触头的接触电阻及电流互感器一次绕组的阻抗等，可查有关手册或产品样本。

单相短路电流与三相短路电流的关系如下。

在远离发电机的用户变电所低压侧发生单相短路时，$Z_{1\Sigma} \approx Z_{2\Sigma}$，因此由式（6-36）得单相短路电流

$$\dot{I}_k^{(1)} = \frac{3\dot{U}_\varphi}{2Z_{1\Sigma} + Z_{0\Sigma}} \tag{6-39}$$

而三相短路时，三相短路电流为

$$\dot{I}_k^{(3)} = \frac{\dot{U}_\varphi}{Z_{1\Sigma}} \tag{6-40}$$

因此
$$\frac{\dot{I}_k^{(1)}}{\dot{I}_k^{(3)}} = \frac{3}{2 + \dfrac{Z_{0\Sigma}}{Z_{1\Sigma}}} \tag{6-41}$$

由于远离发电机发生短路时，$Z_{0\Sigma} > Z_{1\Sigma}$，故

$$I_k^{(1)} < I_k^{(3)} \tag{6-42}$$

由式（6-35）和式（6-42）可知，在无限大容量系统中或远离发电机处短路时，两相短路电流和单相短路电流均较三相短路电流小，因此用于选择电气设备和导体的短路稳定度校验的短路电流，应采用三相短路电流。两相短路电流主要用于相间短路保护的灵敏度检验。单相短路电流主要用于单相短路保护的整定及单相短路热稳定度的校验。

6.4 电气设备的选择与校验

6.4.1 选择电气设备的一般条件

1) 高压电气设备选择与校验的一般原则

选择高压电气设备,必须满足供电系统正常工作条件下和短路故障条件下的工作要求,同时,电气设备应工作安全可靠,运行维护方便,投资经济合理,要根据实际尽可能使用新技术、新设备,并适当考虑近期发展、结构紧凑及美观要求。

(1) 按正常工作条件选择

电气设备按正常工作条件选择,就是要考虑电器装置的环境条件和电器要求。环境条件(自然环境)主要是指设备的安装场合(户外或户内)、环境温度、海拔高度以及有无防尘、防潮、防爆、防火、防腐和美观等要求,据此选择电器结构类型。

电气环境是指对电器设备的工作电压、电流、频率等方面的要求。对一些开断电流的电器,如熔断器、断路器和负荷开关等,则还应考虑其断流能力的要求。

(2) 按短路故障条件校验

为了保证电气设备运行可靠,除了正确选择外,还应校验其在短路情况下的稳定度。电气设备的校验,就是要按最严重的短路故障时,电气设备应能满足动、热稳定度的要求。

2) 低压电器设备选择与校验的一般原则

(1) 按正常工作条件选择

① 电气设备应根据所在场所的环境条件选择。如户外、户内、防爆、防火、防潮、防尘及结构、操作等要求,以及沿海或是温热地区的特点。

② 所选用的电器必须具有其用途所要求的各种功能。

③ 电器的额定电压,要与所在回路额定电压相适应。电器额定电压应不低于所在线路的额定电压,某些设备(如电容器)应考虑正常工作时可能的最高或最低电压。

④ 电器的额定电流应不小于该回路在各种运行方式下的最大持续工作电流。

⑤ 电器的额定频率必须与所在电源回路的频率相适应。

⑥ 保护电器应按保护特性的要求进行选择。

(2) 按短路条件进行校验

① 可能通过短路电流的电器(如刀开关、熔断器式开关),应满足在短路条件下短时和峰值耐受电流的要求。

② 断开短路电流的保护电器(如熔断器、低压断路器),应满足在短路条件下分断能力的要求。

6.4.2 高压一次设备的选择与校验

高压一次设备选择与校验的项目及条件如表 6-6 所示。

表 6-6 高压电气设备选择与校验的项目及条件

电气设备名称	正常工作条件选择			短路电流校验	
	电压/kV	电流/A	断流能力/kA	动稳定度	热稳定度
高压熔断器	√	√	√	×	×
高压隔离开关	√	√	×	√	√
高压负荷开关	√	√	√	√	√
高压断路器	√	√	√	√	√
电流互感器	√	√	×	√	√
电压互感器	√	×	×	×	×

续表

电气设备名称	正常工作条件选择			短路电流校验	
	电压/kV	电流/A	断流能力/kA	动稳定度	热稳定度
电容器	√	×	×	×	×
母线	×	√	×	√	√
电缆、绝缘导线	√	√	×	×	√
支柱绝缘子	√	×	×	√	×
套管绝缘子	√	√	×	√	√
选择校验的条件	电气设备的额定电压应大于安装地点的额定电压	电气设备的额定电流应大于通过设备的计算电流	开关设备的开断电流(或功率)应大于设备安装地点可能的最大开断电流(或功率)	按三相短路冲击电流值校验	按三相短路稳态电流值校验

注：① 表中"√"表示必须校验，"×"表示不必校验。
② 选择变电所高压侧的电气设备时，应取变压器高压侧额定电流。
③ 对高压负荷开关，最大开断电流应大于它可能开断的最大过负荷电流；对高压断路器，其开断电流（或功率）应大于设备安装地点可能的最大短路电流周期分量（或功率）；对熔断器的断流能力应依据熔断器的具体类型而定；对互感器应考虑准确度等级；对补偿电容器应按照无功容量选择。

1) 高压熔断器的选择

高压熔断器的选择应满足以下条件：

(1) 类型

选择熔断器的类型应符合安装要求及被保护设备的技术要求。即必须与装配场合的环境条件、被保护对象等相一致，户内还是户外，被保护对象是线路、变压器、电动机还是电压互感器。如户外高压熔断器用 RW 型，户内则用 RN 型；保护变压器的户内高压熔断器选用 RN1 型，而保护高压互感器的则要选用 RN2 型。

(2) 额定电压 U_{NFU}

熔断器的额定电压 U_{NFU} 应不低于其所保护的装置处的额定电压 U_N，即 $U_{NFU} \geqslant U_N$。

(3) 额定电流 I_{NFU}

熔断器额定电流 I_{NFU} 应不小于它所安装的熔体额定电流 I_{NFE}，0 即 $I_{NFU} \geqslant I_{NFE}$。

(4) 按断流能力进行校验

① 对限流式熔断器（如 RN1、RN2、RTO 型等）：由于熔断器能在短路电流达到冲击值以前完全熄灭电弧而切除短路，因此，校验条件为

$$I_{oc} \geqslant I'' \tag{6-43}$$

式中，I_{oc} 为熔断器的最大分段电流，kA；I'' 为熔断器安装处的三相短路次暂态电流有效值，kA；

② 对非限流式熔断器：由于非限流式熔断器（如 RW4、RM10 等）不能在短路电流达到冲击值前切断短路，因此其校验条件为

$$I_{oc} \geqslant I_{sh} \tag{6-44}$$

式中，I_{sh} 为熔断器安装处的三相短路冲击电路有效值，kA。

③ 对具有断流能力上、下限的熔断器：如电力变压器及线路常用的 RW3、RW4、RW7 型 10kV 户外跌落式熔断器，其断流能力的上限应满足式（6-43）的条件，而其断流能力的下限应满足条件为

$$I_{oc_{min}} \leqslant I_k^{(2)} \tag{6-45}$$

式中，$I_{oc_{min}}$ 为熔断器的最小（下限）分断电流，kA；

$I_k^{(2)}$ 为熔断器所保护线路末端的两相短路电流有效值，kA。

(5) 熔断器保护灵敏度的校验

为了保证熔断器在其保护范围内发生短路故障时能可靠地熔断，熔断器的保护灵敏度应满足以下条件：

$$S_p = \frac{I_{k_{\min}}}{I_{\mathrm{NFE}}} \geqslant K \tag{6-46}$$

式中：I_{NFE} 为熔断器熔体额定电流，A；$I_{k_{\min}}$ 为熔断器保护线路末端在系统最小运行方式时的最小短路电流（对于保护降压变压器的高压熔断器来说，是低压侧母线的两相短路电流折算到高压侧的值）；K 为比值。

2) 电流互感器和电压互感器的选择

(1) 电流互感器的选择

电流互感器应按装置地点的条件及额定电压、额定一次和二次电流、准确级等条件进行选择，并校验其短路稳定度。

电流互感器满足准确级要求的条件，是其二次负荷 S_2 不得大于规定准确级所对应的额定二次容量 S_{2N}，即

$$S_{2N} \geqslant S_2 \tag{6-47}$$

如果电流互感器不满足准确级要求，则应该选较大变流比或者较大二次容量的互感器，或者加大二次接线的截面。

(2) 电压互感器的选择

电压互感器应按装置地点的条件及额定一次和二次电压、准确度级等条件进行选择，不需要校验短路稳定度。

电压互感器满足准确级要求的条件，也是其二次负荷 S_2 不得大于规定准确级所对应的额定二次容量 S_{2N}，即

$$S_{2N} \geqslant S_2 \tag{6-48}$$

电压互感器的二次负荷只计二次回路中所有仪表、继电器电压线圈所消耗的视在功率，即

$$S_2 = \sqrt{(\sum P_u)^2 + (\sum Q_u)^2}$$

式中，$\sum P_\mu$ 为所接测量仪表和继电器电压线圈消耗的有功功率之和；$\sum Q_\mu$ 为所接测量仪表和继电器电压线圈消耗的无功功率之和。

3) 高压开关的选择

选择高压开关，首先应满足的一般要求如下：

① 开关的额定电压应不小于线路的额定电压；

② 开关的额定电流应不小于通过开关的计算电流；

③ 根据安装地点条件及操作要求选择开关和操动机构类型。

例 6-5 试选择图 6-9 所示电路中高压断路器的型号规格。已知 10kV 侧母线短路电流为 5.3kA，继电保护的动作时间为 1.0s，断路器的固有分闸时间为 0.2s。

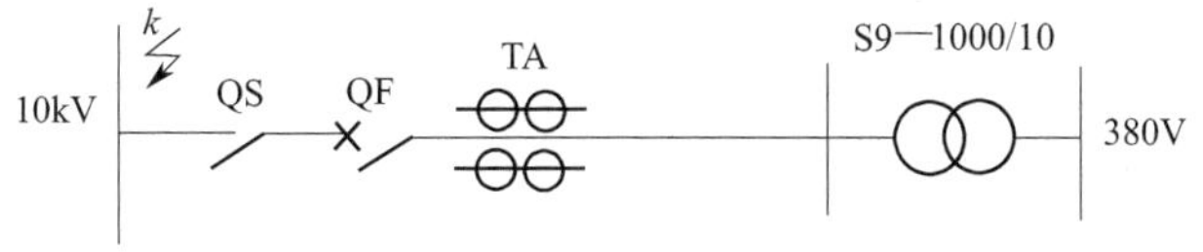

图 6-9 例 6-5 供电系统图

解：变压器最大工作电流按变压器的额定电流计算

$$I_{30} = I_{IN.T} = \frac{S_N}{\sqrt{3}U_N} = \frac{1000}{\sqrt{3} \times 10} = 57.7A$$

短路电流冲击值：$I_{sh} = 2.55 I'' = 2.55 \times 5.3 = 13.515 \text{ kA}$

短路容量：$S_k = \sqrt{3}I_k U_c = \sqrt{3} \times 5.3 \times 10.5 = 96.4 MVA$

短路假想时间：$t_{ima} = t_k = t_{op} + t_{oc} = 1.0 + 0.2 = 1.2s$

根据选择条件和相关数据，宜选用 SN10-10I/630 型高压断路器，其技术数据可由附录表 4 查得。高压断路器选择和校验结果见表 6-7 所示。由选择校验结果可知，所选设备合乎要求。

表 6-7 高压断路器选择和校验结果

序号	安装处的电气条件		短路电流校验		结论
	项目	数据	项目	技术数据	
1	U_N	10kV	U_N	10kV	合格
2	I_{30}	57.7A	I_N	630A	合格
3	$I_K^{(3)}$	5.3kA	I_{oc}	16kA	合格
4	$i_{sh}^{(3)}$	13.515kA	I_{max}	40kA	合格
5	$I_\infty^{(3)2} \cdot t_{ima}$	$5.3^2 \times 1.2 = 33.7$	$I_t^2 \cdot t$	$16^2 \times 2 = 512$	合格

6.4.3 低压一次设备的选择与校验

低压一次设备的选择及校验项目如表 6-8。

表 6-8 低压电气设备选择及校验的项目

电气设备名称	正常工作条件选择			短路电流校验	
	电压/kV	电流/A	断流能力/kA	动稳定度	热稳定度
低压熔断器	√	√	√	×	×
低压刀开关	×	√	√	—	—
低压负荷开关	√	√	√	×	×
低压断路器	√	√	√	—	—

注：① 表中"√"表示必须校验，"×"表示不必校验，"—"表示可不校验。
② 选择校验条件与表 6-6 同。

1) 低压熔断器的选择与校验

（1）熔断器的类型选择

熔断器的类型应符合安装条件、保护性能及操作方式的要求。例如，分支电器的重要性要求及断流容量要低一些，因而可采用 RC1A 型、RL 型熔断器；而重要干线及变压器低压侧总电路则要选用保护型较好、断流容量大的 RTO 型等熔断器。

（2）熔断器的额定电压

熔断器的额定电压，应不低于被保护线路的额定电压。

（3）熔断器的额定电流

熔断器的额定电流 I_{NFU}，应不小于它所安装的熔体额定电流 I_{NFE}，即 $I_{NFU} \geqslant I_{NFE}$。

2) 低压断路器的选择与校验

（1）低压断路器的选择

① 断路器的额定电压 U_N，应不低于其保护或控制电路的额定电压。

② 断路器额定电流 I_N，应不小于它所安装的脱扣器额定电流。

③ 按保护功能要求选择脱扣器种类。

④ 按操作方式选择：要确定操作方式是手动操作（有屏前、屏后操作及中央正面杠杆式、中央手柄式操作等）、电磁铁操作还是电动机预储能操作，来选择低压断路器。

⑤ 按装置方式选择：按装置方式选择，即断路器装在配电屏面、屏内、屏后，或配电箱内，或挂壁、嵌入来确定。

（2）低压断路器脱扣器的选择和整定

根据保护要求，低压断路器可选择装设瞬时过流脱扣器、短延时过流脱扣器和长延时过流脱扣器。

3) 热脱扣器的选择

热脱扣器的额定电流 I_{NFR}，应不小于线路的计算电流 I_c，即 $I_{NFR} \geqslant I_c$。

热脱扣器的动作电流应满足条件为

$$I_{opFR} \geqslant K_{rel} I_c \tag{6-49}$$

式中，K_{rel} 可取为 1.1，也可由实际运行确定。

4) 低压断路器过电流保护灵敏度的校验

为了保证低压断路器可靠动作，其灵敏度应满足的条件为

$$S_p = \frac{I_{k_{min}}}{I_{op}} \geqslant K \tag{6-50}$$

式中，I_{op} 为瞬时或短时过流脱扣器的动作电流，A；$I_{k_{min}}$ 为低压断路器所保护的线路的末端在系统最小运行方式下的单相短路电流（对 TN 系统和 TT 系统）或两相短路电流（对 IT 系统）；K 为比值，取 1.3。

5) 前后级低压断路之间及低压断路器与熔断器之间的选择性配合

① 前后级低压断路器之间的选择性配合。为保证前后级低压断路器之间的选择性配合要求，一般前一级低压断路器宜采用带短延时的过流脱扣器，后一级低压断路器则采用带瞬时过流脱扣器，而且前级的动作电流 I_{op1} 大于后级动作电流 I_{op2} 的 1.2 倍以上，即

$$I_{op1} \geqslant 1.2 I_{op2} 。$$

② 低压断路器与熔断器之间的选择性配合。要由低压断路器和熔断器的保护特性曲线来判别。前一级低压断路器可按 $-30\% \sim -20\%$ 的负偏差、后一级熔断器可按 $+30\% \sim +50\%$ 的正偏差考虑。如两曲线既不重叠也不交叉，且低压断路器的保护曲线在上方，则满足选择性要求。

思考题与习题

6-1 什么叫短路？

6-2 电力系统中出现的短路类型有哪些？哪种形式的短路危害最为严重？

6-3 短路产生的原因有哪些？

6-4 短路对电力系统或电器设备会造成哪些危害？

6-5 短路计算的目的是什么？

6-6 什么叫无限大容量电力系统？其基本特点是什么？

6-7 三相、两相、单相短路电流计算值分别有什么用途？是否三相短路电流总是比两相单相短路电流值大？

6-8 简要说明进行短路计算的基本步骤及要点。

6-9 短路计算的标幺值法与欧姆法各有什么特点？各适用于何种场合？

6-10 什么叫短路电流的热效应？

6-11 为什么要对电气设备和导体进行动、热稳定度校验？

6-12 高压断路器、负荷开关、隔离开关的动、热稳定度校验条件是什么？

6-13 电气设备的选择包括哪些内容?

6-14 电气设备的校验包括哪些内容?

6-15 低压电器选择与校验的一般原则有哪些?

6-16 高压熔断器的选择包括哪些条件?

6-17 某供电系统如图 6-10 所示。试求工厂配电所 10kV 母线上 k-1 点短路和车间变电所低压 380V 母线上 k-2 点短路的三相短路电流和短路容量。

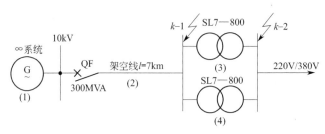

图 6-10 习题 6-17 图

第 7 章　供配电系统的保护

> **教学目标**
> - 熟悉继电保护的基本知识。
> - 掌握高压线路的继电保护和电力变压器的继电保护。
> - 了解继电保护的接线方式和操作电源等知识。
> - 了解照明技术的基本概念,熟悉照度计算的方法。
> - 掌握低压供配电系统中电气和导体的选择。

7.1　继电保护的基本知识

7.1.1　继电保护装置的任务

在工厂供电系统的运行过程中,往往由于电气设备的绝缘损坏、操作维护不当以及外力破坏等原因,造成系统故障或不正常的运行状态。在三相交流供电系统中,最常见也最危险的故障是各种类型的短路,由于短路故障的发生,对工厂供电系统可能导致严重后果。因此,必须采取各种有效措施消除或减少故障。一旦系统发生故障,应迅速切除故障设备,恢复正常运行;若系统发生不正常运行状态,应及时处理,以免引起设备故障。继电保护装置就是能反应供电系统中电气设备发生故障或不正常运行状态,并能动作于断路器跳闸或启动信号装置发出预告信号的一种自动装置。继电保护装置的任务如下:

① 当发生故障时,保护装置动作,迅速地、有选择地将故障设备从供电系统中切除,避免事故的扩大,保证其他电气设备继续正常运行;

② 当出现不正常工作状态时,保护装置动作,及时发出报警信号,以便引起运行人员注意并及时处理;

③ 与工厂供电系统的其他自动装置,如备用电源自动投入装置(APD)、自动重合闸装置(ARD)等配合,缩短事故的停电时间,及时恢复正常供电,从而提高供电系统的运行可靠性。

7.1.2　继电保护装置的基本要求

为了使保护装置能够正确地反映故障并起到保护作用,继电保护装置应满足选择性、快速性、可靠性和灵敏性的要求。

(1) 选择性

当供电系统发生故障时,离故障点最近的保护装置应先动作,切除故障,而供电系统的其他无故障部分仍能正常运行,满足这一要求的动作,就叫有选择性。如果供电系统发生故障时,离故障点最近的保护装置不动作(拒动),而离故障点远的保护装置越级动作,就会使停电范围扩大,这叫失去选择性。如图 7-1 所示,当 k 处发生短路故障时,应是距离事故点最近的断路器 QF_2 动作,切除事故,而 QF_1 不应动作,以免事故扩大。只有当 QF_2 拒绝动作,作为后一级保护的 QF_1 才能启动,切除事故。

(2) 快速性

在发生故障时,保护装置应尽快动作切除事故,以减少对用电设备的损害,减轻对系统

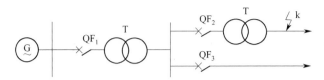

图 7-1 保护装置选择性动作

的破坏程度，提高系统的稳定性。

（3）可靠性

保护装置在其保护范围内发生故障时，必须可靠动作，不应拒绝动作，在不该动作的情况下不应误动作。为了满足可靠性的要求，保护装置接线应尽可能简单，力求减少继电器接点，避免保护装置断线、短路、接地和错误的接线，所有辅助元件如连接端子、连接导线以及安装施工，都应十分可靠。

（4）灵敏性

保护装置对其保护区内发生故障或不正常运行状态的反应能力称为灵敏性。如果保护装置对其保护区内极轻微的故障都能及时地反应动作，即具有足够的反应能力，说明保护装置的灵敏度高。保护装置灵敏与否，一般用灵敏度 S_p 来衡量。

对过电流保护装置，灵敏度为：

$$S_p = \frac{I_{k.\min}}{I_{op.1}} \tag{7-1}$$

式中，$I_{k.\min}$ 为系统在最小运行方式（指电力系统处于短路阻抗为最大，短路电流为最小的状态的一种运行方式）时保护区末端的短路电流；$I_{op.1}$ 为保护装置一次侧动作电流。

以上四项是对保护装置的基本要求，对某一个具体的保护装置来说，往往侧重某一个方面。例如，由于电力变压器是供电系统中最关键的设备，对它的保护要求灵敏度高。而对一般电力线路的保护装置，灵敏度的要求可低一些，但对其选择性动作的要求较高。又例如，在无法兼顾选择性和快速性的情况下，为了快速切除故障以保护某些关键设备，或者为了尽快恢复系统的正常运行，有时甚至牺牲选择性来保证快速性。

7.1.3 继电保护的基本工作原理

工厂供电系统发生故障时，会引起电流增大、电压降低、电压和电流间相位角改变等。因此，利用故障时上述物理量与正常时的差别，构成各种不同工作原理的继电保护装置。如电流保护、电压保护、方向保护、距离保护和差动保护等。

继电保护的种类很多，但是其工作原理基本相同，它主要由测量、逻辑和执行三部分组成，如图 7-2 所示。

图 7-2 继电保护的工作原理

（1）测量部分

测量部分测量被保护设备的某物理量，和保护装置的整定值进行比较，判断被保护设备是否发生故障，保护装置是否应该启动。

（2）逻辑部分

逻辑部分根据测量部分输出量的大小、性质、出现的顺序，使保护装置按一定的逻辑关系工作，输出信号到执行部分。

（3）执行部分

执行部分根据逻辑部分的输出信号驱动保护装置动作，使断路器跳闸或发出信号。

7.2 常用的保护继电器

工厂供电系统的继电保护装置由各种保护继电器构成。保护继电器的种类很多，按继电器的结构原理分，有电磁式、感应式、数字式、微机式等继电器；按继电器反应的物理量分，有电流继电器、电压继电器、功率方向继电器、气体继电器等；按继电器反应数量分，有过量继电器和欠量继电器，如过电流继电器、欠电压继电器等；按继电器在保护装置中的功能分，有启动继电器、时间继电器、信号继电器和中间继电器等；按继电器与一次电路的联系分，有一次式和二次式：一次式继电器的线圈与一次电路直接相连，二次式继电器的线圈连接在电流互感器或电压互感器的二次侧。继电保护中用的继电器都是二次式继电器。

工厂供电系统中常用的继电器主要是电磁式继电器和感应式继电器。在现代化的大型工厂中也开始使用微机式继电器或微机保护。

下面介绍工厂供电系统中常用的几种保护继电器。

7.2.1 电磁式继电器

（1）电磁式电流继电器和电压继电器

电磁式电流继电器在继电保护装置中，通常用作启动元件。在工厂供电系统中，最常用的 DL-10 系列电磁式电流继电器结构如图 7-3 所示。

当继电器线圈 1 通过电流时，电磁铁 2 中产生磁通，使 Z 形衔铁（钢舌片）3 向磁极偏转，而轴 4 上的反作用力弹簧 5 则阻止衔铁偏转。当继电器线圈中的电流增大到使衔铁所受到的转矩大于弹簧的反作用力矩时，衔铁被吸近磁极，使常开触点闭合，常闭触点打开，此时称为继电器的动作或启动。能使电流继电器动作的最小电流，称为电流继电器的动作电流，用 I_{op} 表示。

继电器动作后，若线圈中电流减小到一定数值时，衔铁由于电磁力矩小于弹簧的反作用力矩而返回起始位置，常开触点打开，此时称为继电器返回。能使电流继电器由动作状态返回到起始位置的最大电流，称为电流继电器的返回电流，用 I_{re} 表示。

继电器的返回电流与动作电流之比，称为电流继电器的返回系数，用 K_{re} 表示，即

$$K_{re} = I_{re}/I_{op} \tag{7-2}$$

对于过量继电器，K_{re} 总是小于 1，返回系数越接近于 1，继电器质量就越高，反应越灵敏。如果电流继电器的返回系数过低时，还可能使保护装置发生误动作。对 DL 型继电器 K_{re} 可取 0.85。增大衔铁与磁极间距离，可提高返回系数。

继电器动作电流有两种调节方法：一种是粗调，是改变两个线圈的连接方式（串联或并联），这是阶段调整，即线圈并联时其动作电流比串联时增大一倍。二是细调，是转动调节转杆 9，改变弹簧 5 的反作用力矩，实现平滑调节。电流继电器的图形符号和文字符号如图 7-4 所示。

电磁式电流继电器的优点是消耗功率小，灵敏度高，动作迅速（0.02～0.04s）；缺点是触点容量小，不能直接用于接通断路器跳闸线圈使断路器跳闸，因此它常用于保护装置的启动元件。

工厂供配电系统中，常用的电磁式电压继电器的结构和原理，与上述电磁式电流继电器非常类似，只是电压继电器的线圈匝数多，阻抗大，反应的参量是电压，多做成低压（欠电

压）继电器。它也常用于保护装置的启动元件。

低电压继电器的动作电压 U_{op}，为其线圈上的使继电器动作的最高电压；其返回电压 U_{re}，为其线圈上的使继电器由动作状态返回到起始位置的最低电压。低电压继电器的返回系数 $K_{re}=U_{re}/U_{op}>1$，一般为 1.25。K_{re} 越接近 1，说明该继电器越灵敏。

有关电磁式电流继电器的技术数据见附录表 17；有关电压继电器的技术数据见附录表 18，供参考。

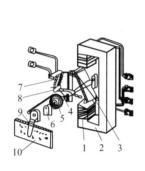 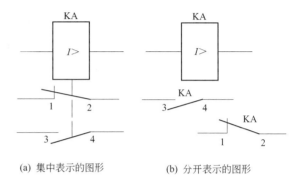

图 7-3 DL-10 系列电磁式电流继电器的内部结构
1—线圈；2—电磁铁；3—钢舌片；4—轴；
5—反作用力弹簧；6—轴承；7—静触点；
8—动触点；9—启动电流调节转杆；10—标度盘（铭盘）

图 7-4 电流继电器的图形符号和文字符号

(2) 电磁式时间继电器

电磁式时间继电器在继电保护中，用作时限元件，使保护装置动作获得一定的延时。因此，对时间继电器的要求是动作时限的准确性，而且其动作时间不应随操作电压在运行中的波动而改变。

常用的 DS-110/120 系列电磁式时间继电器的内部结构如图 7-5 所示。它是由一个电磁启动机构带动一个钟表结构而组成的。电磁启动机构采用螺管线圈式结构，其操作电源可以是直流的，也可以是交流的，一般由直流操作电源供电的时间继电器应用得较多。

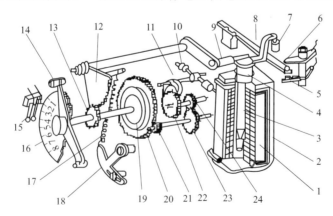

图 7-5 DS-110/120 系列电磁式时间继电器的内部结构
1—线圈；2—电磁铁；3—可动铁芯；4—返回弹簧；5，6—瞬时静触点；
7—绝缘件；8—瞬时动触点；9—压杠；10—平衡锤；11—摆动卡板；
12—扇形齿轮；13—传动齿轮；14—主动触点；15—主静触点；16—标度盘；
17—拉引弹簧；18—弹簧拉力调节器；19—摩擦离合器；20—主齿轮；21—小齿轮；
22—掣轮；23，24—钟表机构传动齿轮当继电器线圈 1 中通电后，可动铁芯（衔铁）3 即被瞬时吸入电磁线圈中，扇形齿轮的压杆 9 被释放，在拉引弹簧 17 的作用下使扇形齿轮 12 按顺时针方向转动，并带动传动齿轮 13，经摩擦离合器 19，使同轴的主齿轮 20 转动，并传动钟表机构。因钟表机构中摆动卡板和平衡锤的作用，使动触点 14 恒速运动，经过一定时间后与静触点 15 相接触，完成了时间继电器的动作过程。通过改变静触点的位置，也就是改变动触点的行程，即可调整时间继电器的动作时间。

当加在线圈上的电压消失后，在返回弹簧 4 的作用下，衔铁被顶回原来位置，同时扇形齿轮的压杆也立即被顶回原处，使扇形齿轮复原。因为返回时动触点轴是顺时针方向转动的，因此，摩擦离合器与主齿轮脱开，这时钟表机构不参加工作，所以返回过程是瞬时完成的。

为了缩小时间继电器的尺寸，它的线圈一般不按长期通过电流来设计，因此当需要长期（大于 30s）加电压时，必须在继电器线圈中串联一个附加电阻。在时间继电器线圈上没有加电压时，电阻被继电器下面的瞬动常闭触点短接。在动作电压加入继电器线圈的最初瞬间，全部电压加到时间继电器的线圈上，但一旦继电器动作后，其瞬动常闭触点断开将电阻串入继电器线圈，以限制其电流，提高继电器的热稳定性。

时间继电器的图形符号和文字符号如图 7-6 所示。有关电磁式时间继电器的技术数据见附录表 19，供参考。

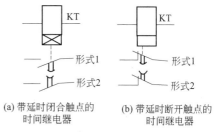

图 7-6 时间继电器的图形符号和文字符号

（3）电磁式中间继电器

中间继电器的作用是在继电保护装置和自动装置中增加触点数量和触点容量。因此，这类继电器一般都带有几对触点，其触点的容量也比较大，一般在保护装置的出口回路中用来接通断路器的跳闸回路。

DZ 系列电磁式中间继电器内部结构如图 7-7 所示，它一般采用吸引衔铁式结构。当线圈通电时，衔铁被电磁铁吸向闭合位置，并带动触点转换，常开触点闭合，常闭触点打开。当断开电源时，衔铁被快速释放，触点全部返回到起始位置。

图 7-8 为中间继电器的图形符号和文字符号。有关电磁式中间继电器的技术数据见附录表 20，供参考。

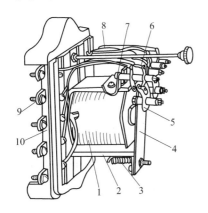

图 7-7 DZ 系列电磁式中间继电器内部结构
1—线圈；2—电磁铁；3—弹簧；4—衔铁；5—动触点；
6，7—静触电；8—连接线；9—接线端子；10—底座

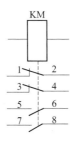

图 7-8 中间继电器的图形符号和文字符号

(4) 电磁式信号继电器

信号继电器在继电保护和自动装置中用作信号元件,指示装置已经动作,以便进行事故分析。

工厂供电系统中常用的有 DX—11 型和组合式的 DX—20/30 系列电磁式信号继电器,它们的内部结构基本相同,图 7-9 为 DX—11 型信号继电器的内部结构。

在正常情况下,继电器线圈 1 中没有电流通过,衔铁 4 被弹簧 3 拉住,信号牌 5 由衔铁的边缘支持在水平位置。当信号继电器线圈中有电流流过时,电磁力吸引衔铁而释放信号牌,信号牌由自身的重量下落,并且停留在垂直位置(机械自保持)。这时在继电器外壳上面的玻璃孔上可以看到带有颜色的信号标志。在信号牌落下时,固定信号牌的轴同时转动 90°,固定在这轴上的动触点 8 与静触点 9 接通,用来接通灯光或音响信号回路。要使信号停止,可旋转外壳上的复位旋钮 7,断开信号回路,同时使信号牌复位。

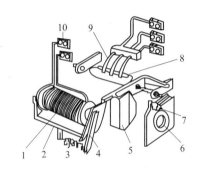

图 7-9 DX—11 型信号继电器的内部结构
1—线圈;2—电磁铁;3—弹簧;4—衔铁;
5—信号牌;6—玻璃窗孔;7—复位旋钮;
8—动触点;9—静触点;10—接线端子

图 7-10 信号继电器的图形符号和文字符号

图 7-10 为信号继电器的图形符号和文字符号。有关电磁式信号继电器的技术数据见附录表 21,供参考。

7.2.2 感应式电流继电器

感应式电流继电器在继电保护装置中既能作为启动元件,又能实现延时、给出信号和直接接通跳闸回路。因此,它既能实现带时限的过电流保护,又能同时实现电流速断保护,从而使保护装置大大简化。

1) 感应式电流继电器的结构

GL-10 系列感应式电流继电器的内部结构如图 7-11 所示,它由感应系统和电磁系统两部分组成,其中感应系统可实现反时限过电流保护;电磁系统可实现瞬时动作的过电流保护。

感应系统主要由线圈 1、带有短路环 3 的电磁铁 2 和圆形铝盘 4 等组成。铝盘的另一侧装有制动永久磁铁 8,铝盘的转轴放在活动框架 6 的轴承内,活动框架 6 可绕轴转动一个小角度,正常未启动时框架 6 被调节弹簧 7 拉向止挡的位置。

电磁系统由线圈 1、电磁铁 2 和装在电磁铁上侧的衔铁 15 等组成。线圈 1 和电磁铁 2 是感应系统和电磁系统共用的。衔铁左端有扁杆 11,由它可瞬时闭合触点。

2) 感应式电流继电器的工作原理

(1) 感应系统的工作原理

感应系统的工作原理可用图 7-12 来说明。当线圈 1 有电流 I_{KA} 通过时,电磁铁 2 在短路环 3 的作用下,产生在时间和空间位置上不相同的两个磁通 ϕ_1 和 ϕ_2,穿过铝盘 4。这时作用于铝盘上的转矩为：

$$M_1 \propto \phi_1 \phi_2 \sin\phi \tag{7-3}$$

式中，ϕ 为 ϕ_1 与 ϕ_2 间的相位差。

由于 $\phi_1 \propto I_{KA}$，$\phi_2 \propto I_{KA}$，而 ϕ 为常数，因此

$$M_1 \propto I_{KA}^2 \tag{7-4}$$

铝盘在转矩 M_1 作用下转动后，铝盘切割制动永久磁铁 8 的磁通而在自己内部感生涡流，该涡流又与制动永久磁铁的磁通相作用，产生一个与 M_1 反向的制动力矩 M_2，它与铝盘转速 n 成正比，即

$$M_2 \propto n \tag{7-5}$$

当铝盘转速 n 增大到某一定值时，$M_1 = M_2$，这时铝盘匀速转动。

继电器的铝盘在上述 M_1 和 M_2 的共同作用下，铝盘受到一个向外的合力，有使框架 6 绕轴顺时针方向偏转的趋势，但受到调节弹簧 7 的阻力。

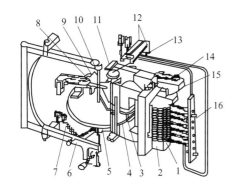

图 7-11 GL－10/20 系列感应式电流继电器内部结构
1—线圈；2—电磁铁；3—短路环；4—铝盘；5—钢片；
6—铝框架；7—调节弹簧；8—制动永久磁铁；
9—扇形齿轮；10—蜗杆；11—扁杆；12—继电器触点；
13—时限调节螺杆；14—速断电流调节螺钉；
15—衔铁；16—动作电流调节插销

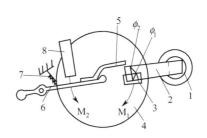

图 7-12 GL－10 系列继电器转矩示意图
1—线圈；2—电磁铁；3—短路环；4—铝盘；
5—钢片；6—铝框架；7—调节弹簧；
8—制动永久磁铁

当继电器电流增大到继电器的动作电流 I_{op} 时，铝盘受到的推力也增大到足以克服弹簧阻力的程度，从而使铝盘带动框架前偏，使蜗杆 10 与扇形齿轮 9 啮合，此时叫做"继电器动作"。由于铝盘继续转动，使扇形齿轮沿着蜗杆上升，经过一定时间后，扇形齿轮的杆臂碰到了衔铁左边的凸柄，凸柄随即上升，使电磁铁的铁芯与衔铁右边间隙减小，当空气隙减小到某一数值时，衔铁的右边便吸向电磁铁的铁芯，此时薄片和衔铁的左边一同上升而使触点闭合。同时使信号牌（图 7-11 未画出）掉下，从观察孔可以看到其红色或白色的信号牌指示，表示继电器已经动作。

继电器线圈中的电流越大，铝盘转得越快，扇形齿轮沿蜗杆上升的速度也越快，因此动作时间也越短。这就是感应式电电流继电器的"反时限特性"，如图 7-13 所示曲线 abc 的 ab 段，这一动作特性是感应系统产生的。

(2) 电磁系统的工作原理

当继电器线圈电流再增大到整定的速断电流 I_{qb} 时，电磁铁 2 瞬时将衔铁 15 吸下，使触点 12 切换，动作时间为 0.05～0.1s，同时使信号牌掉下。显然电磁系统的作用又使感应式电流继电器具有"速断特性"，如图 7-13 所示 $bb'd$ 折线。将动作特性曲线上对应于开始速断时间的动作电流倍数，称为"速断电流倍数"，即

$$n_{qb} = I_{qb}/I_{op} \tag{7-6}$$

GL—10系列电流继电器的速断电流倍数 $n_{qb} = 2\sim 8$，它是利用速断电流螺钉14改变衔铁15与电磁铁2之间的气隙大小来调节的。

电流继电器的动作电流 I_{op} 的整定，可利用插销16来改变线圈匝数，从而达到动作电流的逐级调节，也可以利用调节弹簧7的拉力来进行平滑的细调。

继电器感应系统的动作时间，是利用时限调节螺杆13来改变扇形齿轮顶杆行程的起点，以使动作特性曲线上下移动。不过要特别注意，继电器动作时限调节螺杆的标度尺，是以10倍动作电流的动作时限来标度的，也就是标度尺上所标出的动作时间，是继电器线圈通过的电流为其动作电流10倍时的动作时间。因此，继电器实际的动作时间与实际通过继电器线圈的电流大小有关，需从相应的动作特性曲线上去查得。

当继电器线圈中的电流减小到返回电流以下时，弹簧便拉回框架，这时扇形齿轮的位置与铝盘是否转动已无关了，扇形齿轮脱离蜗杆后，靠本身的重量下跌到原来起始位置，继电器的其他机构也都返回到原来位置。把扇形齿轮与蜗杆离开时线圈中的电流叫做继电器的返回电流。

感应式电流继电器的图形符号和文字符号见图7-14。GL—11、15、21、25型感应式电流继电器的技术数据及其动作特性曲线见附录表22，供参考。

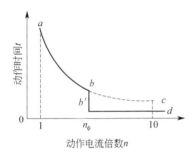

图 7-13 感应式电流继电器的动作特性曲线
abc—感应元件的反时限特性；bbd—电磁元件的速断特性

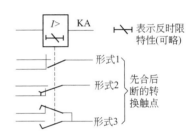

图 7-14 感应式电流继电器的图形符号和文字符号

7.3 继电保护装置的接线方式和操作电源

7.3.1 继电保护装置的接线方式

继电保护装置的接线方式是指继电保护中的电流继电器与电流互感器二次绕组的连接方式。为了便于分析和整定计算，引入接线系数 K_w，它是流入继电器的电流 I_{KA} 与电流互感器二次绕组电流 I_2 的比值，即

$$K_w = I_{KA}/I_2 \tag{7-7}$$

继电保护装置的接线方式有三相三继电器式完全星形接线、两相两继电器式不完全星形接线、两相三继电器式不完全星形接线和两相一继电器电流差式接线等几种。

(1) 三相三继电器式接线方式

三相三继电器式接线方式是将三只电流继电器分别与三只电流互感器相连接，如图7-15所示，又称完全星形接线。它能反应各种短路故障，流入继电器的电流与电流互感器二次绕组电流相等，其接线系数在任何短路情况下均等于1。此种接线常用于110kV及以上中性点直接接地系统中,作为相间短路和单相短路的保护。

(2) 两相两继电器式接线方式和两相三继电器式接线方式

两相两继电器式接线方式将两个电流继电器分别与设在 A、C 相的电流互感器连接,如图 7-16 所示,又称不完全接线。由于 B 相没有装设电流互感器,当该相出现接地故障时,电流继电器不能反映出来,保护装置不可能起到保护作用。当一次线路发生三相短路或任意两相短路时,至少有一个继电器动作。此种接线方式适用于工厂中性点不接地的 6~10kV 保护线路中。在两相两继电器接线的公共中线上接入第三个继电器,称为两相三继电器式接线方式,如图 7-17 所示。实际上流入该继电器的电流为流入其他两个继电器电流之和,这一电流在数值上与第三相(即 B 相)电流相等,这样就使保护的灵敏度提高了。

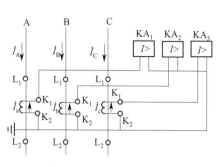

图 7-15 三相三继电器式接线

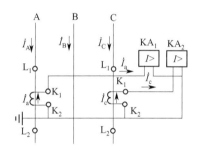

图 7-16 两相两继电器式接线

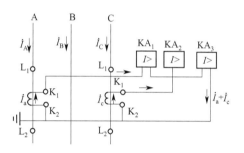

图 7-17 两相三继电器式接线

(3) 两相一继电器式接线

两相一继电器式接线方式如图 7-18 所示,由于流入继电器线圈中的电流为两个电流互感器二次电流之差,所以又称两相差式接线。

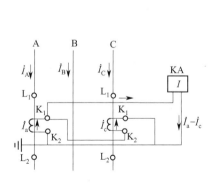

图 7-18 两相一继电器式接线

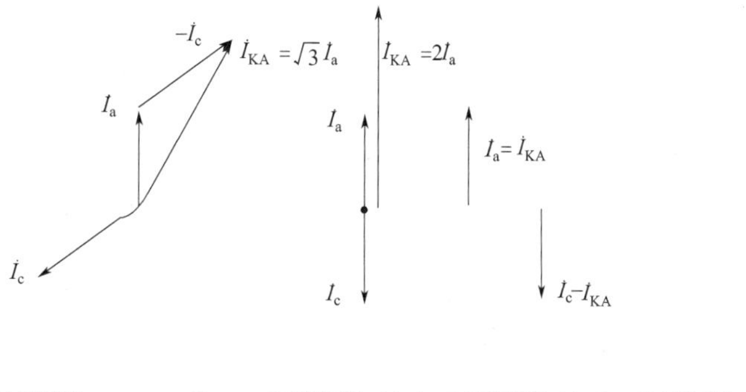

(a) 三相短路 (b) A、C 两相短路 (c) A、B 两相短路 (d) B、C 两相短路

图 7-19 两相电流差式接线在不同短路形式下电流相量图

在一次电路发生三相短路时,流入继电器的电流为电流互感器二次电流的 $\sqrt{3}$ 倍,如图 7-19(a) 所示,此时 $K_w = \sqrt{3}$。

在一次电路的 A、C 两相发生短路时,由于两相电流反应在 A 相和 C 相中是大小相等,方向相反,如图 7-19(b) 所示,因此流入继电器的电流为互感器二次电流的 2 倍,此时 $K_w = 2$。

在一次电路的 A、B 两相或 B、C 两相发生短路时,流入继电器的电流只有一相互感器的二次电流,如图 7-19(c)、(d) 所示,此时 $K_w=1$。

因此,这种接线方式在发生不同短路故障时的灵敏度不同,同时这种接线也不能反映出第三相(B相)的单相接地短路故障。但因其接线简单,使用继电器最少,可以作为 10kV 及以下工厂企业的高压电动机保护。

引入接线系数后,电流互感器一次侧电流与流入电流继电器电流的关系为:

$$I_1 = K_i I_2 = K_i \frac{I_{KA}}{K_w} \tag{7-8}$$

式中,K_i 为电流互感器的变流比;I_1、I_2 为电流互感器一次侧、二次侧电流;I_{KA} 为流入电流继电器的电流。

7.3.2 保护装置的操作电源

保护装置的操作电源是指供电给继电保护装置及其所作用的断路器操动机构的电源。它应能在正常或故障情况下向这些装置不间断地供电。操作电源分直流和交流两大类。

(1) 直流操作电源

过去多采用铅酸蓄电池组,现多采用镉镍蓄电池组或带电容储能的晶闸管整流装置。

① 铅酸蓄电池组。优点是它与交流的供电系统无直接联系,不受供电系统运行情况的影响,工作可靠。缺点是设备投资大,还需设置专门的蓄电池室,且有较大的腐蚀性,运行维护也相当麻烦。现在一般工厂变配电所已很少采用。

② 镉镍蓄电池组。单个镉镍蓄电池额定端电压为 1.2V,充电终了时端电压可达 1.75V。

采用镉镍蓄电池组的直流操作电源,除不受供电系统运行情况的影响、工作可靠外,还有大电流放电性能好、使用寿命长、腐蚀性小、占地面积小、充放电控制方便以及无需专用房间等优点,因此现在在大中型工厂变配电所中广泛应用。

③ 电容储能的晶闸管整流装置。优点是设备投资更少,并能减少运行维护工作量。缺点是电容器有漏电问题,且易损坏,因此其工作可靠性不如镉镍蓄电池。

(2) 交流操作电源

由于它直接利用交流供电系统的电源,可以取自电压互感器或电流互感器,因此投资少,运行维护方便,而且二次回路简单可靠。因此在中小型工厂变配电所中广泛采用。

在电压互感器二次侧安装一只 100V/220V 的隔离变压器就可取得供给控制和信号回路的交流操作电源。但必须注意:短路保护的操作电源不能取自电压互感器。因为当发生短路时,母线上的电压显著下降,以至加到断路器跳闸线圈上的电压不能使操作机构动作,只有在故障或异常运行状态时母线电压无显著变化的情况下,保护装置的操作电源才可以由电压互感器供给,例如中性点不接地系统的单相接地保护。

对于短路保护的保护装置,其交流操作电源可取自电流互感器,在短路时,短路电流本身可用来使断路器跳闸。

下面介绍两种常用的交流操作方式。

① 直接动作式 如图 7-20 所示,是利用断路器操作机构内的过电流脱扣器(跳闸线圈)YR 作为电流继电器直接动作于跳闸,可接成两相两继电器式或两相差式接线。正常运行时,YR 流过的电流小于 YR 的动作电流,因此不动作。而当一次电路发生相间短路时,短路电流反映到电流互感器的二次侧,流过 YR 的电流达到动作值,使断路器 QF 跳闸。这种接线不另设继电器,设备最少,接线简单,但保护灵敏度低,实际上很少用。

② "去分流跳闸"式 如图 7-21 所示。正常运行时,电流继电器 KA 的常闭接点将跳闸线圈 YR 短路,YR 无电流流过,断路器 QF 不会跳闸。而在一次电路发生相间短路时,KA 动作,其常闭接点断开,使 YR 的短路分流支路被去掉(即"去分流"),电流互感器的

二次侧的电流全部流过 YR，断路器跳闸。这种接线简单，灵敏度较高，但要求继电器的触点容量较大。GL15、GL16 型反时限电流继电器完全能达到要求，因此这种去分流跳闸的操作方式在工厂企业中应用相当广泛。

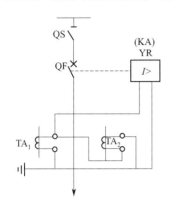 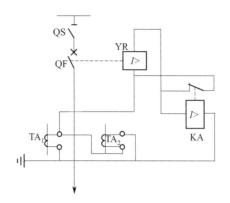

图 7-20　直接动作式过电流保护电路　　　图 7-21　"去分流跳闸"式过电流保护电路

7.4　工厂高压线路的继电保护

工厂内部的高压线路的电压等级一般为 6kV～35kV，线路较短，通常为单端供电，常见的故障主要有相间短路、单相接地、过负荷。因此，继电保护比较简单，应装设相间短路保护、单相接地保护和过负荷保护。

工厂高压线路装设带时限的过电流保护和电流速断保护，在发生各种形式的相间短路时，作用于高压断路器的跳闸机构，使断路器跳闸，切除短路故障。

工厂高压线路装设绝缘监察装置或单相接地保护，保护作用于信号，作为单相接地故障保护。对可能经常过负荷的电缆线路，装设过负荷保护，作用于信号。

7.4.1　带时限的过电流保护

带时限的过电流保护，按其动作时间特性分两种：定时限过电流保护和反时限过电流保护。定时限，就是保护装置的动作时间是固定的，与短路电流的大小无关。反时限，就是保护装置的动作时间与反应到继电器中的短路电流的大小成反比关系，短路电流越大，动作时间越短，所以反时限特性也称为反比延时特性或反延时特性。

1）定时限过电流保护装置的组成和工作原理

定时限过电流保护装置的原理图和展开图如图 7-22 所示。图 7-22(a) 中，所有元件的组成部分都集中表示，称为原理图；图 7-22(b) 中，所有元件的组成部分按其所属回路分开表示，一般称为展开图，展开图简明清晰，广泛应用于二次回路图。

定时限过电流保护装置一般采用 DL 系列电磁式继电器，由启动元件（电流继电器）、时限元件（时间继电器）、信号元件（信号继电器）和出口元件（中间继电器）等四部分组成。其中 YR 为断路器的跳闸线圈，QF 为断路器，TA_1 和 TA_2 为装于 A 相和 C 相上的电流互感器。

保护装置的工作原理：正常情况下，断路器 QF 闭合，保持正常供电，线路中流过正常电流，此时电流继电器不会启动。当线路发生相间短路时，电流继电器 KA_1 和 KA_2 中至少有一个瞬时动作，闭合其动合触点，使时间继电器 KT 启动。KT 经过整定的时限后，其延时触点闭合，使串联的信号继电器 KS 和中间继电器 KM 动作。KM 动作后，其触点接通断路器的跳闸线圈 YR 的回路，使断路器 QF 跳闸，切断短路故障。与此同时，KS 动作，其信号指示牌掉下，并接通信号回路，给出灯光和音响信号。在断路器跳闸时，QF 的辅助触点随之断开跳闸回路，以减轻中间继电器触点的工作，在短路故障被切除后，继电保护装置除 KS 外的其他所有继电器均自动返回起始状态，而 KS 可手动复位。

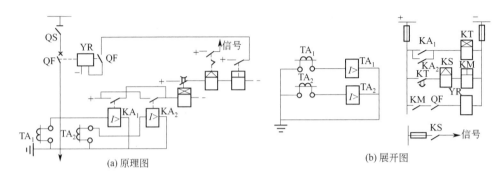

图 7-22　定时限过电流保护装置的原理电路图

2）反时限过电流保护装置的组成和工作原理

反时限过流保护装置由 GL 型感应式电流继电器组成。图 7-23 为两相两继电器式接线的"去分流跳闸"的反时限过电流保护原理图。由于继电器本身动作带有时限，并有动作指示掉牌信号，所以该保护装置不需要接时间继电器和信号继电器。

保护装置的工作原理：正常情况下，电流继电器流过正常工作电流，跳闸线圈被继电器的常闭触点短路，电流互感器二次侧经继电器线圈及常闭触点构成回路，保护不动作。当线路发生相间短路时，电流继电器 KA_1 和 KA_2 中至少有一个瞬时动作，经过一定的延时后（时限长短与短路电流大小成反比关系），其常开触点闭合，紧接着其常闭触点断开，这时断路器跳闸线圈 YR 因"去分流"而通电，从而使断路器跳闸，切除短路故障部分。

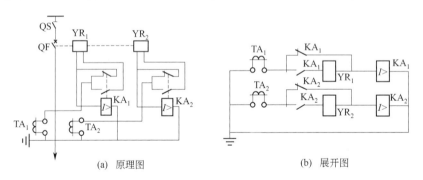

图 7-23　反时限过电流保护装置的原理电路图

比较图 7-23 与图 7-21 可知，图 7-23 中的电流继电器增加了一对常开触点，与跳闸线圈 YR 串联，其目的是防止电流继电器的常闭触点在一次电路正常运行时由于外界震动等偶然因素使其断开而导致断路器误跳闸的事故。增加这对常开触点后，即使常闭触点偶然断开，也不会造成断路器误跳闸。

3）过电流保护的整定计算

过电流保护的整定计算有动作电流整定、动作时限整定和灵敏度校验三项内容。

（1）动作电流整定

带时限的过电流保护（包括定时限和反时限）的动作电流 I_{op} 是指使继电器动作的最小电流。过电流保护装置的动作电流应该躲过线路的最大负荷电流（包括正常过负荷电流和尖峰电流）$I_{L.\max}$，以免在最大负荷通过时保护装置误动作；同时，保护装置的返回电流 I_{re} 也应该躲过线路的最大负荷电流 $I_{L.\max}$，以保证保护装置在外部故障切除后，可靠地返回到原始位置。现以图 7-24 为例来说明。

当线路 WL2 的首端 k 点发生短路时，由于短路电流远远大于正常最大负荷电流，所以线路的过电流保护装置 KA$_1$、KA$_2$ 同时启动。为保证保护的选择性，应该是靠近故障点 k 的保护装置 KA$_2$ 首先断开 QF$_2$，切除故障线路 WL2。这时线路 WL1 恢复正常运行，其保护装置 KA$_1$ 应返回起始位置。若 KA$_1$ 在整定时其返回电流未躲过线路 WL$_1$ 的最大负荷电流，即 KA$_1$ 的返回系数过低时，则 KA$_2$ 切除 WL$_2$ 后，WL$_1$ 虽然恢复正常运行，但 KA$_1$ 继续保持启动状态（由于 WL$_1$ 在 WL$_2$ 切除后，还有其他出线，因此还有负荷电流），从而达到它所整定的时限（KA$_1$ 的动作时限比 KA$_2$ 的动作时限长）后，必将错误地断开 QF$_1$，造成 WL$_1$ 停电，扩大了故障停电范围，这是不允许的。所以保护装置的返回电流也必须躲过线路的最大负荷电流。

过电流保护装置动作电流的整定公式为：

$$I_{op} = \frac{K_{rel}K_w}{K_{re}K_i} I_{L.\max} \quad (7-9)$$

式中，K_{rel} 为保护装置的可靠系数，对 DL 型继电器取 1.2，对 GL 型继电器取 1.3；K_w 为保护装置的接线系数，三相三继电器式、两相两继电器式和两相三继电器式接线取 1，两相一继电器式接线取 $\sqrt{3}$；K_{re} 为保护装置的返回系数，对 DL 型继电器取 0.85，对 GL 型继电器取 0.8；K_i 为电流互感器变比；$I_{L.\max}$ 为线路的最大负荷电流，可取为 $(1.5\sim 3)I_{30}$。

（2）动作时限整定

为了保证前后级保护装置动作时间的选择性，过电流保护装置的动作时间，应按"阶梯原则"进行整定，

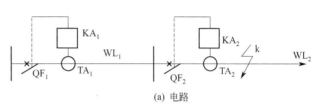

(a) 电路

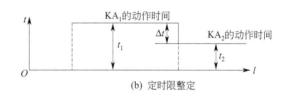

(b) 定时限整定

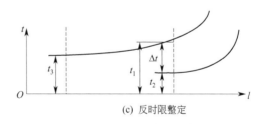

(c) 反时限整定

图 7-24　过电流保护动作原理图

也就是在后一级保护装置所保护的线路首端 [如图 7-24(a) 中的 k 点] 发生三相短路时，前一级保护的动作时间 t_1 应比后一级保护中最长的动作时间 t_2 都要大一个时间级差 Δt，如图 7-24(b)、(c) 所示，即

$$t_1 \geqslant t_2 + \Delta t \quad (7-10)$$

式中，Δt 为时限级差，对定时限过电流保护取 0.5s；对反时限过电流保护取 0.7s。

定时限过电流保护的动作时间，利用时间继电器来整定。

反时限过电流保护的动作时间，由于 GL 型继电器的时限调节机构是按 10 倍动作电流的动作时间来标度的，而实际通过继电器的电流一般不会恰恰为动作电流的 10 倍，因此必须根据继电器的动作特性曲线（如附录表 22 所示）来整定。

图 7-24(a) 中，前一级保护 KA$_1$ 的 10 倍动作电流动作时间已经整定为 t_1，现在要求整定后一级保护 KA$_2$ 的 10 倍动作电流的动作时间 t_2。整定计算的步骤如下（参看图 7-25）：

① 计算线路 WL$_2$ 首端（WL$_1$ 末端）三相短路电流 I_k 反应到 KA$_1$ 中的电流值

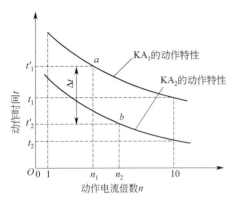

图 7-25 反时限过电流保护的动作时间整定

$$I'_{k(1)} = \frac{K_{w(1)}}{K_{i(1)}} I_k \qquad (7-11)$$

式中，$K_{w(1)}$ 为 KA_1 与 TA_1 的接线系数；$K_{i(1)}$ 为 TA_1 的变流比。

② 计算 $I'_{k(1)}$ 对 KA_1 的动作电流倍数

$$n_1 = \frac{I'_{k(1)}}{I_{op(1)}} \qquad (7-12)$$

式中，$I_{op(1)}$ 为 KA_1 的动作电流（已整定）

③ 根据 n_1 从 KA_1 整定的 10 倍动作电流动作时间 t_1 的曲线上找到 a 点，则其纵坐标 t'_1 即 KA_1 的实际动作时间。

④ 计算 KA_2 的实际动作时间 $t'_2 = t'_1 - \Delta t = t'_1 - 0.7s$。

⑤ 计算 WL_2 首端三相短路电流 I_k 反应到 KA_2 中的电流值

$$I'_{k(2)} = \frac{K_{w(2)}}{K_{i(2)}} I_k \qquad (7-13)$$

式中，$K_{w(2)}$ 为 KA_2 与 TA_2 的接线系数；$K_{i(2)}$ 为 TA_2 的变流比。

⑥ 计算 $I'_{k(2)}$ 对 KA_2 的动作电流倍数

$$n_2 = \frac{I'_{k(2)}}{I_{op(2)}} \qquad (7-14)$$

式中，$I_{op(2)}$ 为 KA_2 的动作电流（已整定）。

⑦ 根据 n_2 与 KA_2 的实际动作时间 t'_2，从 KA_2 的动作特性曲线的坐标图上找到其坐标点 b 点，则此 b 所在曲线的 10 倍动作电流的动作时间 t_2 即为所求。如果 b 点在两条曲线之间，则只能从上下两条曲线来粗略的估计其 10 倍动作电流的动作时间。

(3) 保护灵敏度校验

根据式 (7-1)，灵敏度 $S_p = I_{k.min}/I_{op.1}$。对于过电流保护的 $I_{k.min}$ 应取被保护线路末端在系统最小运行方式下线路的两相短路电流 $I^{(2)}_{k.min}$，而 $I_{op.1} = (K_i/K_w)I_{op}$。因此按规定过电流保护的灵敏系数必须满足的条件为

$$S_p = \frac{K_w I^{(2)}_{k.min}}{K_i I_{op}} \geqslant 1.5 \qquad (7-15)$$

个别情况可以 $S_p \geqslant 1.2$

当过电流保护灵敏系数达不到上述要求时，可采用低压闭锁保护来提高灵敏度。

4) 低电压闭锁的过电流保护

低电压闭锁的过电流保护电路如图 7-26 所示，低电压继电器 KV 通过电压互感器 TV 接于母线上，而 KV 的常闭触点则串入电流继电器 KA 的常开触点与中间继电器 KM 的线圈回路中。

在供电系统正常运行时，母线电压接近于额定电压，因此 KV 的常闭触点是断开的。由于 KV 的常闭触点与 KA 的常开触点串联，所以这时 KA 即使由于线路过负荷而误动作，其常开触点闭合，也不致造成断路器误跳闸。因此，凡有低电压闭锁的过电流保护装置的动作电流和返回电流只需按躲过线路的计算电流 I_{30} 来整定。故此时过电流保护的动作电流的整定计算公式为

$$I_{op} = \frac{K_{rel}K_w}{K_{re}K_i} I_{30} \qquad (7-16)$$

由于其 I_{op} 减小，从式 (7-14) 可知，能提高保护的灵敏度 S_p。

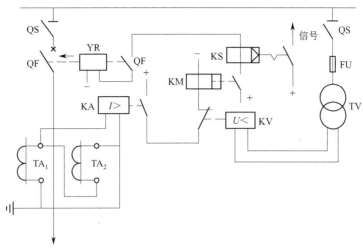

图 7-26 低电压闭锁的过电流保护电路
QF—高压断路器；TA—电流互感器；TV—电压互感器；
KA—电流继电器；KM—中间继电器；KS—信号继电器；
KV—电压继电器；YR—断路器跳闸线圈

以上可见，过电流保护的范围是本级线路和下级线路，本级线路为主保护区，下级线路是后备保护区。定时限过电流保护整定简单，动作准确，动作时限固定，但使用继电器较多，接线较复杂，需直流操作电源。反时限过电流保护使用继电器少，接线简单，可采用交流操作，但动作准确度不高，动作时间与短路电流有关，呈反时限特性，动作时限整定复杂。

例 7-1 如图 7-24(a) 中，已知 TA_1 的 $k_{i(1)} = 100/5$，TA_2 的 $K_{i(2)} = 75/5$。WL_1 和 WL_2 的过电流保护均采用两相两继电器式接线，继电器均为 GL-15/10 型。KA_1 已经整定，$I_{op(1)} = 9A$，10 倍动作电流动作时间 $t_1 = 1s$。WL_2 的 $I_{L.max(2)} = 72A$，WL_2 首端的 $I_k^{(3)} = 900A$，末端的 $I_k^{(3)} = 320A$。试整定 KA_2 的动作电流和动作时间，并校验其灵敏度。

解：(1) 整定 KA_2 的动作电流

取 $K_{rel} = 1.3$，$K_{re} = 0.8$，$K_w = 1$，故

$$I_{op(2)} = \frac{K_{rel}K_w}{K_{re}K_i}I_{L.max} = \frac{1.3 \times 1}{0.8 \times (75/5)} \times 72 = 7.8A$$

取整数，动作电流整定为 8A。

(2) 整定 KA_2 的动作时限

先确定 KA1 的动作时间。由于 I_k 反应到 KA_1 的电流 $I'_{k(1)} = \frac{K_{w(1)}}{K_{i(1)}}I_k = 900A \times 1/(100/5) = 45A$，因此 $n_1 = \frac{I'_{k(1)}}{I_{op(1)}} = 45/9A = 5$。利用 $n_1 = 5$ 和 $t_1 = 1s$，查附录表 22 中 GL-15 型电流继电器的动作特性曲线，可得 KA_1 的实际动作时间 $t'_1 = 1.4s$。因此 KA_2 的实际动作时间应为 $t'_2 = t'_1 - \Delta t = t'_1 - 0.7s = 0.7s$。

然后确定 KA_2 的 10 倍动作电流时间。由于 I_k 反应到 KA_2 中的电流 $I'_{k(2)} = 900 \times 1/(75/5) = 60A$，因此 $n_2 = \frac{I'_{k(2)}}{I_{op(2)}} = 60/8A = 7.5$。利用 $n_2 = 7.5$ 和 KA_2 的实际动作时间 $t'_2 = 0.7s$，查附录表 22 中 GL—15 型电流继电器的动作特性曲线，可得 KA_2 的 10 倍动作电流的动作时间为 $t_2 \approx 0.6s$。

(3) KA_2 的灵敏度校验

KA_2 保护的线路 WL_2 末端 k-2 点的两相短路电流为其最小短路电流，即

$$I_{k.\min}^{(2)} = \frac{\sqrt{3}}{2} \times I_{k-2}^{(3)} = 0.866 \times 320 = 277A$$

因此 KA_2 的灵敏度系数为

$$S_p = \frac{K_w I_{k.\min}^{(2)}}{K_i I_{op}} = \frac{1 \times 277A}{(75/5) \times 8A} = 2.3 > 1.5$$

由此可见，灵敏度满足要求。

7.4.2 电流速断保护

在带时限的过电流保护中，为了保护动作的选择性，其整定时限必须逐级增加 Δt，线路越靠近电源，短路电流越大，而过电流保护的动作时限越长，危害也越大，这是过电流保护的不足。因此，GB50062—2008 规定当过电流保护动作时限为 0.5s～0.7s 时，应装设瞬动的电流速断保护。

1) 电流速断保护的组成及整定

电流速断保护实际上就是一种瞬时动作的过电流保护。其动作时限仅仅为继电器本身的固有动作时间，它的选择性不依靠时限，而是依靠选择适当的动作电流来解决。

对于采用 DL 系列电流继电器的速断保护，就相当于定时限过电流保护中抽去时间继电器，图 7-27 所示是线路上同时装有定时限过电流保护和电流速断保护的电路图。对于采用 GL 系列电流继电器，则可直接利用该继电器的电磁元件来实现电流速断保护。

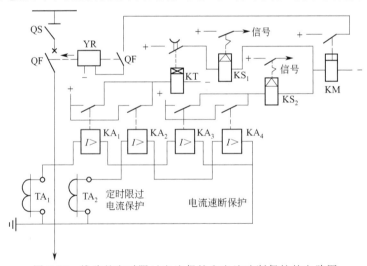

图 7-27 线路的定时限过电流保护和电流速断保护的电路图

电流速断保护为了保证保护装置的选择性，在下一段线路上发生最大短路电流时保护装置不应动作，因此电流速断保护的动作电流必须按躲过它所保护线路末端在最大运行方式下发生的短路电流来整定。因为只有这样整定，才能避免在后一级通断保护所保护的线路首端发生短路时前一级速断保护误动作，保证选择性，如图 7-28 所示。

速断保护动作电流整定公式为

$$I_{qb} = \frac{K_{rel} K_w}{K_i} I_{k.\max} \tag{7-17}$$

式中，K_{rel} 为可靠系数，对 DL 系列电流继电器可取 1.2～1.3，对 GL 系列电流继电器可取 1.4～1.5；$I_{k.\max}$ 为被保护线路末端短路时的最大短路电流。

由式(7-17)求得的动作电流整定计算值,整定继电器的动作电流。对 GL 型电流继电器,还要整定速断动作电流倍数。

2) 电流速断保护的"死区"及其弥补

由于电流速断保护的动作电流是按被保护线路末端的最大短路电流来整定的,因而其动作电流会大于被保护范围末端的短路电流,这使得保护装置不能保护全段线路,出现一段"死区"。从图 7-28 中可以看出,$I_{qb.1} > I_{k.max}$,而在 WL$_1$ 末端 k-1 点的三相短路电流与后一段线路 WL$_2$ 首端 k-2 点的三相短路电流是几乎相等的,所以说速断保护只能保护线路的一部分,而不能保护线路的全长。

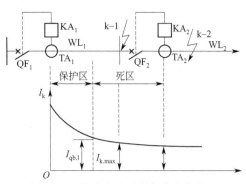

图 7-28 线路电流速断保护的保护区

为了弥补死区得不到保护的缺点,在装设电流速断保护的线路上,必须配备带时限的过电流保护。在电流速断的保护区内,速断保护为主保护,过电流保护为后备保护;而在电流速断保护的死区内,过电流保护为基本保护。

如果配电线路较短,配电线路可只装过电流保护,不装电流速断保护。

3) 电流速断保护的灵敏度

电流速断保护的灵敏度按其安装处(即线路首端)在系统最小运行方式下的两相短路电流作为最小短路电流来校验。因此电流断路速断保护的灵敏度必须满足的条件为

$$S_p = \frac{K_w I_k^{(2)}}{K_i I_{qb}} \geqslant 1.5 \tag{7-18}$$

例 7-2 试整定例 7.1 中 KA$_2$ 继电器的速断电流倍数,并校验其灵敏度。

解:(1) 整定速断电流的倍数。取 $K_{rel} = 1.5$,按式(7-17),电流速断保护装置继电器的动作电流为

$$I_{qb} = \frac{K_{rel} K_w}{K_i} = \frac{1.5 \times 1}{75/5} \times 320 = 32 \text{A}$$

由于 $I_{op(2)}$ 已整定为 8A,因此 KA$_2$ 的速断电流倍数应整定为 $n_{qb} = \frac{I_{qb}}{I_{op}} = \frac{32}{8} = 4$

(2) 校验保护灵敏度。KA$_2$ 保护的线路 WL$_2$ 首端 k-1 点的两相短路电流为

$$I_{k.min}^{(2)} = \frac{\sqrt{3}}{2} \times I_{k-1}^{(3)} = 0.866 \times 900 = 779 \text{A}$$

$$S_p = \frac{K_w I_{k.min}^{(2)}}{K_i I_{qb}} = \frac{1 \times 779}{15 \times 32} = 1.62 > 1.5$$

由此可见,KA$_2$ 的速断保护的灵敏度基本满足要求。

7.4.3 单相接地保护

工厂 6~10kV 供电系统一般都采用中性点不接地或经消弧线圈接地的小电流接地方式。这种运行方式如果发生单相接地故障,只有很小的接地电容电流,而相间电压不变,因此可暂时继续运行。但由于非故障相的电压要升高为原对地电压的 $\sqrt{3}$ 倍,可能引起非故障相对地绝缘击穿而导致两相接地短路,从而引起断路器跳闸,造成停电。为此,在 6~10kV 的供电系统中一般应装设单相接地保护装置或绝缘监察装置,用它来发出信号,通知值班人员及时发现和处理。这里介绍单相接地保护。

(1) 单相接地保护的接线和工作原理

单相接地保护又称零序电流保护,它是一种利用零序电流互感器使继电器动作来指示接地故障线路的保护装置。对小电流接地系统,当出现单相对地短路时,故障相与非故障相流过的电容电流大小是不一样的,产生的零序电流也不一样。利用这一特点,可以构成单相接地保护装置。

架空线路在线路的各相均装设电流互感器组成零序电流过滤器,如图 7-29(a) 所示。系统正常运行时,各相电流对称,电流继电器线圈电流为零,继电器不动作,当出现单相对地短路故障时,产生零序电流,继电器动作发出信号。在工厂供电系统中,如果工厂的高压架空线路不长,也可不装。

电缆线路的单相接地保护一般采用零序电流互感器。零序电流互感器的一次侧即为电缆线路的三相,其铁芯套在电缆的外面,二次线圈绕在零序电流互感器的铁芯上,并与过电流继电器相接,如图 7-29(b) 所示。在三相对称运行以及三相和两相短路时,二次侧三相电路电流矢量和为零,即没有零序电流,继电器不动作。当发生单相接地时,有零序电流通过,此时在二次侧感应出电流,使继电器动作发出信号。

电缆线路在安装单相接地保护时,必须使电缆头与支架绝缘,并将电缆头的接地线穿过零序电流互感器的铁芯后再接地,否则不平衡电流不穿过零序电流互感器的铁芯,从而使保护装置不能可靠的动作。

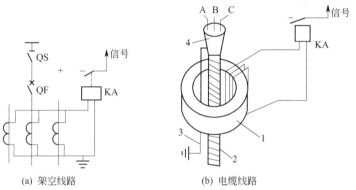

(a) 架空线路   (b) 电缆线路

图 7-29 单相接地保护原理接线图

1—零序电流互感器;2—电缆;3—接地线;4—电缆头

(2) 单相接地保护动作电流的整定

当系统中其他线路发生单相接地,被保护线路流过接地电容电流 I_c 时,单相接地保护装置不应动作,所以单相接地保护的动作电流应该躲过被保护线路外部发生单相接地时而在本线路上引起的电容电流,即

$$I_{op(E)} = \frac{K_{rel}}{K_i} I_c \tag{7-19}$$

式中,I_c 为其他线路发生单相接地时,在整定保护的线路上产生的电容电流;K_i 为零序电流互感器的变流比;K_{rel} 为可靠系数。保护装置不带时限时,取 4~5,保护装置带时限时,取 1.5~2。

(3) 单相接地保护的灵敏度

单相接地保护的灵敏度,应按被保护线路末端发生单相接地故障时流过电缆头接地线的不平衡电容电流来检验,而这一电容电流为与被保护线路有电的联系的总电网电容电流 $I_{c.\Sigma}$ 与该线路本身的电容电流 I_c 之差。因此单相接地保护的灵敏度必须满足的条件为

$$S_p = \frac{I_{c.\Sigma} - I_c}{K_i I_{op(E)}} \geqslant 1.2 \tag{7-20}$$

7.4.4 线路的过负荷保护

线路的过负荷保护只对可能出现过负荷的电缆线路才予以装设。一般延时后发出信号。其接线如图 7-30 所示。

过负荷保护的动作电流按线路的计算电流 I_{30} 整定，即

$$I_{op} = \frac{K_{rel}}{K_i} I_{30} \tag{7-21}$$

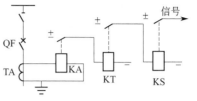

图 7-30　线路的过负荷保护线路图

式中，K_{rel} 为可靠系数，取 $1.2 \sim 1.3$；K_i 为电流互感器变比。动作时间一般取 $10 \sim 15 s$。

7.5　电力变压器的继电保护

变压器是工厂供电系统中的重要设备，它的故障对整个工厂或车间的供电将带来严重影响，必须根据其容量的大小和重要程度，设置性能良好、动作可靠的保护装置，确保变压器的正常运行。

7.5.1　电力变压器的常见故障和保护装置

(1) 电力变压器常见的故障

电力变压器的常见故障分为短路故障和不正常运行状态。

变压器的短路故障按发生在变压器油箱的内外，分内部故障和外部故障两种。常见内部故障包括：线圈的相间短路、匝间或层间短路、单相接地短路以及烧坏铁芯等。这些故障都伴随有电弧产生，电弧将会引起绝缘油的剧烈汽化，从而可能导致油箱爆炸等更严重的事故。常见的外部故障包括：套管及引出线上的短路和接地。最容易发生的外部故障是由于绝缘套管损坏而引起引出线的相间短路和碰壳后的接地短路。

变压器常见的不正常工作状态是：过负荷、温升过高以及油面下降超过了允许程度等。变压器的过负荷和温度的升高将使绝缘材料迅速老化，绝缘强度降低，除影响变压器的使用寿命外，还会进一步引起其他故障。

(2) 变压器的保护装置

根据长期的运行经验和有关的规定，对于高压侧为 $6 \sim 10 kV$ 的车间变电所主变压器应装设以下几种保护装置：

① 带时限的过电流保护装置。反映变压器外部的短路故障，并作为变压器速断保护的后备保护，一般变压器均应装设。

② 电流速断保护装置。反映变压器内外部故障。如果带时限的过电流保护动作时间大于 $0.5 \sim 0.7 s$ 均应装设。

③ 瓦斯保护装置。反映变压器内部故障和油面降低时的保护装置。对于 800kVA 及以上的油浸式变压器和 400kVA 及以上的车间内油浸式变压器均应装设。通常轻瓦斯动作于信号，重瓦斯动作于跳闸。

④ 过负荷保护装置。反映因过负荷引起的过电流。应根据可能过负荷的情况装设过负荷保护装置，一般过负荷保护装置动作于信号。

对于高压侧为 35kV 及以上的工厂总降压变电所主变压器来说，一般也应装设过电流保护装置、电流速断保护装置和瓦斯保护装置；在有可能过负荷时，需装设过负荷保护装置。

如果单台运行的变压器容量在 10000kVA 及以上和并列运行的变压器每台容量在 6300kVA 及以上时，则要求装设纵联差动保护装置来取代电流速断保护装置。

7.5.2 变压器的继电保护

1) 变压器的过电流保护

变压器过电流保护主要是对变压器外部故障进行保护，也可作为变压器内部故障的后备保护。变压器过电流保护的接线、工作原理与线路过电流保护完全相同，动作电流整定计算公式与线路过电流保护也基本相同，即

$$I_{op} = \frac{K_{rel}K_w}{K_{re}K_i} I_{L.max} \tag{7-22}$$

式中，$I_{L.max}$ 为 $(1.5 \sim 3) I_{1N.T}$；$I_{1N.T}$ 为变压器一次侧的额定电流。

其动作时间也按"阶梯原则"整定，与线路过电流保护完全相同。对车间变电所来说，其动作时间可整定为最小值 0.5s。

变压器过电流保护的灵敏度按变压器低压侧母线在系统最小运行方式下发生两相短路电流换算到高压侧来校验。

变压器过电流保护动作跳闸，应作如下检查和处理：

① 检查母线及母线上的设备是否有短路；
② 检查变压器及各侧设备是否短路；
③ 检查低压侧保护是否动作，各条线路的保护有无动作；
④ 确认母线无电时，应拉开该母线所带的线路；
⑤ 如是母线故障，应视该站母线设置情况，用倒母线或转带负荷的方法处理；
⑥ 经检查确认是否越级跳闸，如是，应试送变压器；
⑦ 试送良好，应逐路检查故障线路。

2) 变压器的电流速断保护

变压器电流速断保护装置的接线、工作原理与线路电流速断保护完全相同。动作电流整定计算公式与线路电流速断保护基本相同。动作电流整定计算公式为

$$I_{qb} = \frac{K_{rel}K_w}{K_i} I_{k.max} \tag{7-23}$$

式中，$I_{k.max}$ 为变压器低压侧母线的三相短路电流换算到高压侧的穿越电流值。

灵敏度按保护装置安装处（高压侧）在系统最小运行方式下发生两相短路的短路电流值来校验，要求 $S_p \geqslant 1.5$。若电流速断保护灵敏度不满足要求，应装设差动保护。

考虑到变压器在空载投入或突然恢复电压时将出现一个冲击性的励磁电流，为了避免电流速断保护误动作，可在速断电流整定后，将变压器空载试投若干次，以检查速断保护是否误动作。

3) 变压器的过负荷保护

变压器过负荷保护的组成、工作原理与线路过负荷保护的组成、工作原理完全相同，动作电流整定计算公式与线路过负荷保护基本相同，只是式中的 I_{30} 应为变压器一次侧的额定电流，动作时间取 $10 \sim 15s$。

运行中的变压器发出过负荷信号时，当班人员应检查变压器各侧电流是否超过规定值，并及时报告，然后检查变压器的油温、油位是否正常，同时将冷却器全部投入运行，及时掌握过负荷情况，并按规定巡视检查。

例 7-3 某厂车间变电所装有一台 10/0.4kV、1000kVA 的电力变压器。已知变压器低压母线三相短路电流折算到高压侧的穿越电流 $I_{k.max} = 540A$，高压侧继电保护用电流互感器

变流比为 $K_i=100/5$,继电器采用 GL-25/10 型,接成两相两继电器式。试整定该继电器的反时限过电流保护的动作电流、动作时及电流速断保护的速断电流倍数。

解:(1)过电流保护的动作电流整定。取 $K_{rel}=1.3$,$K_w=1$,$K_{re}=0.8$,$K_i=100/5=20$ $I_{L.max}=2I_{1N.T}=2S_N/\sqrt{3}\times U_{1N.T}=2\times 1000kV.A/(\sqrt{3}\times 10kV)=115.5A$,故

$$I_{op}=\frac{K_{rel}K_w}{K_{re}K_i}I_{L.max}=\frac{1.3\times 1}{0.8\times 20}\times 111.5=9.38A$$

动作电流 I_{op} 整定为 9A

(2)过电流保护动作时间的整定。考虑此为终端变电所的过电流保护,故其 10 倍动作电流的动作时间整定为最小值 0.5s。

(3)电流速断保护速断电流的整定 取 $K_{rel}=1.5$,故

$$I_{qb}=\frac{K_{rel}K_w}{K_i}I_{k.max}=\frac{1.5\times 1}{20}\times 540=40.5A$$

因此,速断电流倍数整定为 $n_{qb}=I_{qb}/I_{op}=40.5/9=4.5$

7.5.3 变压器的瓦斯保护

瓦斯保护又称气体继电保护,是保护油浸式变压器内部故障的一种重要保护装置,是变压器的主保护之一。在油浸式变压器的油箱内发生短路故障时,短路电流所产生的电弧将使绝缘物和变压器油分解成大量的气体(即瓦斯),如果不及时解决,对变压器的安全运行不利。而由于这时电流较小,过电流保护或速断保护不能起到保护作用。因此规定:对于 800kVA 及以上的油浸式变压器以及 400kVA 及以上的车间内油浸式变压器均应装设瓦斯保护装置。

瓦斯保护的主要元件是瓦斯继电器,也称气体继电器,它安装于变压器油箱与油枕之间的连通管上,如图 7-31 所示。为让变压器的油箱内产生的气体顺利通过与瓦斯继电器连接的管道流入油枕,应保证连通管对变压器油箱顶盖有 2%~4% 的倾斜度,变压器安装应取 1%~1.5% 的倾斜度。

(1)瓦斯继电器的结构和工作原理

瓦斯继电器主要有浮筒式和开口杯式两种类型,由于浮筒式瓦斯继电器的接点不够可靠,有时会出现误动作,所以现在广泛应用的是开口杯式。图 7-32 是 FJ3-80 型开口杯式瓦斯继电器结构示意图。

变压器正常运行时,上油杯 3 及下油杯 7 内充满油,均受到浮力。因平衡锤的重量所产生的力矩大于油杯(包括杯内的油重)一侧的力矩,油杯处于向上倾斜的位置,如图 7-33(a)所示,此时上、下两对触点都是断开的。

当变压器内部发生轻微故障时,产生的少量气体聚集在继电器的上部,迫使继电器内油面下降,上浮的油杯 3 逐渐露出油面,浮力逐渐减小,上油杯因其中盛有残余的油而使其力矩大于另一端平衡锤的力矩而降落,如图 7-33(b)所示,这时上触点闭合而接通信号回路,这称之为"轻瓦斯动作"。

当变压器内部发生严重故障时,产生大量的气体,使变压器内部压力剧增,迫使气体带动油流迅猛地从联通管通过瓦斯继电器进入油枕。在油流的冲击下,继电器下部的挡板 14 被掀起,使下油杯 7 降落,如图 7-33(c)所示,从而使下触点接通跳闸回路,这称之为"重瓦斯动作"。

若变压器油箱严重漏油,使得瓦斯继电器内的油慢慢流尽,如图 7-33(d)所示,先是继电器的上油杯下降,发出信号,接着继电器的下油杯下降,使断路器跳闸。

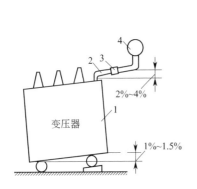

图 7-31 瓦斯继电器在变压器上的安装
1—变压器油箱；2—连通管；
3—瓦斯继电器；4—油枕

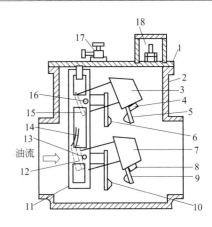

图 7-32 FJ3-80 型开口杯式瓦斯继电器的结构示意图
1—盖；2—容器；3—上油杯；4—永久磁铁；
5—上动触点；6—上静触点；7—下油杯；
8—永久磁铁；9—下动触点；10—下静触点；
11—支架；12—下油杯平衡锤；
13—下油杯转轴；14—挡板；15—上油杯平衡锤；
16—上油杯转轴；17—放气阀；18—接线盒

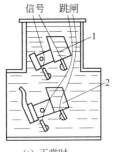

(a) 正常时

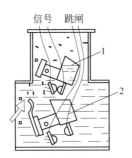

(b) 轻微故障时(轻瓦斯动作)

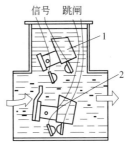

(c) 严重故障时(重瓦斯动作)

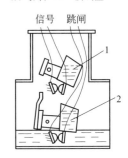

(d) 严重漏油时

图 7-33 瓦斯继电器动作说明

(2) 变压器瓦斯保护的接线

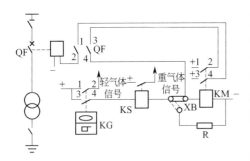

图 7-34 变压器瓦斯保护原理电路图
T—电力变压器；KG—瓦斯继电器；
KS—信号继电器；KM—中间继电器；
QF—高压断路器；YR—断路器跳闸线圈；
XB—连接片；R—限流电阻

变压器瓦斯保护的原理电路图如图 7-34 所示。当变压器内部发生轻微故障时，瓦斯继电器 KG 动作，上触点 1-2 闭合，发出轻瓦斯动作报警信号。当变压器内部发生严重故障时，KG 的下触点 3-4 闭合，经中间继电器 KM 作用于断路器 QF 的跳闸线圈 YR，使断路器跳闸，同时 KS 发出重瓦斯跳闸信号。

为了避免重瓦斯动作时因油气混合物冲击引起 KG 的下触点 3-4 "抖动"（接触不稳定），利用中间继电器 KM 的触点 1-2 作 "自保持" 触点，以保证断路器可靠跳闸。只要 KG 的下触点 3-4 一闭合，KM 就动作，并借其上触点 1-2 的闭合而使其处于自保持状态，KG 的下触点 3-4 闭合后使断路器 QF 跳闸，断路器 QF 跳闸后，其辅助触点 QF l-2 断开跳闸回路，QF3-4 则断开中间继电器 KM 的自保持回路，使中间继电器返回。

变压器在运行中进行滤油、加油、换硅胶时，必须将重瓦斯经连接片 XB 改接信号，防止重瓦斯误动作，断路器跳闸。

（3）变压器瓦斯保护动作后的故障分析

瓦斯保护是变压器的主保护，它能监视变压器内部发生的大部分故障。当变压器瓦斯保护动作后，应根据情况来分析和判断故障的原因并进行处理。分析过程如下所述：

① 收集瓦斯继电器内的气体做色谱分析，如无气体，应检查二次回路和瓦斯继电器的接线柱及引线绝缘是否良好；

② 检查油位、油温、油色有无变化；

③ 检查防爆管是否爆裂喷油；

④ 检查变压器外壳有无变形，焊缝是否开裂喷油；

⑤ 如果经检查未发现任何异常，而确定是因二次回路故障引起误动作时，可退出瓦斯保护，投入其他保护，试送变压器，并密切监视；

⑥ 在瓦斯保护的动作原因未查清前，不得合闸送电。

当外部检查未发现变压器有异常时，应查明瓦斯继电器中的气体的性质。若积聚在瓦斯继电器内的气体不可燃，而且是无色无味的，说明是空气进入继电器内，此时变压器可继续运行。若气体是可燃的，则说明变压器内部有故障，应根据瓦斯继电器内积聚的气体性质来鉴定变压器内部故障的性质。若气体的颜色为黄色不易燃的，为木质绝缘损坏，应停电检修；若气体的颜色为灰色和黑色易燃的，有焦油味，闪点降低，则说明油因过热分解或油内曾发生过闪络故障，必要时停电检修；若气体的颜色为浅灰色带强烈臭味且可燃的，是纸质绝缘损坏，应立即停电检修。

7.5.4　变压器的差动保护

变压器的过电流保护、电流速断保护、瓦斯保护等各有优点和不足之处。过电流保护动作时限较长，切除故障不迅速；电流速断保护由于"死区"的影响使保护范围受到限制；瓦斯保护只能反映变压器的内部故障，而不能保护变压器套管和引出线的故障。变压器的差动保护正是为了解决这一问题而设置的。

（1）变压器差动保护的工作原理

变压器的差动保护由变压器两侧的电流互感器和继电器等构成，其工作原理图如图 7-35 所示。差动保护是反映被保护元件两侧电流差而动作的保护装置。将变压器两侧的电流互感器按同极性串联起来，使继电器 KA 跨接在两连线之间，于是流入电流互感器的电流就是两侧电流互感器二次侧电流之差，即 $I_{KA}=I_1-I_2$。若在变压器正常工作或保护区域外部发生短路故障时，电流互感器二次侧电流同时增加，流入继电器的动作电流为零，或仅为变压器一、二次侧的不平衡电流（由于电流互感器的误差引起），由于不平衡电流小于继电器动作电流，故保护装置不动作，如图 7-35（a）所示。当变压器差动保护范围内发生故障时，在单电源的情况下，$I_2=0$，流入继电器回路的电流 $I_{KA}=I_1$，如图 7-35（b）所示。此时继电器回路的电流大于其动作电流，保护装置动作，使 QF_1、QF_2 同时跳闸，切除变压器。

变压器差动保护的保护范围是变压器两侧电流互感器安装地点之间的区域，它可以保护变压器内部及两侧绝缘套管和引出线上的相间短路。由于变压器差动保护具有动作迅速、选择性好的优点，所以在工厂企业的大、中变电所中应用较广。差动保护还可用于线路和高压电动机的保护。

（2）变压器差动保护动作电流的整定

变压器差动保护一次侧动作电流的整定应满足以下三个条件，并按其中的最大值整定。

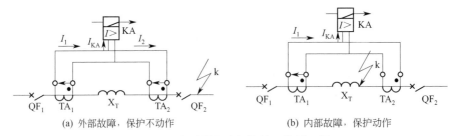

图 7-35 变压器差动保护的工作原理图

① 躲过变压器空载投入或外部故障切除后突然加上电压时的励磁涌流，即

$$I_{op1} = K_{rel} I_{1N.T} \quad (7-24)$$

式中，K_{rel} 为可靠系数，取 1.3～1.5；$I_{1N.T}$ 为变压器一次侧的额定电流。

② 躲过变压器差动保护区外部短路时的最大不平衡电流，即

$$I_{op1} = K_{rel} I_{KA.max} \quad (7-25)$$

式中，K_{rel} 为可靠系数，取 1.3；$I_{KA.max}$ 外部短路时，流过本线路的最大短路电流。

③ 电流互感器二次回路断线时不应误动作，因此要躲过变压器的最大负荷电流，即

$$I_{op1} = K_{rel} I_{L.max} \quad (7-26)$$

式中，K_{rel} 为可靠系数，取 1.3；$I_{L.max}$ 为变压器的最大负荷电流，取（1.2～1.3）I_{1NT}。

(3) 变压器差动保护动作跳闸后的检查和处理

① 检查变压器本体有无异常，检查差动保护范围内的瓷瓶是否有闪络、损坏，引线是否有短路；

② 如果变压器差动保护范围内的设备无明显故障，应检查继电保护及二次回路是否有故障，直流回路是否有两点接地；

③ 经以上检查无异常时，应在切除负荷后立即试送一次，试送后又跳闸，不得再送；

④ 如果是因继电器或二次回路故障、直流两点接地造成的误动作，应将差动保护退出运行，将变压器送电后，再处理二次回路故障及直流接地；

⑤ 差动保护及重瓦斯保护同时动作使变压器跳闸时，不经内部检查和试验，不得将变压器投入运行。

7.5.5 变压器的单相接地保护

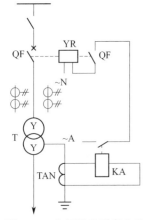

图 7-36 变压器的零序电流保护原理图

在工厂 6～10kV/0.4kV 的变配电系统中，变压器低压侧基本上都是按三相四线制连接的，为大电流接地系统。当变压器低压侧出现单相对地短路时，短路电流很大，应设置保护装置动作于跳闸。尽管变压器高压侧装设的过电流保护可以兼做低压侧的单相接地保护，但保护的灵敏度往往达不到要求。为提高保护的可靠性，一般可用变压器低压侧装设带过电流脱扣器的自动空气开关或低压侧三相装设熔断器来解决，也可以在变压器低压侧中性点引出线上装设专门的零序电流保护，以及改两相两继电器式接线为两相三继电器式接线、三相三继电器式接线等。

图 7-36 所示为变压器的零序电流保护原理电路，保护装置由零序电流互感器和过电流继电器组成，当变压器低压侧发生单相接地短路时，零序电流经电流互感器使电流继电器动作，断路器跳闸，将故障切除。

零序电流保护的动作电流按躲过变压器二次侧最大不平衡电流整定，最大不平衡电流取变压器二次侧额定电流的25%，即

$$I_{\text{op.KA}} = \frac{K_{\text{rel}}}{K_{\text{i}}} \times 0.25 I_{\text{2N.T}}$$

式中，K_{rel}为可靠系数，取1.2；K_{i}为零序电流互感器的变比；$I_{\text{2N.T}}$为变压器二次侧额定电流。

零序电流保护的动作时间取$0.5 \sim 0.7\text{s}$，以躲过变压器瞬时最大不平衡电流。

保护灵敏度的校验，按变压器二次侧干线末端最小单相短路电流校验。对架空线$S_{\text{p}} \geq 1.5$；对电缆线，$S_{\text{p}} \geq 1.2$。这一措施，保护灵敏度较高，但投资较多，欠经济。

思考题与习题

7-1　继电保护装置的任务是什么？对继电保护装置有哪些基本要求？

7-2　什么叫过电流继电器的动作电流、返回电流和返回系数？

7-3　电磁式电流继电器有哪几个部分组成的？它是怎样动作的？怎样返回的？

7-4　电磁式时间继电器有哪几个部分组成的？它的动作原理是什么？它内部的附加电阻是起什么作用的？

7-5　电磁式中间继电器有哪几个部分组成的？它的触点数量和触点容量与其他继电器有什么区别？

7-6　电磁式信号继电器有哪几个部分组成的？信号继电器接入电路的方式有几种？它一旦动作后，怎样进行复归？

7-7　电磁式电流继电器、时间继电器、信号继电器和中间继电器各在保护装置中起什么作用？各采用什么文字符号和图形符号？

7-8　感应式电流继电器在保护装置起什么作用？它由哪两部分组成？各有何动作特性？写出它的文字符号和图形符号。

7-9　感应式电流继电器的动作电流如何调节？动作时间如何调节？速断电流如何调节？什么是"速断电流倍数"？

7-10　什么是保护装置的接线系数？两相两继电器式接线和两相一继电器式接线为什么只能作为相间短路保护，而不能作为单相短路保护？

7-11　带时限的过电流保护的动作时间如何整定？为什么要求保护装置的返回电流也要躲过线路的最大负荷电流？

7-12　采用低电压闭锁保护为什么能提高过电流保护的灵敏度？

7-13　电流速断保护的动作电流为什么要躲过被保护线路末端的最大短路电流？这样整定将出现什么问题？如何弥补？

7-14　电缆线路安装单相接地保护时，电缆头的接地线为什么要穿过零序电流互感器的铁芯后接地？

7-15　电力变压器常见的故障有哪些？对$6 \sim 10\text{kV}$的车间变电所主变压器应装设哪些保护装置？

7-16　试简述开口杯式瓦斯继电器在变压器油箱内部发生故障时的动作原理。

7-17　瓦斯继电器动作时，受油流冲击有时有"抖动"情况，应采取什么避免措施？

7-18　电力变压器差动保护的工作原理是什么？保护范围又是什么？动作电流如何整定？

7-19　某高压线路的最大负荷电流为90A，线路末端的三相短路电流为1300A。现采用GL-15/10型电流继电器，组成两相电流差接线的相间短路保护，电流互感器变流比为315/5。试整定此继电器的动作电流及速断电流倍数。

7-20　某10kV线路，采用两相两继电器式接线的去分流跳闸原理的反时限过电流保护装置，电流互感器的变比为200/5A，线路的最大负荷电流（含尖峰电流）为180A，首端的$I_{\text{k}}^{(3)} = 2.8\text{kA}$，末端的$I_{\text{k}}^{(3)} = 1\text{kA}$。试整定该线路采用的GL-15/10型电流继电器的动作电流和速断电流倍数，并检验其保护灵敏度。

7-21　现有前后两级反时限过电流保护，均采用两相两继电器式接线，继电器均为GL-15/10型过电流

继电器。前一级电流互感器的变比为 160/5A，后一级电流互感器的变比为 100/5A，前一级继电器的动作时间（10 倍动作电流）已整定为 1.4s，动作电流为 8A，后一级继电器的动作电流已整定为 75A，后一级线路首端的 $I_k^{(3)}=1100$A，末端的 $I_k^{(3)}=400$A。试整定后一级继电器的动作电流和动作时间，并检验其灵敏度。

7-22 试整定上题 7-21 中后一级继电器的速断电流倍数，并检验其灵敏度。

7-23 某厂车间变电所装有一台 6/0.4kV、1000kVA 的电力变压器。已知变压器额定一次电流为 96A，变电所低压母线三相短路电流折算到高压侧的穿越电流 $I_{k.max}=880$A，高压侧继电保护用电流互感器变比为 $K_i=200/5$，继电器采用 GL—25/10 型，接成两相两继电器式。试整定该继电器的反时限过电流保护的动作电流、动作时间及电流速断保护的速断电流倍数。

第 8 章 防雷、接地与电气安全

> **教学目标**
> - 了解雷电及过电压的有关概念。
> - 掌握常用的防雷装置和防雷措施。
> - 掌握电气装置的接地和接地电阻的敷设及计算。
> - 了解电气安全的一般措施。
> - 掌握触电的形式和触电的急救处理。

8.1 雷电及雷电过电压防护

工厂变配电系统在正常运行时,线路、变压器等电气设备的绝缘所受电压为其相应的额定电压。但由于某种原因,可能使电压升高到电气设备的绝缘承受不了的危险高压,导致电气设备的绝缘击穿,把这一高压称为过电压。在供电系统中,过电压按其产生的原因不同,可分为外部过电压(也叫大气过电压)和内部过电压。无论是哪种过电压,对供电系统的运行都有着不同程度的影响,因此,研究它们产生的规律,采取有效的保护措施,对防止电气设备不被破坏以及保证供电系统正常运行,具有十分重要的意义。

8.1.1 雷电及过电压的有关概念

1) 过电压的形式

过电压是指在电气设备或线路上出现的超过正常工作要求并威胁其电气绝缘的电压。

过电压按其发生的原因可分为两大类,即内部过电压和雷电过电压。

(1) 内部过电压

内部过电压是由于电力系统内部电磁能量的转换或传递所引起的电压升高。内部过电压又分为操作过电压和谐振过电压等形式。操作过电压是由于系统中的开关操作、负荷骤变或由于故障出现断续性电弧而引起的过电压。内部过电压的能量来源于电网本身。

运行经验证明,内部过电压一般不会超过系统正常运行时额定电压的 3~3.5 倍。内部过电压的问题一般可以依靠绝缘配合而得到解决。

(2) 雷电过电压

雷电过电压又称为大气过电压,它是由于电力系统内的设备或构筑物遭受直接雷击或雷电感应而产生的过电压。由于引起这种过电压的能量来源于外界,故又称为外部过电压。雷电过电压产生的雷电冲击波其电压幅值可高达 10^8 V,其电流幅值可高达几千万安,因此对电力系统危害极大,必须采取有效措施加以防护。

雷电过电压的基本形式有以下三种。

① 直击雷过电压。雷云直接对输电线路或电气设备放电,强大的雷电流通过线路或电气设备时引起过电压。从而产生破坏性很大的热效应和机械效应,这就是直击雷过电压。

② 感应雷过电压。当雷云不是直接击于输电线路或电气设备上,而是由雷云对输电线路或电气设备的静电感应或电磁感应所产生的过电压,如图 8-1 所示。

③ 雷电波侵入。由于直击雷或感应雷而产生的高电位雷电波,沿架空线或金属管道侵入变配电所或用户造成危害。据统计表明,工厂变配系统中,由于雷电波侵入而造成的雷害事故,在整个雷害事故中占 50% 以上。因此,对其防护应予以足够的重视。

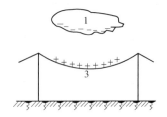 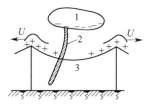

(a) 雷云在线路上方时,线路上感生束缚电荷　　(b) 雷云放电后,自由电荷在线路上形成过电压波

图 8-1　感应雷过电压的形成
1—雷云;2—放电通道;3—架空线路

2) 雷电的有关概念

图 8-2　负极性下行先导雷击发展示意图
1—雷云;2—下行先导;
3—下行先导;4—闪击距离

雷电是一门古老的学科。人类对雷电的研究已经有了数百年的历史,然而有关雷电的一些问题至今未能得到完满的解决。雷电的发展过程可以分为气流上升、电荷分离和放电三个阶段。典型的云对地负极性雷击的发展过程如图 8-2 所示。

大气的流动形成了雷云。据测试,对地放电的雷云大多为负雷云。随着负雷云中负电荷的积累,其电场强度逐渐增加,当达到一定程度时即开始向下方梯级式跳跃放电,成为下行先导放电。当这个下行先导逐渐接近地面物体并达到一定距离时,地面物体在强电场作用下产生尖端放电,形成上行先导,并朝着下行先导方向发展,两者会合即形成雷电通道,并随之开始主放电,接着是多次余辉放电,天空中出现蜿蜒曲折、枝杈纵横的巨大电弧,形成常见的云对地线状雷电。这种负极性下行先导雷击约占全部对地雷击的 85%。此外,还有正极性上行先导雷击等。

一般认为,当雷电先导从雷云向下发展时,它的梯级式跳跃只受到周围大气的影响,没有一定的方向和袭击目标。但其最后一个梯级式跳跃则不同,它必须在这个最后阶段选定被击对象。此时地面上可能有不止一个物体在雷云电场的作用下产生上行先导,并趋向与下行先导会合。在被保护建筑物上安装接闪器(将在后面详述),就是让它产生最强的上行先导去与下行先导会合。这个最后一次梯级式跳跃的距离,即下行先导在选定被击点时其端部与被击点之间的距离,成为闪击距离,简称击距。也就是说,雷电先导的发展方向起初是不确定的,直到先导头部电场强度足以击穿它与地面目标间的间隙时,亦即先导与地面目标的距离等于闪击距离时,才受到地面影响而开始定位。根据观察与分析,闪击距离是一个变化的数值,它与雷电流幅值有关,幅值大,相应地闪击距离也大。下面首先介绍雷电的有关名词概念。

(1) 雷电流的幅值和陡度

雷电流是一个幅值很大、陡度很高的冲击波电流,如图 8-3 所示。

雷电流的幅值 I_m 与雷云中的电荷量及雷电放电通道的阻抗有关。雷电流一般在 $1\sim4\mu s$ 内增长到最大值（幅值）。雷电流在上升到幅值以前的一段波形称为波头，而从幅值起到雷电流衰减到 $I_m/2$ 的一段波形称为波尾。雷电流的陡度 α 用雷电流波头部分增长的速率来表示，即 $\alpha=\dfrac{\mathrm{d}i}{\mathrm{d}t}$。雷电流陡度据测定可达 $50\mathrm{kA}/\mu s$ 以上。对工厂供配电系统和电气设备的绝缘来说，雷电流的陡度越大，由 $U_L=L\mathrm{d}i/\mathrm{d}t$ 可知，产生的过电压就越高，对供电系统的影响就越大，对电气设备的绝缘的破坏程度也就越严重。

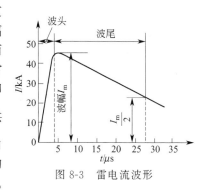

图 8-3　雷电流波形

因此，研究如何降低雷电流的幅值和陡度是防雷保护和防雷设备性能的一个重要课题。

（2）年平均雷暴日数

在一天内，凡看到雷闪或听到雷声，都称为雷暴日。

由当地气象部门统计的多年雷暴日的年平均值称为年平均雷暴日数。把年平均雷暴日数不超过 15 天的地区称为少雷地区；年平均雷暴日数超过 40 天的地区称为多雷地区；年平均雷暴日数超过 90 天的地区称为雷害严重地区。年平均雷暴日数越多，对防雷要求就越高。

（3）雷电活动规律

一般来说，热而潮湿的地区比冷而干燥的地区雷电活动多，山区多于平原。从时间上看，雷电主要出现在春夏和夏秋之交气温变化的时段内。

（4）雷击规律

① 一般来说，建、构筑物遭雷击与以下各因素有关旷野中孤立的建筑物和建筑群中的高耸建筑物，易受雷击。

② 与建筑物的结构有关。金属屋顶、金属构架、钢筋混凝土结构的建筑物、地下有金属管道及内部有大量金属设备的厂房，易受雷击。

③ 与建筑物的性质有关。建筑群中特别潮湿的地方、地下水位较高的地方、排出导电粉尘的厂房、废气管道、地下有金属矿物质的地带以及变电所、架空线路等易受雷击。

8.1.2　防雷装置

防雷装置是指接闪器、引下线、接地装置、过电压保护器及其他连接导体的总合。

国际电工委员会标准 IEC1024—1 文件把建筑物的防雷装置分为两大类—外部防雷装置和内部防雷装置。外部防雷装置由接闪器、引下线和接地装置组成，即传统的避雷装置。内部防雷装置主要用来减小建筑物内部的雷电流及其电磁效应。例如装设避雷器和采用电磁屏蔽、等电位连接等措施，用以防止反击、接触电压、跨步电压以及雷电电磁脉冲所造成的危害。建筑物的防雷设计必须将外部防雷装置和内部防雷装置作为整体统一考虑。限于篇幅，下面主要介绍传统的外部防雷装置。

1）接闪器

接闪器就是专门用来接受雷闪的金属物体。接闪的金属杆称为避雷针。接闪的金属线，称为避雷线或架空地线。接闪的金属带、金属网，称为避雷带、避雷网。特殊情况下也可以直接用金属屋面和金属构件作为接闪器。所有的接闪器都必须经过引下线与接地装置相连接。

（1）避雷针与避雷线的结构

避雷针和避雷线是防直击雷的有效措施。它能将雷电吸引到自己身上并能安全地导入大地，从而保护了附近的电气设备免受雷击。

当雷电先导发展到离地面一定高度时，避雷针才可以影响先导的发展方向，如图 8-4 所示。此时最大电场强度方向将在雷电先导通道到避雷针（线）顶部的连线上，使先导沿着电场强度最大的方向击向避雷针（线）。经验表明，雷电定向高度在 300～600m 的范围内，由于绝大多数雷云都在离地面 300m 以上，所以避雷针（线）的保护范围不受雷击高度变化的影响。

避雷线采用截面不小于 35mm² 的镀锌钢绞线。引下线是接闪器与接地体之间的连接线，将由接闪器引来的雷电流安全的通过其自身并由接地体导入大地，所以应保证雷电流通过时不致熔化。引下线一般采用直径为 8mm 的圆钢或截面不小于 25mm² 的镀锌钢绞线。如果避雷针的本体是采用钢管或铁塔形式，则可以利用其本体做引下线，还可以利用非预应力钢筋混凝土杆的钢筋作引下线。接地体是避雷针的地下部分，其作用是将雷电流顺利地泄入大地。接地体常用长 2.5m，50mm×50mm×5mm 的角钢多根或直径为 50mm 的镀锌钢管多根打入地下，并用镀锌扁钢连接起来。接地体的效果和作用可用冲击接地电阻的大小表达，其值越小越好。冲击接地电阻 R_{sh} 与工频接地电阻 $R_E R_E$ 的关系为 $R_{sh}=\alpha_{sh} R_E$，其中 α_{sh} 为冲击系数。冲击系数 α_{sh} 值一般小于 1，只有水平敷设的接地体且较长时才大于 1。各种防雷设备的冲击接地电阻值均有规定，如独立避雷针或避雷线的冲击接地电阻应不大于 10Ω。

(2) 避雷针与避雷线的保护范围

保护范围是指被保护物在此空间内不致遭受雷击的立体区域。保护范围的大小与避雷针（线）的高度有关。

① 单支避雷针的保护范围。单支避雷针的保护范围是以避雷针为轴的折线构成的上、下两个圆锥形空间。如图 8-5 所示是高度为 h 的避雷针的保护范围。

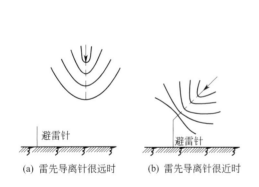

图 8-4 避雷针引雷示意图

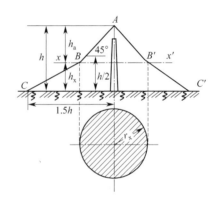

图 8-5 单支避雷针的保护范围

从图看出，从针顶 A 向下作与针成 45°角的斜折线，与高 0.5h 的水平面相交于 B 点，连接 B 到地面的保护半径 1.5h 处的 C 点，通过交点 B 把锥形保护范围分为上、下两个空间。每个空间内不同高度 h_x 上的保护半径 r_x，可按下式计算：

$$\left. \begin{array}{l} 当 h_x \geqslant h/2 时 \quad r_x=(h-h_x)p=h_a p \\ 当 h_x < h/2 时, \quad r_x=(1.5h-2h_x)p \end{array} \right\} \quad (8-1)$$

式中，h_x 为被保护物高度，单位为 m；h_a ($h_a=h-h_x$) 为避雷针的有效高度，单位为 m；p 为高度影响系数，当 $h \leqslant 30m$ 时，$p=1$；当 $30m < h \leqslant 120m$ 时，$p=\dfrac{5.5}{\sqrt{h}}$。

应该指出，如果避雷针高度超过 30m 时，其保护范围不再与针高成正比关系，而且施工和安装都较困难，投资也大，此时宜采用多支矮针联合进行保护，这种做法非常多见。

② 两支避雷针的保护范围。当被保护的范围较大时，常用两支等高的避雷针联合进行保护。保护范围如图 8-6 所示。首先根据被保护物的长、宽、高及避雷针理想安装位置，初

步确定两针之间的距离 D 和两针的高度 h，然后按以下公式计算，最后选定合理的保护方案。

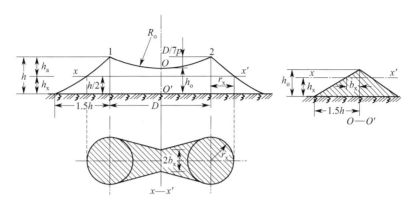

图 8-6 两支等高避雷针的保护范围

(a) 两针外侧的保护范围，应按单支避雷针的方法确定。

(b) 两针之间的上部保护范围，应按通过两针顶点及保护范围上部边缘最低点 O 的圆弧确定，圆弧的半径为 R_o。O 点为假想避雷针的顶点，其高度为

$$h_o = h - \frac{D}{7p} \quad (8-2)$$

式中，h_o 为两针之间保护范围上部边缘最低点 O 的高度，单位为 m；D 为两避雷针之间的距离，单位为 m；p 为高度影响系数。

(c) 两针之间在 h_x 水平面上保护的一侧最小宽度 b_x，可按下式计算

$$b_x = 1.5(h_o - h_x) \quad (8-3)$$

当 $D = 7h_a p$ 时（$h_a = h - h_x$），$b_x = 0$，即再增大两针之间的距离，就不能构成联合保护范围了。为了构成联合保护范围，应使 $D < 7h_a p$，一般 D/h 不宜大于 5。

由于变电所的地形或被保护物高度的关系，需要装设两支不等高避雷针，如图 8-7 所示。对两针内侧的保护范围，先按单针法作出高针 1 的保护范围，然后经过低针 2 的顶点作水平线与之交于点 3，设点 3 为一假想针的顶点，此时再作出两等高针 2 和 3 的联合保护范围。通过针 2 和针 3 的顶点及保护范围上部边缘最低点的圆弦高 $f = D'/7p$，D' 为针 2 和针 3 之间的距离。两针外侧保护范围仍按单支针计算，最后总合起来就是两支不等高升的保护范围。

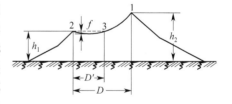

图 8-7 两支不等高避雷针的保护范围

③ 多支避雷针的保护范围。当被保护设备占地范围较大时常装设多支针联合进行保护，它能更有效地增大保护范围，现以三支针为例说明保护范围的确定。在 h_x 水平面上的保护范围如图 8-8 所示。三支避雷针所形成的三角形外侧的保护范围均按单支及两支等高针的方法计算，而相邻各对针之间只有 $b_x > 0$ 时，整个面积才能被保护。四支及多支等高避雷针所形成的多边形，只需将其分成两个或几个三角形，按上述方法计算，则整个面积均能被保护。

④ 避雷线的保护范围。避雷线是悬挂在被保护物上空的钢绞线，由于它还要接地，所以也称架空地线。避雷线主要用以保护架空输电线路或其他物体免遭直接雷击。单根避雷线的保护范围如图 8-9 所示。

由避雷线向下作与其垂直面成 25°角的两个斜面,在高度 $h/2$ 处转折与地面上离避雷线水平距离为 h 的直线相连的平面,合起来构成屋脊式的保护范围。保护宽度 r_x 可按下式计算

$$\left.\begin{array}{l}当 h_x \geqslant h/2 时, r_x = 0.47(h-h_x)p \\ 当 h_x < h/2 时, r_x = (h-1.53h_x)p\end{array}\right\} \quad (8-4)$$

式中,r_x 为每侧保护范围的宽度,单位为 m。

当保护范围较大时,可采用两根避雷线联合进行保护,其保护范围如图 8-10 所示。

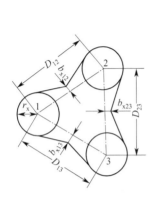

图 8-8 三支避雷针的保护范围

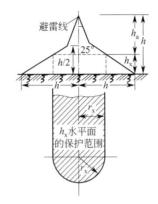

图 8-9 单根避雷线的保护范围

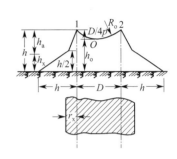

图 8-10 两根等高平行避雷线的保护范围

两根避雷线外侧的保护范围按单根避雷线方法确定。两避雷线内侧保护范围的截面,由通过两避雷线及保护范围上部边缘最低点 O 的圆弧确定,O 点的高度可按下式计算

$$h_o = h - \frac{D}{4p} \quad (8-5)$$

式中,h_o 为两避雷线之间保护范围上部边缘最低点的高度,单位为 m;D 为两避雷线之间的距离,单位为 m;h 为避雷线的高度,单位为 m。

两避雷线端部的保护范围,可按两支等高避雷针的计算方法确定,等效避雷针高度可近似取避雷线悬挂点高度的 80%。

2)避雷器

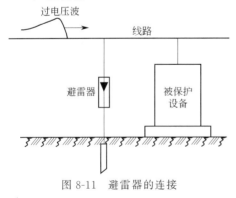

图 8-11 避雷器的连接

避雷器是一种过电压保护设备,用来防止雷电所产生的大气过电压沿架空线路侵入变电所或其他建筑物内,以免危机被保护设备的绝缘。避雷器也可用来限制内过电压。避雷器与被保护设备并联且位于电源侧,其放电电压低于被保护设备的绝缘耐压值。如图 8-11 所示,沿线路侵入的过电压,将首先使避雷器击穿并对地放电,从而保护了它后面的设备的绝缘。

避雷器的形式,主要有阀型和管型避雷器两种。

(1)阀型避雷器

阀型避雷器是由装在密封瓷套管中的火花间隙和阀片(非线性电阻)串联组成。在瓷套管的上端有与网络导线相连接的接线端子,下端通过接地引下线与接地体相连,其结构和外形如图 8-12 所示。

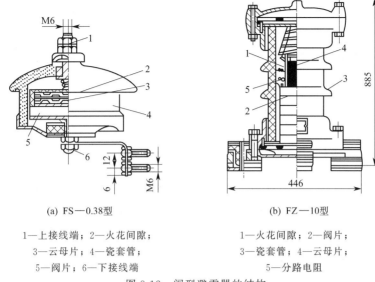

(a) FS—0.38型

1—上接线端；2—火花间隙；
3—云母片；4—瓷套管；
5—阀片；6—下接线端

(b) FZ—10型

1—火花间隙；2—阀片；
3—瓷套管；4—云母片；
5—分路电阻

图 8-12 阀型避雷器的结构

火化间隙按网路额定电压的高低，采用若干个单间隙叠合而成，每个单间隙如图 8-13 所示。

它由两个圆形黄铜电极 1 及一个垫在中间的云母片 2 叠合而成，由于两黄铜电极的间距小，面积较大，因而电场较均匀，可得到较平缓的放电伏秒特性，并能熄灭 80A 的工频续流电弧。阀片是由全刚砂（SiC）细粒（占 70%）、石墨（占 10%）和水玻璃（占 20%）在一定的高温下烧结而成，呈圆饼状。阀片具有良好的非线性电阻特性及较高的通流能力。阀片的电阻不是常数，正常工频电压时，阀片电阻很大，过电压时，阀片电阻变得很小，如图 8-14 所示。

因而在通过较大雷电流时，不会使残压 U_V 过高，又能对较小的工频续流加以限制，这样就为火花间隙切断工频续流创造了条件。阀片最大通流能力达 30～40kA。阀片的数量多少也随网路额定电压的高低而增加或减少。常见的阀型避雷器的基本特征见附录表 24，供参考。

阀型避雷器主要分为普通型和磁吹型两大类。普通型有 FS 和 FZ 两种系列。磁吹型则有 FCD 和 FCZ 两种系列。阀型避雷器的型号中的符号含义如下：F 为阀型；S 为线路用；Z 为电站用；D 为保护电机用；C 为磁吹。

FS 系列阀型避雷器因为它阀片直径小，火花间隙无分路电阻，所以通流容量较小，一般用来保护小容量配电装置，在 10kV 及以下小型工厂的配电系统中，也广泛用于变压器及电气设备的保护。FZ 系列阀型避雷器的阀片直径较大，火花间隙有分路电阻，所以通流容量较大，残压 U_V 和冲击放电电压都比 FS 型避雷器低，因此，通常用于保护 35kV 及以上大、中型工厂的总降压变电所的电气设备的保护。磁吹避雷器的 FCD 系列由于冲击放电电压和残压均低于同极电压的其他型避雷器，因此通常用于旋转类电机的保护。FCZ 系列，因阀片直径较大，通流容量也大，因此通常用于变电所的高压电气设备的保护。

（2）管型避雷器

管型避雷器由产气管、内部间隙和外部间隙三部分组成。而产气管由纤维、有机玻璃或塑料组成。它是一种灭弧能力很强的保护间隙。如图 8-15 所示。

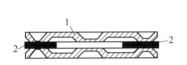 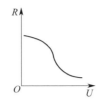 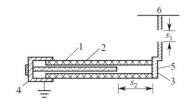

图 8-13　单个平板型火花间隙
1—黄铜电极；2—云母片

图 8-14　阀片的电阻特性曲线

图 8-15　管型避雷器结构示意图
1—产气管；2—棒形电极；3—环形电极；4—接地支座；5—管口；6—线路；s_1—外部间隙；s_2—内部间隙

当沿线侵入的雷电波幅值超过管型避雷器的击穿电压时，内外火花间隙同时放电，内部火花间隙的放电电弧使管内温度迅速升高，管子内壁的纤维质分解出大量高压气体，由环形电极端面的管口 5 喷出，形成强烈纵吹，使电弧在电流第一次过零时就熄灭。这时外部间隙的空气迅速恢复了正常绝缘，使管型避雷器与供电系统隔离。熄弧过程仅为 0.01s。管型避雷主要用于变电所进线线路的过压保护。

（3）保护间隙

保护间隙是最为简单、经济的防雷设备，其结构十分简单。常见的三种角形保护间隙结构如图 8-16 所示。

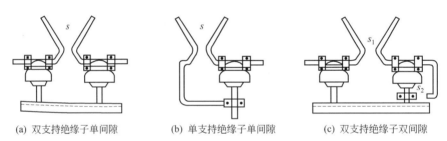

(a) 双支持绝缘子单间隙　　　(b) 单支持绝缘子单间隙　　　(c) 双支持绝缘子双间隙

图 8-16　角形保护间隙（羊角避雷器）
s—保护间隙　s_1—主间隙　s_2—辅助间隙

这种角形保护间隙又称羊角避雷器。其中一个电极接于线路，另一个电极接地。当线路侵入雷电波引起过电压时，间隙击穿放电，将雷电流泄入大地。

为了防止间隙被外物（如鸟、兽、树枝等）短接而造成短路故障，通常在其接地引下线中还串接一个辅助间隙 s_2，如图 8-16（c）所示。这样即使主间隙被物短接，也不致造成接地短路。保护间隙多用于线路上，由于它的保护性能差，灭弧能力小，所以保护间隙只用于室外且负荷不重要的线路上。

（4）金属氧化物避雷器

金属氧化物避雷器又称压敏避雷器，是一种新型避雷器，这种避雷器的阀片以氧化锌（ZnO）为主要原料，敷以少量能产生非线性特性的金属氧化物，经高温焙烧而成。氧化锌阀片具有较理想的伏安特性，其非线性系数很小，为 0.01~0.04，当作用在氧化锌阀片上的电压超过某一值（此值称为动作电压）时，阀片将发生"导通"，而后在阀片的残压与流过其本身的电流基本无关。在工频电压下，阀片呈现极大电阻，能迅速抑制工频续流，因此不需串联火花间隙来熄灭工频续流引起的电弧。阀片通流能力强，故面积可减少。这种避雷器具有无间隙、无续流、体积小和重量轻等优点，是一个很有发展前途的避雷器。

8.1.3 防雷措施

我们知道,雷电能产生很高的电压,这种高电压加在电气设备上,如果不预先采取防护措施,就会击穿电气设备的绝缘,造成严重停电和设备损坏事故。因而采取完善的防雷措施以减少雷害事故是很重要的。防雷的基本方法有以下两个:一是使用避雷针、避雷线和避雷器等防雷设备,把雷电通过自身引向大地,以削弱其破坏力;另一个是,要求各种电气设备具有一定的绝缘水平,以提高其抵抗雷电破坏能力。两者如能恰当地结合起来,并根据被保护设备的具体情况,采取适当的保护措施,就可以防止或减少雷电造成的损害,达到安全、可靠供电的目的。

1) 架空线路的防雷措施

由于架空线路直接暴露于旷野,距离地面较高,而且分布很广,最容易遭受雷击。因此,对架空线路必须采取保护,具体的保护措施如下。

(1) 装设避雷线

最有效的保护是在电杆(或铁塔)的顶部装设避雷线,用接地线将避雷线与接地装置连在一起,使雷电流经接地装置流入大地,以达到防雷的目的。线路电压越高,采用避雷线的效果越好,而且避雷线在线路造价中所占比重也越低。因此,110kV 及以上的钢筋混凝土电杆或铁塔线路,应沿全线装设避雷线。35kV 及以下的线路是不沿全线装设避雷线的,而是在进出变电所 1~2km 范围内装设,并在避雷线两端各安装一组管形避雷器,以保护变电所的电气设备。

(2) 装设管型避雷器或保护间隙

当线路遭受雷击时,外部和内部间隙都被击穿,把雷电流引入大地,此时就等于导线对地短路。选用管型避雷时,应注意除了其额定电压要与线路的电压相符外,还要核算安装处的短路电流是否在额定断流范围之内。如果短路电流比额定断流能力的上限值大,避雷器可能引起爆炸;若比下限值小,则避雷器不能正常灭弧。

在 3~60kV 线路上,有个别绝缘较弱的地方,如大跨越档的高电杆,木杆、木横担线路中夹杂的个别铁塔及铁横担混凝土杆,耐雷击较差的换位杆和线路交叉部分以及线路上电缆头、开关等处。对全线来说,它们的绝缘水平较低。这些地方一旦遭受雷击容易造成短路。因此对这些地方需用管型避雷器或保护间隙加以保护。

(3) 加强线路绝缘

在 3~10kV 的线路中采用瓷横担绝缘子。它比铁横担线路的绝缘耐雷水平高得多。当线路受雷击时,就可以减少发展成相间闪络的可能性,由于加强了线路绝缘,使得雷击闪络后建立稳定工频电弧的可能性也大为降低。

木质的电杆和横担,使线路的相间绝缘和对地的绝缘提高,因此不易发生闪络。运行经验证明,电压较低的线路,木质电杆对减少雷害事故有显著的作用。

近几年来,3~10kV 线路多用钢筋混凝土电杆,且采用铁横担。这种线路如采用木横担可以减少雷害事故,但木横担由于防腐性能差,使用寿命不长,因此木横担仅在重雷区使用。

(4) 线路交叉部分的保护

两条线路交叉时,如其中一条线路受到雷击,可能将交叉处的空气间隙击穿,使另一条线路同时遭到雷击。因此,在保证线路绝缘的情况下,还要采取如下措施。

线路交叉处上、下线路的导线之间的垂直距离应不小于表 8-1 的规定。

表 8-1 各级电压线路相互交叉时的最小交叉距离

电压/kV	0.5 及以下	3~10	20~35
交叉距离/m	1	2	3

除满足最小距离外,交叉挡的两端电杆还应采取下列保护措施。

① 交叉挡两端的铁塔及电杆,不论有无避雷线,都必须接地。对木杆线路,必要时应装设管型避雷器或保护间隙。

② 高压线路和木杆的低压线路或通信线路交叉时,应在低压线路或通信线路交叉挡的木杆上装设保护间隙。

2) 变配电所的防雷措施

变配电所内有很多电气设备(如变压器等)的绝缘水平远比电力线路的绝缘水平低,而且变配电所又是电网的枢纽。在这里如果发生雷害事故,将会造成很大损失,因此必须采用防雷措施。

(1) 装设避雷针或避雷线

装设避雷针或避雷线已防护整个变配电所,使之免遭直接雷击。当雷击于避雷针时,强大的雷电流通过引下线和接地装置泄入大地,在避雷针和引下线上形成的高电位可能对附近的变配电设备发生反击闪络。为防止反击闪络,则必须设法降低接地电阻和保证防雷设备与配电设备之间有足够的安全距离。

(2) 装设避雷器

装设避雷器,主要用来保护主变压器,以免雷电冲击波沿高压线路侵入变电所。阀型避雷器与变压器及其他被保护设备的电气距离应尽量缩短,其接地线应与变压器低压侧接地中性点及金属外壳连在一起接地,如图 8-17 所示。图 8-18 是 6~10kV 配电装置对雷电波侵入的防护接线示意图。在多雷区,为防止雷电波沿低压线路侵入而击穿变压器的绝缘,还应在低压侧装设阀型避雷器或保护间隙。

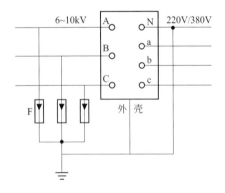

图 8-17 电力变压器的防雷保护及其接地系统

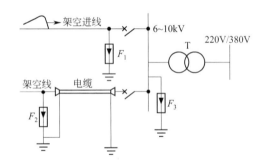

图 8-18 高压配电装置防护雷电波侵入示意图
F_1、F_2—管型避雷器或阀型避雷器;F_3—阀型避雷器

3) 低压线路的保护

低压线路的保护,是将靠近建筑物的一根电杆上的绝缘子铁脚接地。这样当雷击低压线路时,就可向绝缘子铁脚放电,把雷电流泄入大地,起到保护作用。其接地电阻一般不应大于 30Ω。

8.2 电气设备的接地

8.2.1 接地的有关概念

(1) 接地和接地装置

电气设备的某部分与土壤之间作良好的电气连接,称为接地。与土壤直接接触的金属物体,称为接地体或接地极。专门为接地而装设的接地体,称为人工接地体。兼作接地体用的直接与大地接触的各种金属构件、金属管道及建筑物的钢筋混凝土基础等，称为自然接地体。连接接地体及设备接地部分的导线，称为接地线。接地线和接地体合称为接地装置。由若干接地体在大地中相互连接而组成的整体，称为接地网。接地线又可分为地干线和接地支线。按规定，接地干线应采用不少于两根导体在不同地点与接地网连接。

(2) 接地电流和对地电压

当电气设备发生接地故障时，电流就通过接地体向大地作半球形散开，该电流称为接地电流。电气设备的接地部分（如接地的外壳和接地体等）与零电位的"大地"之间的电位差就称为接地部分的对地电压。

(3) 接触电压和跨步电压

电气设备的外壳一般都与接地体相连，在正常情况下和大地同为零电位。但当设备发生接地故障时，则有接地电流入地，并在接地体周围地表形成对地电位分布，此时如果有人触及设备外壳，则人所接触的两点（如手和脚）之间的电位差，称为接触电压，用 U_{tou} 表示；如果人在接地体 20m 范围内走动，由于两脚之间有 0.8m 左右距离，从而承受了电位差，称为跨步电压，用 U_{step} 表示。如图 8-19 所示。

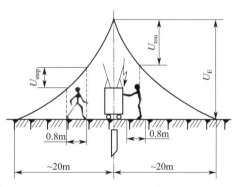

图 8-19 接触电压和跨步电压

由图 8-19 可见，对地电位分布越陡，接触电压和跨步电压越大。为了将接触电压和跨步电压限制在安全电压范围之内，通常采取降低接地电阻，打入接地均压网和埋设均压带等措施，以降低电位分布陡度。

8.2.2 接地的类型

工厂供电系统和电气设备的接地，按其作用的不同可分为工作接地和保护接地两大类。此外，还有为进一步保证保护接地的重复接地。

(1) 工作接地

在电力系统中，凡运行所需的接地称为工作接地，如电源中性点的直接接地或经消弧线圈接地以及防雷设备的接地等。各种工作接地有其各自的功能。例如电源中性点的直接接地，能在运行中维持三相系统中相线对地电位不变；电源中性点经消弧线圈的接地，能在单相接地时消除接地点的断续电弧，防止系统出现过电压。至于防雷设备的接地，其功能更是显而易见的，不接地就不能实现对地泄放雷电流。

(2) 保护接地

将电气设备上与带电部分绝缘的金属处壳与接地体相连接，这样可以防止因绝缘损坏而遭受触电的危险，这种保护工作人员的接地措施，称为保护接地，代号为 PE。如变压器、电动机和家用电器的外壳接地等都属于保护接地。

保护接地的型式有两种：一种是设备的外露可导电部分经各自的 PE 线分别直接接地，例如 TT 系统和 IT 系统；另一种是设备的外露可导电部分经公共的 PE 线或 PEN 线接地，例如 TN 系统。前者我国过去称为保护接地，而后者我国过去称为保护接零。

① TN 系统。TN 系统的电源中性点直接接地，并引出有 N 线，属三相四线制系统。当其设备发生一相接地故障时，就形成单相短路，其过电流保护装置动作，迅速切除故障部分。

② TT 系统。在中性点直接接地的低压三相四线制系统中,将电气设备正常情况下不带电的金属外壳经各自的 PE 线分别直接接地。当设备发生单相碰壳接地故障时,由于接触不良而导致故障电流较小,不足以使过电流保护装置动作,此时如果有人触及设备外壳,则故障电流就要全部通过人体,造成触电事故,如图 8-20(a)所示。当采用 TT 系统后,设备与大地接触良好,发生故障时的单相短路电流较大,足以使过电流保护装置动作,迅速切除故障设备,大大地减少触电危险。即使在故障未切除时人体触及设备外壳,由于人体电阻远大于接地电阻,因此,通过人体的电流较小,触电的危险性也不大,如图 8-20(b)所示。

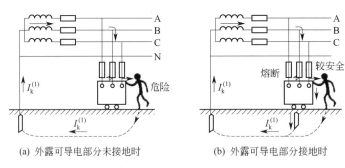

(a) 外露可导电部分未接地时　　　(b) 外露可导电部分接地时

图 8-20　TT 系统保护接地功能说明

但是,如果这种 TT 系统中设备只是因绝缘不良而漏电,由于漏电电流较小而不足以使过电流保护装置动作,从而使漏电设备长期带电,增加了触电的危险,所以,TT 系统应考虑加装灵敏的触电保护装置(如漏电保护器),以保障人身安全。

TT 系统由于设备外壳经各自的 PE 线分别直接接地。因此各 PE 线间无电磁联系,它适用于数据处理、精密检测装置等的供电。而同时 TT 系统又属于三相四线制系统,故在国外得到广泛采用,我国也在逐渐推广。

③ IT 系统。在中性点不接地的三相三线制供电系统中,将电气设备在正常情况下不带电的金属外壳及其构架等,与接地体经各自的 PE 线分别直接相连。当电气设备某相的绝缘损坏时外壳就带电,同时由于线路与大地存在绝缘电阻 r 和对地电容(图中未画出),若人体此时触及设备外壳,则电流就全部通过人体而构成通路,如图 8-21(a)所示,从而造成触电危险。当在 IT 系统中采用保护接地后,如因绝缘损坏而外壳带电,接地电流 I_E 将同时沿接地装置和人体两条通路流过,如图 8-21(b)所示。由于流经每条通路的电流值与其电阻值成反比,而通常人体电阻 R_{bk}(1000Ω)比接地电阻 R_E(小于10Ω)大数百倍,所以流经人体的电流很小,不会发生触电危险的。

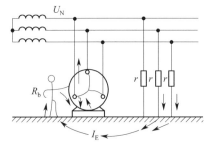 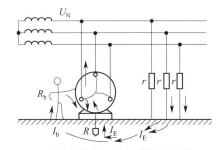

(a) 无保护接地时的电流通路　　　(b) 有保护接地(IT系统)时的电流通路

图 8-21　中性点不接地的三相三线制系统无接地与有接地的触电情况

IT系统由于其金属外壳是经各自PE线分别接地的,各自设备的PE线间无电磁联系,因此适用于数据处理、精密检测装置等的供电,但是IT系统目前在我国应用的还不多。

（3）重复接地

在电源中性点直接接地的TN系统中,为确保公共PE线或PEN线安全可靠,除在电源中性点进行工作接地外,还必须在PE线或PEN线的下列地方进行必要的重复接地:①在架空线路的干线和分支线的终端及沿线每间隔1km处;②电缆和架空线在引入车间或大型建筑物处。否则,在PE线或PEN线发生断线并有设备发生一相接地故障时,接在断线后面的所有设备的外露可导电部分都将呈现接近于相电压的对地电压,即 $U_E \approx U_\varphi$,如图8-22（a）所示,这是很危险的。如果进行了重复接地,如图8-22（b）所示,则在发生同样故障时,断线后面的PE线或PEN线的对地电压 $U'_E = I_E R'_E$。假设电源中性点接地电阻 R_E 与重复接地电阻 R'_E 相等,则断线后面一段PE线或PEN线的对地电压 $U'_E \approx U_\varphi/2$,危险程度大大降低。当然,实际上由于 $R'_E > R_E$,所以 $U'_E > U_\varphi/2$,对人还是有危险的,因此应尽量避免发生PE线或PEN线的断线故障。施工时,一定要保证PE线和PEN线的安装质量。运行中也要特别注意对PE线和PEN线状况的检视。根据同样的理由,PE线和PEN线上一般不允许装设开关或熔断器。

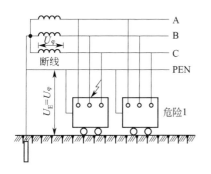 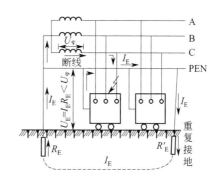

(a) 没有重复接地的系统中,PE线或PEN线断线时　　(b) 采用重复接地的系统中,PE线或PEN线断线时

图8-22　重复接地功能说明示意图

8.2.3　电气装置的接地和接地电阻及其要求

1）电气装置的接地

电气装置的金属部分,如发生绝缘损坏,可能带有危险电压,因此必须进行接地或接零。应该接地或接零的电气装置如下。

① 电动机、变压器、电器、照明设备等的底座和外壳。

② 电气设备的传动装置。

③ 互感器的二次线圈（继电保护另有规定者除外）。

④ 配电盘与控制台的框架。

⑤ 室内外配电装置的金属和钢筋混凝土构架以及临近带电部分的金属遮栏和金属门。

⑥ 交直流电力电缆终端盒的金属外壳和电缆的金属外皮,布线的钢管等。

⑦ 居民区无避雷线的小接地电流系统架空线路的金属或钢筋混凝土电杆。

⑧ 装有避雷线的电力线路电杆。

⑨ 安装在配电线路电杆上的电气设备（如柱上油开关、电容器等）的金属外壳。

⑩ 控制电缆的金属外皮。

⑪ 避雷器、保护间隙、避雷针和耦合电容器底座等。

2) 接地电阻及其要求

(1) 接地电阻

接地电阻是接地体的流散电阻与接地线和接地体电阻的总和。由于接地线和接地体的电阻值相对很小，可忽略不计，因此可以认为接地电阻就是指接地体流散电阻。在数值上等于电气设备的接地点对地电压与通过接地体流入地中电流的比值。接地电阻 R_E 的表示式为

$$R_E = U_E / I_E \tag{8-6}$$

式中，U_E 为接地电压，V；I_E 为接地电流，A。

工频接地电流流经接地装置所呈现的接地电阻，称为工频接地电阻；雷电流流经接地装置所呈现的接地电阻，称为冲击接地电阻。

(2) 接地电阻的要求

防雷保护的基本原理是利用低电阻通道，能在雷电发生时，将强大的雷电流迅速泄流到大地，从而防止建筑物和供电系统被损坏或发生人员伤害事故。因此为避免雷电危害所有防雷设备都必须有良好的接地装置，同时接地装露的接地电阻越小，接地电压也就越低。我国对各种场所的接地电阻也有相关的规定。

① 建筑物接地电阻要求。防雷电感应的接地装置应和电气设备接地装置共用，其工频接地电阻不应大于10Ω；防雷建筑物的防雷设施每根引下线的接地电阻不大于10Ω；避雷器、电缆金属外皮、钢管和绝缘子铁脚、金具等应连在一起接地，其冲击接地电阻不应大于10Ω；架空和直接埋地的金属管道在进出建筑物处附近与防雷的接地装置相连，若不相连时，架空管道应接地，其冲击接地电阻不应大于10Ω；一、二类建筑物防直击雷的接地电阻不大于10Ω，三类建筑及烟囱的防直击雷接地电阻不大于30Ω；3kV及以上的架空线路接地电阻为10Ω～30Ω等。

② 大接地电流电网的接地电阻要求。在110kV及以上的供配电系统中，当发生单相短路时，接地电流很大，在接地装置上安装的继电保护设备会动作迅速切断电源，此时过电压和过电流在设备上出现的时间很短，工作人员触及设备外壳的机会很小，故接地电阻选择不超过 0.5Ω 即可。

③ 小接地电流电网的接地电阻要求。小接地电流电网发生单相接地事故时，通常不会立即断电，而是可以继续运行一段时间，用电设备发生故障碰壳带来的触电风险会增加。由于小接地电网的接地电流相对较小，对地电压值也不高，所以接地电阻选择不大于 10Ω。

④ 低压设备的接地电阻要求

a. 对于与总容量在100kVA以上的发电机或变压器供电系统相连接的接地装置，接地电阻不大于4Ω。

b. 对于与总容量在100kVA以下的发电机或变压器供电系统相连接的接地装置，接地电阻不大于10Ω。

c. 对于TT、IT系统中用电设备的接地电阻，按接地电压不高于50V计算，一般接地电阻不大于100Ω。

8.2.4 接地装置的敷设

1) 一般要求

由于雷电流幅值大，频率高，易在接地体上产生很大的感抗，尤其是伸长的接地体，产

生的感抗更大，受感抗抑制电流变化的影响，雷电流不能迅速泄流到大地，影响防雷效果。因此在防雷接地装置中，为确保雷电流的泄流通道畅通，一般由几根垂直接地体和水平连线组成，或由几根水平接地体呈放射线组成，而不采用伸长接地体的形式。

(1) 垂直接地体的安装

垂直埋设的接地体一般采用热镀锌的角钢、钢管、圆钢等，垂直敷设的接地体长度不应小于 2.5m。圆钢直径不应小于 19mm，钢管壁厚不应小于 3.5mm，角钢壁厚不应小于 4mm。

(2) 水平接地体

水平埋设的接地体一般采用热镀锌的扁钢、圆钢等。扁钢截面不应小于 10mm^2。变配电所的接地装置，应敷设以水平接地体为主的人工接地网。

(3) 避雷针接地

避雷针的接地装置应单独敷设，且与其他电气设备保护接地装置相隔一定的安全距离，一般不少于 10m。

2) 充分利用自然接地体

在设计和安装接地装置时，要尽可能利用自然接地体，节约成本，节省钢材，但输送易燃易爆物质的金属管道除外。

自然接地体是指建筑物的钢结构和钢筋、起重机的钢轨、埋地的金属管道以及敷设于地下且数量不少于两根的电缆金属外皮等。变配电所可以利用其外部的建筑物钢筋混凝土结构作为它的自然接地体。

接地装置自然接地体的安装基本要求如下。

① 自然接地体的接地电阻，如符合设计要求时，一般可不再另设人工接地体。

② 直流电力回路不应利用自然接地体，要用人工接地体。

③ 交流电力回路同时采用自然、人工两接地体时，应设置分开测量接地电阻的断开点。自然接地体，应不少于两根导体在不同部位与人工接地体相连接。

④ 车间接地干线与自然接地体或人工接地体连接时，应不少于两根导体在不同地点连接。

⑤ 接地体埋设位置应距建筑物、人行通道不小于 1.5m，防护直击雷的接地体应距建筑物、人行通道或安全出入口不小于 3m。不应在垃圾、灰渣等地段埋设。经过建筑物、人行通道的接地体，应采用帽檐式均压带做法。

3) 装设人工接地体

当设备的自然接地体电阻不能满足防雷要求要求时，应装设人工接地装置来补充。人工接地有垂直埋没和水平埋没两种基本结构形式。人工接地体的装设要求如下。

① 人工接地体在土壤中的埋设深度不应小于 0.6m，宜埋设在冻土层以下；水平接地体应挖沟埋设。

② 钢制垂直接地体宜直接打入地沟内，为了减少相邻接地体的屏蔽作用，垂直接地体的间距不宜小于其长度 2 倍并均匀布置。

③ 垂直接地体坑内、水平接地体沟内宜用低电阻率的黏土或黑土进行土壤置换处理并在回填时分层夯实。

④ 接地装置宜采用热镀锌钢质材料。在高土壤电阻率地区，除采用换土法外，还可以进行降阻剂法或其他新技术、新材料降低接地装置的接地电阻。铜质接地装置应采用焊接或熔接，钢质和铜质接地装置之间连接应采用熔接方法连接，连接部位应作防腐处理。

⑤ 接地装置连接应可靠，连接处不应松动、脱焊、接触不良。

⑥ 接地装置施工完工后，测试接地电阻值必须符合设计要求，隐蔽工程部分应有检查

验收合格记录。

⑦ 交流电气装置的接地线，应尽量利用金属构件、钢轨、混凝土构件的钢筋，电线及电力电缆的金属皮等，但必须保证全长有可靠的金属性连接。

⑧ 不得利用有爆炸危险物质的管道作为接地线，在有爆炸危险物质环境内使用的电气设备应根据设计要求，设置专门的接地线。该接地线若与相线敷设在同一保护管内时，应有与相线相等绝缘水平。金属管道，电缆的金属外皮与设备的金属外壳和构架都必须连接成连续整体，并予以接地。

⑨ 金属结构件作为接地线时用螺栓或铆钉紧固的连接外，应用扁钢跨接。作为接地干线的扁钢跨接线，截面不小于 $100mm^2$，作为接地分支跨接线时不应小于 $100mm^2$。

⑩ 不得使用蛇皮管，管道保温层的金属层以及照明电缆铅皮作为接地线，但这些金属外皮应保证其全长有完好的电气通路并接地。

⑪ 在电源处，架空线路干线和分支线的终端及沿线每公里处，电缆和架空线，在引入车间或大型建筑物内的配电柜等处，零线应重复接地。

⑫ 金属管配线时，应将金属管和零线连接在一起，并作重复接地。各段金属不应中断金属性连接、丝扣连接的金属管，应在连接管箍两侧用不小于 10mm 的钢线跨接。

⑬ 高压架空线路与低压架空线路同杆架设时，同杆架设段的两端低压零线应做重复接地。

⑭ 接地体与接地干线的连接应留有测定接地电阻的断开点，此点采用螺栓连接。

4) 防雷装置的接地要求

避雷针宜装设独立的接地装置。防雷接地装置及避雷针（线、网、带）引下线的结构尺寸应符合有关规定的要求。

为了防止雷击时雷电流在接地装置上产生的高电位对被保护的建筑物和配电装置及其接地装置进行"反击闪络"，（"反击闪络"是指当雷电击中避雷针时，强大的雷电流通过接地线、接地体泄入大地时，在避雷针上会形成极高的电位。这种高电位可能对附近的设备发生放电）。危及建筑物和配电装置的安全，因此，防直击雷的接地装置与建筑物和配电装置之间的安全距离应符合下式的要求：

$$S_o \geqslant 0.3R_{ch} + 0.1h \tag{8-7}$$

式中，S_o 为空气中距离，单位为 m；如图 8-23 所示；R_{ch} 为独立避雷针的冲击接地电阻，单位为 Ω；h 为避雷针校验点高度，单位为 m。S_o 一般不应小于 5m。

避雷针与电气设备间允许距离的示意图如图 8-23 所示。而独立避雷针接地体与变电所接地网的地中距离，应符合下式的要求：

$$S_E \geqslant 0.3R_{ch} \tag{8-8}$$

式中，S_E 为地中距离，一般不超过 3m。

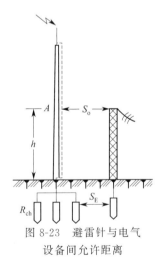

图 8-23 避雷针与电气设备间允许距离

为了降低跨步电压，保障人身安全，根据有关规程规定，防直击雷的人工接地体距建筑物出口或人行道的距离不应小于 3m。当小于 3m 时，应采取下列措施之一：①水平接地体局部深埋不应小于 1m；②水平接地体局部应包绝缘物，可采用 50~80mm 厚的沥青；③采用沥青碎石地面或在接地体上面敷设 50~80mm 厚的沥青层，其宽度应超过接地体 2m。

8.2.5 低压配电系统的等电位连接

常用的等电位连接包括总等电位连接和辅助等电位连接两种。所谓"总等电位连接"，即将电气装置的 PE 线或 PEN 线与附近的所有金属管道构件（例如接地干线，水管，煤气管、采暖和空调管道等，如集可能也包括建筑物的钢筋及金属构件）在进入建筑物处接向总等电位连接端子板（即接地端子扳）。总等电位连接靠均衡电位而降低接触电压，同时它也能消除从电源线路引入建筑物的危险电压。它是建筑物内电气装置的一项基本安全措施。IEC 标准和一些先进国家的电气规范都将总等电位连接作为接地故障保护的基本条件。实际，上总等电位连接已兼有电源进线重复接地的作用。

对于特别潮湿、触电危险大的局部特殊环境如浴室、医院手术室等处，还应作"局部等电位连接"，即在此局部范围内，将 PE 线或 PEN 线与附近所有的上述金属管道构件等相互连接，作为总等电位连接的补充，以进一步提高用电安全水平。局部等电位连接的主要目的在于使接触电压降低至安全电压限制以下。它同时也有效地解决了 TN 系统 5s 和 0.4s 不同切断时间带来的问题。

另外，GB50057—2000《建筑物防雷设计规范》亦规定：装有防雷装置的建筑物，在防雷装置与其他设施和建筑物内人员无法隔离的情况下，也应采取等电位连接。

等电位连接不需增设保护电器，只要在施工时增加一些连接导线，就可以均衡电位而降低接触电压，消除因电位差而引起的电击危险，这是一种经济而又有效的防电击措施。

此外，当部分电气装置位于总等电位连接作用区以外时，应装用漏电断路器，且这部分的 PE 线应与电源进线的 PE 线隔离，改接至单独的接地极（局部 TT 系统），以杜绝外部窜入的危险电压。

8.2.6 接地装置的计算

1）人工接地体工频接地电阻的计算

不同类型的单个接地体的接地电阻计算公式，在设计手册中均有介绍，读者可根据需要参考有关设计手册，这里不再赘述。

在实际的工厂配电系统中，往往单个接地体的接地电阻不能满足某些系统对接地电阻的要求，因此，必须将数根接地体进行并联成组。考虑到等电位的要求及施工条件的限制，接地体间的距离一般取为接地体长度的两倍。此时电流流入各单根接地体时，将由于互相之间的磁场影响而妨碍电流的流散，即等于增加了单根接地电阻值，这种现象称为屏蔽作用，如图 8-24 所示。由于它的影响，接地体组的接地电阻值并不等于各单根接地体流散电阻的并联值，而相差一个利用系数。

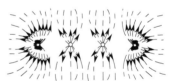

图 8-24 接地体通过电流时的屏蔽作用

单根垂直管形接地体接地电阻为

$$R'_{Eg} \approx \rho/l \tag{8-9}$$

式中，ρ 为土壤电阻率；l 为接地体长度。

多根垂直管形接地组体考虑到利用系数时的总接地电阻为

$$R_{Eg} = \frac{R'_{Eg}}{n\eta_E} \tag{8-10}$$

式中，R'_{Eg} 为单根垂直管形接地体的接地电阻，单位为 Ω；n 为接地体根数；η_E 为接地体组的利用系数，它与接地体布置、根数及其间距等因素有关，垂直管形接地体的利用系数值见附录表 25；R_{Eg} 为人工接地体组的总电阻值，单位为 Ω。

组合接地体是用扁钢连接的，扁钢对接地体也有屏蔽作用，设扁钢长度为 l，考虑到扁钢的利用系数 η_b，其电阻为

$$R_{Eb} = \frac{R'_{Eb}}{\eta_b} \tag{8-11}$$

式中，R_{Eb} 为长度为 l 的扁钢考虑利用系数时的电阻值，单位为 Ω；R'_{Eb} 为长度为 l 的扁钢，未考虑利用系数影响前的电阻值，单位为 Ω；η_b 为扁钢的利用系数。

总的人工接地组接地电阻 R_{EM} 为

$$R_{EM} = \frac{R_{Eg} R_{Eb}}{R_{Eg} + R_{Eb}} \tag{8-12}$$

于是人工接地体组总的接地电阻为

$$R_{Eg} = \frac{R_{EM} R_{Eb}}{R_{Eb} - R_{EM}} \tag{8-13}$$

钢管数为

$$n = \frac{R'_{Eg}}{R_{Eg} \eta_E} \tag{8-14}$$

考虑扁钢的作用，接地体一般可减少到 10% 左右。因此将上式简化为：

$$n = \frac{0.9 R'_{Eg}}{R_{Eg} \eta_E} \tag{8-15}$$

设计计算时，可以查出接地电阻 R_E 的要求值，如能初步核算出自然接地体的流散电阻 $R_{E.zh}$，则总的人工接地电阻值为

$$R_{EM} = \frac{R_E R_{E.zh}}{R_{E.zh} - R_E} \tag{8-16}$$

该公式即为长期以来在工程设计计算中一直沿用的按利用系数法计算接地电阻的方法。

2）防雷装置接地电阻的计算

防雷装置的接地电阻的计算方法与工频接地电阻的计算方法相同，但阻值有所差别。雷电流是冲击波，幅值很大，所以接地体的电位很高，当电流密度增加时，靠近接地体的电场强度可以达到将土壤击穿的程度，产生强烈的放电火花，因而使土壤电阻系数显著下降，这一效应使冲击接地电阻小于工频接地电阻。冲击接地电阻 R_{sh} 可由下式计算：

$$R_{sh} = \alpha_{sh} R_E \tag{8-17}$$

式中，R_{sh} 为冲击接地电阻，单位为 Ω；α_{sh} 为接地体的冲击系数；R_E 为工频接地电阻，单位为 Ω。冲击系数 α_{sh} 随土壤电阻率及接地导体的长度而变，土壤电阻率越大，使电场强度增大，较易击穿；长度越小，冲击电流密度越大。这些因数都能使冲击系数变小。

表 8-2 列出了冲击接地电阻与工频电阻之间的近似关系。

由于 R_{sh} 不易测量，为了方便起见，工程上总是拿工频接地电阻作为标准来衡量冲击接地电阻的。

表 8-2　冲击接地电阻与工频电阻之间的关系

$R_{sh}/(\Omega)$	不同土壤电阻率 ρ 时的工频接地电阻概算值/Ω			
	$10^4 \Omega cm$ 以下	$(10^4 \sim 5\times10^4) \Omega cm$	$(5\times10^4 \sim 10^5) \Omega cm$	$10^5 \Omega cm$ 以上
5	5	5～7.5	7.5～10	10～15
10	10	10～15	15～20	20～30
20	20	20～30	30～40	40～60
30	30	30～45	45～60	60～90

例 8-1　有一 50kVA 的变压器中性点需要进行接地，可以利用的自然接地体电阻为 25Ω，已知接地电阻要求值不应大于 10Ω，接地处的土壤电阻率为 150Ωm。试确定接地装置方案，并求出相应的参数。

解：(1) 先求出需要补充装设人工接地装置的接地电阻值。

根据已知条件并代入公式（8-16）得需要补充的人工接地电阻：

$$R_{EM} = \frac{R_E R_{E.zh}}{R_{E.zh} - R_E} = \frac{10 \times 25}{25 - 10} = 16.67\Omega$$

（2）根据需要补充的人工接地电阻 16.67Ω 值，可以初步确定采用垂直钢管接地体，并用扁钢焊成一排的方案。

求出单根垂直钢管接地电阻，由式（8-9）得：

$$R'_{Eg} \approx \frac{\rho}{l} = \frac{150}{2.5} = 60\Omega$$

查利用系数表，得 $\eta_E = 0.79 \sim 0.83$，取 0.8，则考虑到扁钢屏蔽作用时钢管根数由式（8-15）得：

$$n = \frac{0.9 R'_{Eg}}{R_{Eg} \eta_E} = \frac{0.9 \times 60}{16.67 \times 0.8} = 4.05$$

（3）最后方案是：考虑到接地体的均匀对称布置，选 5 根直径为 50mm，长为 2.5m 的镀锌钢管 5 根做垂直接地体，并用 40mm×40mm×4mm 的镀锌扁钢焊接，敷设成一字形，管间距离 5m，能满足接地电阻小于 10Ω 的要求。

8.3 电气安全

8.3.1 电气安全的一般措施

在供电工作中，必须特别注意电气安全。如果有麻痹或疏忽，就可能造成严重的人身触电事故，或者引起火灾或爆炸，给国家和人民带来极大的损失。

保证电气安全的措施如下。

1）加强电气安全教育

电能够造福于人，但如果使用不当，也能给人以极大危害，甚至致人死命，因此必须加强电气安全教育，人人树立"安全第一"的观点，全员做好安全工作，力争供电系统无事故地运行，防患于未然。

2）严格执行安全工作规程

国家颁发的和现场制订的安全工作规程，是确保工作安全的基本依据。只有严格执行安全工作规程，才能确保工作安全。例如在变配电所工作，就必须严格执行《电业安全工作规程（发电厂和变电所电气部分）》（DL408—91）的有关规定。

（1）电气工作人员必须具备的条件

① 经医师鉴定，无妨碍工作的病症（体格检查约两年一次）。

② 具备必要的电气知识，且按其职务和工作性质，熟悉《电业安全工作规程》的有关部分，并经考试合格。

③ 学会紧急救护法，特别要学会触电急救。

（2）人身与带电体的安全距离

进行地电位带电作业时，人身与带电体间的安全距离不得小于表 8-3 中的规定。

表 8-3 人身与带电体的安全距离

电压等级/kV	10	35	66	110	220	330
安全距离/m	0.4	0.6	0.7	1.0	1.8	2.5

（3）在高压设备上工作的要求

在高压设备上工作，必须遵守下列各项规定：

① 使用工作票和口头、电话命令；

② 至少应有两人在一起工作；

③ 完成保证工作人员安全的组织措施和技术措施。

保证安全的组织措施有工作票制度、工作许可制度、工作监护制度、工作间断、转移和终结制度。保证安全的技术措施有停电、验电，装设接地线、悬持标志牌和装设遮栏等。

3) 严格遵循设计、安装规范

国家制订的设计、安装规范，是确保设计、安装质量的基本依据。例如，进行工厂供电设计，就必须遵循国家标准 GB50052—2009《供配电系统设计规范》、GB50053—2013《20kV 及以下变电所设计规范》、GB50054—2011《低压配电设计规范》等一系列设计规范。而进行供电工程的安装，则必须遵循国家标准 GB50147—2010《电气装置安装工程高压电器施工及验收规范》、GB50148—2010《电气装置安装工程电力变压器、油浸电抗器、互感器施工及验收规范》、GB50168—2006《电气装置安装工程电缆线路施工及验收规范》、GB50173—2014《电气装置安装工程 66kV 及以下架空电力线路施工及验收规范》等施工及验收规范。

4) 加强运行维护和检修试验工作

加强供用电设备的运行维护和检修试验工作，对于供用电系统的安全运行，也具有很重要的作用。这方面也应遵循有关的规程、标准。例如电气设备的交接试验，应遵循 GB50150—2006《电气装置安装工程电气设备交接试验标准》的规定。

5) 采用安全电压和符合安全要求的相应电器

对于容易触电及有触电危险的场所，应按规定采用相应的安全电压。对于在有爆炸和火灾危险的环境中使用的电气设备和导线、电缆，应采用符合安全要求的相应设备和导线、电缆。涉及爆炸和火灾危险环境的供电设计与安装，均应遵循 GB50058—2014 的有关规定。

6) 按规定采用电气安全用具

(1) 基本安全用具

这类安全用具的绝缘足以承受电气设备的工作电压，操作人员必须使用它，才允许操作带电设备，例如操作隔离开关的绝缘钩棒（俗称令克棒）和用来装拆熔断器熔管的绝缘操作手柄等。

(2) 辅助安全用具

这类安全的绝缘不足以完全承受电气设备工作电压的作用，但是操作人员使用它，可使人身安全有进一步的保障，例如绝缘手套、绝缘靴、绝缘地毯、绝缘垫台、高压验电器 [图 8-25 (a)]、低压验电笔 [图 8-25 (b)]、临时接地线及"禁止合闸，有人工作"、"止步，高压危险！"等标示牌等。

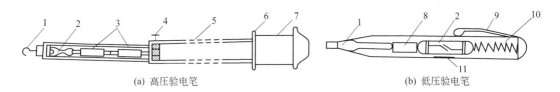

(a) 高压验电笔　　　　　(b) 低压验电笔

图 8-25　验电工具

1—触头；2—氖灯；3—电容器；4—接地螺钉；5—绝缘棒；6—护环；
7—绝缘手柄；8—碳质电阻；9—金属挂钩；10—弹簧；11—观察窗口

7) 普及安全用电常识

① 不得私拉电线，私用电炉（允许使用电炊用具者除外）。

② 不得超负荷用电，不得随意加大熔体规格或以铜线或铁丝代替原有铅锡合金熔丝。

③ 装拆电线和电气设备，应请电工，避免发生短路和触电事故。

④ 电线上不能晾晒衣物,以防电线绝缘破损,漏电伤人。
⑤ 不得在架空线路和室外配电装置附近放风筝,以免造成短路和接地故障。
⑥ 不得用鸟枪或弹弓来打电线上的鸟,以免击毁线路绝缘子。
⑦ 不得攀登电杆和变配电装置的构架。
⑧ 移动电器的插座,一般应采用带保护接地插孔的插座。
⑨ 所有可触及的设备外露可导电部分必须接地,或接接地中性线或保护线。
⑩ 当电线断落在地上时,不可走近。对落地的高压线,应离开落地点 8～10 米以上;更不能用手去拣。遇此断线接地故障,应划定禁止通行区,派人看守,并通知电工或供电部门前往处理。
⑪ 如遇有人触电,应按规定方法进行急救处理。

8) 正确处理电气失火事故
(1) 电气失火的特点
① 失火的电气设备可能带电,灭火时要防止触电,最好是尽快断开失火设备的电源。
② 失火的电气设备可能充有大量的油,可导致爆炸,使火势蔓延。
(2) 带电灭火的措施和注意事项
① 应使用二氧化碳、四氯化碳或二氟一氯一溴四烷等灭火器。这些灭火器的灭火剂均不导电,可直接用来扑灭带电设备的失火。但使用二氧化碳灭火器时,要防止冻伤和窒息,因为其二氧化碳是液态的,灭火时它喷射出来后,强烈扩散,大量吸热,形成温很低(可达 $-78.5℃$)的雪花状干冰,降温灭火,并隔绝氧气。因此使用二氧化碳灭火器时,要打开门窗,并要离开火区 2—3 米,勿使干冰沾着皮肤,以防冻伤。使用四氯化碳灭火器时,要防止中毒,因为四氯化碳受热时,与空气中的氧作用,会生成有毒的光气和氯气,因此在使用四氯化碳灭火器时,门窗应打开,有条件时最好戴好防毒面具。
② 不能用一般泡沫灭火器灭火,因为其灭火剂(水溶液)具有一定的导电性,而且对电气设备的绝缘有一定的腐蚀性。一般也不能用水进行灭火,因水中含有导电的杂质,用水进行带电灭火易触电事故。
③ 可使用干砂覆盖进行带电灭火,但只能是小面积的。
④ 带电灭火时,应采取防触电的可靠措施。

8.3.2 触电及其急救

1) 触电的概念
因人体接触或接近带电体所引起的局部受伤或死亡的现象为触电。按人体受伤的程度不同,触电可分为电击和电伤两种类型。
(1) 电击
电击是由于电流通过人体而造成的内部器官在生理上的反应和病变,如刺痛、灼热感、痉挛、昏迷、心室颤动或停跳、呼吸困难或停止等现象。电击是触电事故中最危险的一种。绝大部分触电死亡事故都是电击造成的。
(2) 电伤
电伤是由于电流的热效应、化学效应或机械效应对人体外表造成的局部伤害,常常与电击同时发生。

2) 触电的影响因素
人体触电时,流经人体的电流对肌体组织产生复杂的作用,使人体受到伤害,可导致功能失常,甚至危及生命。危害的程度与以下多种因素有关。
(1) 流经人体的电流
这是决定触电危害程度的根本因素,据研究,当通过人体的工频电流达到 30～50mA

时，就会使人神经系统受损而难以自主摆脱带电导体，时间一长也是危险的；而当电流达到 100mA 以上时，就会危及生命。

（2）人体电阻

主要由肌肤电阻决定，且与多种因素有关，正常时可高达数万欧以上，而在恶劣的条件下（如出汗且有导电粉尘），则可下降为 1000Ω 左右，计算时从安全角度考虑，一般取 1000Ω。

（3）作用人体的电压

作用人体的电压越高，人体电阻越小，则通过人体的电流就越大，触电的危害程度就越严重。因此，我国根据不同的环境条件，规定安全电压为：在无高度危险的环境为 65V，有高度危险的环境为 36V，特别危险的环境为 12V。

（4）触电时间

电流流经人体的时间太长，即使是安全电流，也会使人发热出汗，人体电阻下降，相应的电流增大也会造成伤亡。

（5）电流路径

电流对人体的伤害程度主要取决于心脏受损的程度，因此，电流流经心脏的触电事故最严重。

此外，还与电流频率、触电者的身体健康状况及精神状态等因素也有关。由此可见，为了避免触电事故的发生，除了采用保护接地外，还必须注意安全用电。

3）触电的急救处理

触电者的现场急救，是抢救过程中关键的一步。如处理及时和正确，则因触电而呈假死的人有可能获救；反之，就会带来不可弥补的后果。因此《电业安全工作规程》（DL408-91）将"特别要学会触电急救"规定为电气工作人员必须具备的条件之一。

（1）脱离电源

触电急救，首先要使触电者迅速脱离电源，越快越好，因为触电时间越长，伤害越重。

① 脱离电源就是要将触电者接触的那一部分带电设备的开关断开，或设法将触电者与带电设备脱离。在脱离电源时，救护人既要救人，也要注意保护自己。触电者未脱离电源前，救护人员不得直接用手触及伤员。

② 如触电者触及低压带电设备，救护人员应设法声速切断电源，如拉开电源开关或拔除电源插头；或使用绝缘工具、干燥的木棒等不导电物体解脱触电者。也可抓住触电者干燥而不贴身的衣服将其拖开；也可戴绝缘手套或将手用干燥衣服等包起绝缘后解脱触电者。救护人员也可站在绝缘垫上或干木板上进行救护。为使触电者与导电体解脱，最好用一只手进行救护。

③ 如触电者触及高压带电设备，救护人员应迅速切断电源，或用适合该电压等级的绝缘工具（戴绝缘手套、穿绝缘靴并用绝缘棒）解脱触电者。救护人员在抢救过程中，应注意保持自身与周围带电部分必要的安全距离。

④ 如触电者处于高处，解脱电源后人可能会从高处坠落，因此要采取相应的安全措施，以防触电者摔伤或致死。

⑤ 在切断电源救护触电者时，应考虑到事故照明、应急灯等临时照明，以便继续进行急救。

（2）急救处理

当触电者脱离电源后，应立即根据具体情况，迅速对症救治，同时赶快通知医生前来抢救。

① 如果触电者神志尚清醒，则应使之就地躺平，严密观察，暂时不要站立或走动。

② 如果触电者已神志不清，则应使之就地躺平，且确保气道通畅，并用 5s 时间，呼叫伤员或轻拍其肩训，以判定伤员是否意识丧失。禁止摇动伤员头部呼叫伤员。

③ 如果触电者失去知觉，停止呼吸，但心脏微有跳动（可用两指试一侧喉结旁凹陷处的颈动脉有无搏动）时，应在通畅气道后，立即施行口对口（或鼻）的人工呼吸。

④ 如果触电者伤害相当严重，心跳和呼吸都停止，完全失去知觉时，则在通畅气道后，立即同时进行口对口（鼻）的人工呼吸和胸外按压心脏的人工循环。如果现场仅有一人抢救时，可交替进行人工呼吸和人工循环，先胸外按压心脏 4～8 次，然后口对口（鼻）吹气 2～3 次，再按压心脏 4～8 次，又口对口（鼻）吹气 2～3 次，如此循环反复进行。

由于人的生命的维持，主要是靠心脏跳动而造成的血液循环和呼吸而形成的氧气和废气的交换，因此采用胸外按压心脏的人工循环和口对口（鼻）吹气的人工呼吸的方法，能对处于因触电而停止了心跳和中断了呼吸的"假死"状态的人起暂时弥补的作用，促使其血液循环和正常呼吸，达到"起死回生"。在急救过程中，人工呼吸和人工循环的措施必须坚持进行。在医务人员未来接替救治前，不应放弃现场抢救，更不能只根据没有呼吸或脉搏擅自判定伤员死亡，放弃抢救。只有医生有权做出伤员死亡的诊断。

（3）人工呼吸法

人工呼吸法有仰卧压胸法、俯卧压背法和口对口（鼻）吹气法等，这里只介绍现在公认简便易行且效果较好的口对口（鼻）吹气法。

① 首先迅速斜开触电者的衣服、裤带，松开上身的紧身衣、胸罩和围巾等，使其胸部能自由扩张，不致妨碍呼吸。

② 使触电人仰卧，不垫枕头、头先侧向一边，清除其口腔内的血块、义齿及其他异物。如舌根下陷，应将舌头拉出，使气道畅通。如触电者牙关紧闭，救护人应以双手托住其下颌骨的后角处，大拇指放在下颌角边缘，用手将下颌骨慢慢向前推移，使下牙移到上牙之前；也可用开口钳、小木片、金属片等，小心地从口角伸入牙缝撬开牙齿，清除口腔内异物。然后将其头部扳正，使之尽量后仰，鼻孔朝天，使气道畅通。

③ 救护人位于触电者头部的左侧或右侧，用一只手捏紧鼻孔，不使漏气；用另一只手将下颌拉向前下方，使嘴巴张开。嘴上可盖一层纱布，准备接受只气。

④ 救护人作深呼吸后，紧贴触电者嘴巴，向他大口吹。如果掰不开嘴，也可捏紧嘴巴，紧贴鼻孔吹气。吹气时，要使胸部膨胀。

⑤ 救护人吹气完毕后换气时，应立即离开触电者的嘴巴（或鼻孔），并放松紧捏的鼻孔（或嘴），让其自由排气。

按照上述要求对触电者反复地吹气、换气，每分钟约 12 次。对幼小儿童施行此法时，鼻子不捏紧，可任其自由漏气，而且吹气不能过猛，以免肺包胀破。

（4）胸外按压心脏的人工循环法

按压心脏的人工循环法有胸外按压和开胸直接挤压心脏两种。后者是在胸外按压心脏效果不大的情况下，由胸外科医生进行。这里只介绍胸外按压心脏的人工循环法。

① 与上述人工呼吸法的要求一样，首先要解开触电者衣服、裤带及胸罩、围巾等，并清除口腔内异物，使气道畅通。

② 使触电者仰卧，姿势与上述口对口吹法同，但后背着地处的地面必须平整牢固，如硬地或木板之类。

③ 救护人位于触电者一侧，最好是跨腰跪在触电者的腰部，两手相叠（对儿童可只用一只手），手掌根部放在心窝稍高一点的地方（掌根放在胸骨的下三分之一部位）。

④ 救护人找到触电者的正确压点后，自上而下，垂直均衡地用力向下按压，压出心脏里面的血液，对儿童，用力应适当小一些。

⑤ 按压后，掌根迅速放松（但手掌不要离开胸部），使触电者胸部自动复原，心脏扩张，血液又回到心脏里来。

按照上述要求反复地对触电者的心脏进行按压和放松，每分钟约60次。按压时定位要准确，用力要适当。

在施行人工呼吸和心脏按压时，救护人应密切观察触电者的反应。只要发现触电者有苏醒征象，如眼皮闪动或嘴唇微动，就应中止操作几秒钟，以让触电者自行呼吸和心跳。

施行人工呼吸和心脏按压，对于救护人员来说，是非常劳累的，但是为了救治触电者，还必须坚持不懈，直到医务人员前来救治为止。事实说明，只要正确地坚持施行人工救治，触电假死的人被抢救成活的可能性是非常大的。

思考题与习题

8-1 什么叫过电压？大气过电压有哪些基本形式？各是如何产生的？

8-2 什么是雷电波侵入？对它为什么要特别重视？

8-3 什么叫年平均雷暴日数？什么叫多雷地区和少雷地区？

8-4 常用的"接闪器"有哪几种？避雷针、避雷线各主要用在什么场所？

8-5 避雷针（线）是怎样进行防雷的？

8-6 避雷器是怎样进行防雷的？

8-7 阀型避雷器和管型避雷器在结构、性能和应用场合等方面有何不同？保护间隙和金属氧化物避雷器在结构、性能和应用场合等方面有何不同？

8-8 高压架空线路有哪些防雷措施？一般工厂6～10kV架空线路主要采取哪种防雷措施？

8-9 工厂变配电所有哪些防雷措施？主要保护什么电气设备？

8-10 什么叫接地？什么叫接地装置？

8-11 什么叫自然接地体？什么叫人工接地体？它们的作用是什么？

8-12 什么叫工作接地？什么叫保护接地？

8-13 什么叫接地电阻？什么叫工频接地电阻和冲击接地电阻？如何换算？

8-14 最常用的垂直接地体是哪一种？当由多根垂直接地体相互靠近时会发生"屏蔽效应"，对接地装置有何影响？

8-15 什么叫接地电流和对地电压？什么叫接触电压和跨步电压？

8-16 什么叫接地故障保护？TN系统、TT系统和IT系统中各自的接地故障保护有什么特点？

8-17 什么叫总等电位连接和局部等电位连接？其作用是什么？

8-18 有一500 kVA的电力变压器中性点需要进行接地，现可以利用的自然接地体的电阻为30Ω，而接地电阻则要求小于10Ω。已知接地处的土壤为沙质黏土，试选择垂直埋设的钢管和其数量以及连接扁钢的尺寸。

8-19 发现有人触电，如何急救处理？

附　　录

附表 1　LJ 型铝绞线的主要技术数据

额定截面/mm²	16	25	35	50	70	95	120	150	185	240
50℃的电阻 R_0/($\Omega \cdot km^{-1}$)	2.07	1.33	0.96	0.66	0.48	0.36	0.28	0.23	0.18	0.14
线间几何均距/mm	线路电抗 X_0/($\Omega \cdot km^{-1}$)									
600	0.36	0.35	0.34	0.33	0.32	0.31	0.30	0.29	0.28	0.28
800	0.38	0.37	0.36	0.35	0.34	0.33	0.32	0.31	0.30	0.30
1000	0.40	0.38	0.37	0.36	0.35	0.34	0.33	0.32	0.31	0.31
1250	0.41	0.40	0.39	0.37	0.36	0.35	0.34	0.34	0.33	0.33
1500	0.42	0.41	0.40	0.38	0.37	0.36	0.35	0.35	0.34	0.33
2000	0.44	0.43	0.41	0.40	0.40	0.39	0.37	0.37	0.36	0.35
室外气温 25℃导线最高温度 70℃时的允许载流量/A	105	135	170	215	265	325	375	440	500	610

注：1. TJ 型铜绞线的允许载流量约为同截面的 LJ 型铝绞线允许载流量的 1.29 倍。
2. 如当地环境温度不是 25℃，则导体的允许载流量应按以下附录表 3a 所列系数进行校正。

附表 2　LQJ-10 型电感器的主要技术数据

1. 额定二次负荷

铁芯代号	额定二次负荷					
	0.5 级		1 级		3 级	
	Ω	VA	Ω	VA	Ω	VA
0.5	0.4	10	0.6	15	—	—
3	—	—	—	—	1.2	30

2. 热稳定度和动稳定度

额定一次电流	1S 热稳定倍数	动稳定倍数
5,10,15,20,30,40,50,60,75,100	90	225
160(150),200,315(300),400	75	160

附表 3　工厂常用高压隔离开关技术数据

型　号	额定电压/kV	额定电流/A	极限通过电流峰值/kA	热稳定电流/kA	
				4s	5s
GW2-35G GW2-35GD	35	600	40	20	—
GW4-35 GW4-35G GW4-35W GW4-35D GW4-35DW	35	600	50	15.8	—
		1000	80	23.7	
		2000	104	46	
GW5-35G GW5-35GD GW5-35W GW5-35GDW	35	600	72	16	—
		1000	—	—	
		1600	83	25	
		2000	100	31.5	
GW1-10 GW1-10W	10	200	15	—	7
		400	25		14
		600	35		20

续表

型 号	额定电压/kV	额定电流/A	极限通过电流峰值/kA	热稳定电流/kA 4s	热稳定电流/kA 5s
GN2-10	10	2000	85	—	51
		3000	100	—	71
GN2-35 GN2-35T	35	400	52	—	14
		600	64	—	25
		1000	70	—	27.6
GN6-10T GN8-10T	10	200	25.5	—	10
		400	40	—	14
		600	52	—	20
		1000	75	—	30
GN19-10 GN19-10C	10	400	30	12	—
		600	52	20	—
		1000	75	30	—

附表 4　部分高压断路器的主要技术数据

类别	型 号	额定电压/kV	额定电流/A	开断电流/kA	断流容量/(MVA)	动稳定电流峰值/kA	热稳定电流/kA	固有分闸时间/s≤	合闸时间/s≤	配用操动机构型号
少油户外	SW2-35/1000	35	1000	16.5	1000	45	16.5(4s)	0.06	0.4	CT2-XG
	SW2-35/1500		1500	24.8	1500	63.4	24.8(4s)			
少油户内	SN10-35 Ⅰ	35	1000	16	1000	45	16(4s)	0.06	0.2	CT10
	SN10-35 Ⅱ		1250	20		50	20(4s)		0.25	CT10N
	SN10-10 Ⅰ	10	630	16	300	40	16(4s)	0.06	0.15	CT8
			1000	16	300	40	16(4s)		0.2	CD10 Ⅰ
	SN10-10 Ⅱ		100	31.5	500	80	31.5(2s)	0.06	0.2	CD10 Ⅰ、Ⅱ
			1250	40	750	125	40(2s)			
	SN10-10 Ⅲ		2000	40	750	125	40(4s)	0.07	0.2	CD10 Ⅲ
			3000	40	750	125	40(4s)			
真空户内	ZN23-35	35	1600	25		63	25(4s)	0.06	0.075	CT12
	ZN3-10 Ⅰ	10	630	8		20	8(4x)	0.07	0.15	CD10 等
	ZN3-10 Ⅱ		1000	20		50	20(20s)	0.05	0.10	
	ZN4-10/1000		1000	17.3		44	17.3(4s)	0.05	0.2	CD10 等
	ZN4-10/1250		1250	20		50	20(4s)			
	ZN5-10/630		630	20		50	20(2s)	0.05	0.1	专用 CD 型
	ZN5-10/1000		1000	20		50	20(2s)			
	ZN5-10/1250		1250	25		63	25(2s)			
	ZN12-10/$\frac{1250}{2000}$-25		1250 2000	25		63	25(4s)	0.06	0.1	CT8 等
	ZN12-10/1250 ~3150-$\frac{31.5}{40}$		1250 2000 2500 3150	31.5 40		80 100	31.5(4s) 40(4s)			
	ZN24-10/1250-20		1250	20		50	20(4s)	0.06	0.1	CT8 等
	ZN24-10/$\frac{1250}{2000}$-31.5		1250 2000	31.5		80	31.5(4s)			
六氟化硫(SF$_6$)户内	LN2-35 Ⅰ	35	1250	16		40	16(4s)	0.06	0.15	CT12 Ⅱ
	LN2-35 Ⅱ		1250	25		63	25(4s)			
	LN2-35 Ⅲ		1600	25		63	25(4s)			
	LN2-10	10	1250	25		63	25(4s)	0.06	0.15	CT12 Ⅰ CT8 Ⅰ

附录

附表5　RN1型户内高压熔断器技术数据

型号	额定电压/kV	额定电流/A	最大断开电流值(有效)/kA	最小断开电流(额定电流倍数)	当断开极限短路电流时,最大电流(峰值)/kA	质量/kg	熔体管质量/kg
RN1-35	35	7.5	3.5	不规定	1.5	20	2.5
		10		1.3	1.6	20	2.5
		20			2.8	27	7.5
		30			3.6	27	7.5
		40			4.2	27	7.5
RN1-10	10	20	12	不规定	4.5	10	1.5
		50		1.3	8.6	11.5	2.8
		100			15.5	14.5	5.8
		150			—	21	11
		200			—	21	11

附表6　RW型高压熔断器技术数据

型号	额定电压/kV	额定电流/A	断流容量/(MVA) 上限	断流容量/(MVA) 下限
RW3-10/50	10	50	50	5
RW3-10/100		100	100	10
RW3-10/200		200	200	20
RW7-10/100		100	100	30
RW4-10G/50	10	50	89	7.5
RW4-10G/100		100	124	10
RW4-10G/50		50	75	—
RW4-10G/100		100	100	—
RW11-10G/100		100	100	10
RW5-35/50	35	50	200	15
RW5-35/100-400		100	400	10
RW5-35/200-800		200	800	30
RW5-35/100-400GY		100	400	30

附表7　RT0型低压熔断器主要技术数据和保护特性曲线

1. 主要技术数据

型号	熔管额定电压/V	额定电流/A 熔管	额定电流/A 熔体	最大分断电流/kA
RT0-100	交流380 直流440	100	30,40,50,60,80,100	50 ($\cos\varphi=0.1\sim0.2$)
RT0-200		200	(80,100),120,150,200	
RT0-400		400	(150,200),150,300,350,400	
RT0-600		600	(350,400),450,500,550,600	
RT0-1000		1000	700,800,900,1000	

续表

2. 保持特性曲线

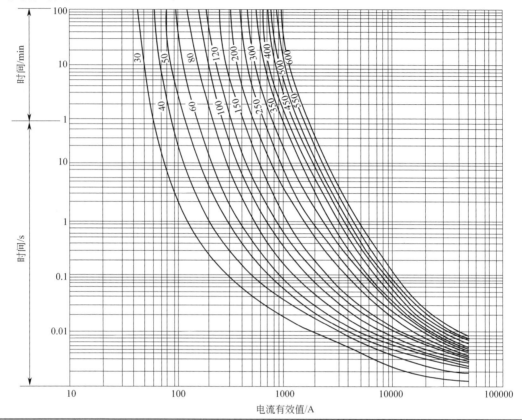

附表 8　部分万能式低压断路器的主要技术数据

型　号	脱扣器额定电流/A	长延时动作整定电流/A	短延时动作整定电流/A	瞬时动作整定电流/A	单相接地短路动作电流/A	分断能力 电流/kA	分断能力 cosφ
DW15-200	100	64～100	800～1000	300～1000 800～2000	—	20	0.35
DW15-200	150	98～150	—	—	—	20	0.35
DW15-200	200	128～200	600～2000	600～2000 1600～4000	—	20	0.35
DW15-400	200	128～200	600～2000	600～2000 1600～4000	—	25	0.35
DW15-400	300	192～300	—	—	—	25	0.35
DW15-400	400	256～400	1200～4000	3200～8000	—	25	0.35
DW15-600	300	192～300	900～3000	900～3000 1400～6000	—	30	0.35
DW15-600	400	256～400	1200～4000	1200～4000 3200～8000	—	30	0.35
DW15-600	600	384～600	1800～6000	—	—	30	0.35
DW15-1000	600	420～600	1800～6000	6000～12000	—	40（短延时 30）	0.35
DW15-1000	800	560～800	2400～8000	8000～16000	—	40（短延时 30）	0.35
DW15-1000	1000	700～1000	3000～10000	10000～20000	—	40（短延时 30）	0.35
DW15-1500	1500	1050～1500	4500～15000	15000～30000	—		
DW15-2500	1500	1050～1500	4500～9000	10500～21000	—	60（短延时 40）	0.2（短延时 0.25）
DW15-2500	2000	1400～2000	6000～12000	14000～28000	—	60（短延时 40）	0.2（短延时 0.25）
DW15-2500	2500	1750～2500	7500～15000	17500～35000	—	60（短延时 40）	0.2（短延时 0.25）

续表

型 号	脱扣器额定电流/A	长延时动作整定电流/A	短延时动作整定电流/A	瞬时动作整定电流/A	单相接地短路动作电流/A	分断能力 电流/kA	分断能力 cosφ
DW15-4000	2500	1750~2500	7500~15000	17500~35000	—	80（短延时60）	0.2
	3000	2100~3000	9000~18000	21000~42000			
	4000	2800~4000	12000~24000	28000~56000			
DW15-4000	2500	1750~2500	7500~15000	17500~35000	—	80（短延时60）	0.2
	3000	2100~3000	9000~18000	21000~42000			
	4000	2800~4000	12000~24000	28000~56000			
DW16-630	100	64~100	—	300~600	50	30（380V）	0.25（380V）
	160	102~160		480~960	80		
	200	128~200		600~1200	100		
	250	160~250		750~1500	125		
	315	202~315		945~1890	158	20（660V）	0.3（660V）
	400	256~400		1200~2400	200		
	630	403~630		1890~3780	315		
DW16-2000	800	512~800	—	2400~4800	400	50	—
	1000	640~1000		3000~6000	500		
	1600	1024~1600		4800~9600	800		
	2000	1280~2000		6000~12000	1000		
DW16-4000	2500	1400~2500	—	7500~15000	1250	80	—
	3200	2048~3200		9600~19200	1600		
	4000	2560~4000		12000~24000	2000		

附表9　DZ10型低压断路器的主要技术数据

型 号	额定电压/V	额定电流/A	脱扣器类别	复式脱扣器 额定电流/A	复式脱扣器 电磁脱扣器动作电流整定倍数	电磁脱扣器 额定电流/A	电磁脱扣器 动作电流倍数	极限分断电流(峰值)/kA 交流380V	极限分断电流(峰值)/kA 交流500V
DZ10-100	直流220 交流500	100	复式、电磁式、热脱扣器或无脱扣器	15	10	15	10	7	6
				20		20		9	7
				25		25			
				30		30			
				40		40		12	10
				50		50			
				60					
				80		100	6~10		
				100					
DZ10-250		250		100	5~10	250	2~6	30	25
				120	4~10				
				140			2.5~8		
				170	3~10				
				200			3~10		
				250					
DZ10-600		600		200	3~10	400	2~7	50	40
				250					
				300			2.5~8		
				350		600			
				400			3~10		
				500					
				600					

附表 10　架空裸导线的最小截面

线 路 类 别		导线最小截面/mm²		
		铝及铝合金线	钢芯铝线	铜绞线
35kV 及以上线路		35	35	35
3～10kV 线路	居 民 区	35	25	25
	非居民区	25	16	16
低压线路	一 般	16	16	16
	与铁路交叉跨越挡	35	16	16

附表 11　绝缘导线芯线的最小截面

线 路 类 别			芯线最小截面/mm²		
			铜芯软线	铜 线	铝 线
照明用灯头引下线		室 内	0.5	1.0	2.5
		室 外	1.0	1.0	2.5
移动式设备线路		生活用	0.75	—	—
		生产用	1.0	—	—
敷设在绝缘支持件上的绝缘导线（L 为支持点间距）	室内	L≤2m	—	1.0	2.5
	室外	L≤2m	—	1.5	2.5
		2m＜L≤6m	—	2.5	4
		6m＜L≤15m	—	4	6
		15m＜L≤25m	—	6	10
穿管敷设的绝缘导线			1.0	1.0	2.5
沿墙明敷的塑料护套线			—	1.0	2.5
板孔穿线敷设的绝缘导线			—	1.0(0.75)	2.5
PE 线和 PEN 线	有机械保护时		—	1.5	2.5
	无机械保护时	多芯线	—	2.5	4
		单芯干线	—	10	16

附表 12　导体在正常和短路时的最高允许温度及热稳定系数

导 体 种 类 和 材 料			最高允许温度/℃		热稳定系数 C/(As²mm⁻²)
			额定负荷时	短路时	
母 线		铜	70	300	171
		铜（接触面有锡覆盖层）	85	200	—
		铝	70	200	87
		钢（不与电器直接接触）	70	400	—
		钢（与电器直接接触）	70	300	—
油浸纸绝缘电缆	铜 芯	1～3kV	80	250	148
		6kV	65（80）	250	150
		10kV	60（65）	250	153
		35kV	50（65）	175	—
	铝 芯	1～2kV	80	200	84
		6kV	65（80）	200	87
		10kV	60（65）	200	88
		35kV	50（65）	175	—
橡皮绝缘导线和电缆		铜 芯	65	150	131
		铝 芯	65	150	87
聚氯乙烯绝缘导线和电缆		铜 芯	70	160	115
		铝 芯	70	160	76
交联聚乙烯绝缘电缆		铜 芯	90(80)	250	137
		铝 芯	90(80)	200	77
含有锡焊中间接头的电缆		铜 芯		160	—
		铝 芯		160	—

注：1. 表中"油浸纸绝缘电缆"中加括号的数字，适于"不滴流纸绝缘电缆"。
2. 表中"交联聚乙烯绝缘电缆"中加括号的数字，适于 10kV 以上电压。

附 录

附表 13(a) 裸铜、铝及钢芯铝线的载流量（环境温度＋25℃，最高允许温度＋70℃）

铜绞线			铝绞线			钢芯铝绞线	
导线牌号	载流量/A		导线牌号	载流量/A		导线牌号	屋外载流量/A
	屋外	屋内		屋外	屋内		
TJ-4	50	25	LJ-10	75	55	LGJ-35	170
TJ-6	70	35	LJ-16	105	80	LGJ-50	220
TJ-10	95	60	LJ-25	135	110	LGJ-70	275
TJ-16	130	100	LJ-35	170	135	LGJ-95	335
TJ-25	180	140	LJ-50	215	170	LGJ-120	380
TJ-35	220	175	LJ-70	265	215	LGJ-150	445
TJ-50	270	220	LJ-95	325	260	LGJ-185	515
TJ-60	315	250	LJ-120	375	310	LGJ-240	610
TJ-70	340	280	LJ-150	440	370	LGJ-300	700
TJ-95	415	340	LJ-185	500	425	LGJ-400	800
TJ-120	485	405	LJ-240	610	—	LGJQ-300	690
TJ-150	570	480	LJ-300	680	—	LGJQ-400	825
TJ-185	645	550	LJ-400	830	—	LGJQ-500	945
TJ-240	770	650	LJ-500	980	—	LGJQ-600	1050
TJ-300	890	—	LJ-625	1140	—	LGJJ-300	705
TJ-400	1085	—				LGJJ-400	850

注：本表数值均系按最高温度为70℃计算的。对铜线，当最高温度采用80℃时，则表中数值应乘以系数1.1；对于铝线和钢芯铝线，当温度采用90℃时，则表中数值应乘以系数1.2。

附表 13(b) 温度校正系数 K_θ 值

实际环境温度/℃	−5	0	5	10	15	20	25	30	35	40	45	50
K_θ	1.29	1.24	1.20	1.15	1.11	1.05	1.00	0.94	0.88	0.81	0.74	0.67

注：当实际环境温度不是25℃时，附表13(a)中的载流量应乘以本表中的温度校正系数 K_θ。

附表 14（a） 10kV常用三芯电缆的允许载流量

项 目		电缆允许载流量/A						
绝缘类型		黏性油浸纸		不滴流纸		交联聚乙烯		
钢铠护套						无		有
缆芯最高工作温度/℃		60		65		90		
敷设方式		空气中	直埋	空气中	直埋	空气中	直埋	空气中	直埋
缆芯截面/mm²	16	42	55	47	59	—	—	—	—
	25	56	75	63	79	100	90	100	90
	35	68	90	77	95	123	110	123	105
	50	81	107	92	111	146	125	141	120
	70	106	133	118	138	178	152	173	152
	95	126	160	143	169	219	182	214	182
	120	146	182	168	196	251	205	246	205
	150	171	206	189	220	283	223	278	219
	185	195	233	218	246	324	252	320	247
	240	232	272	261	290	378	292	373	292
	300	260	308	295	325	433	332	428	328
	400					506	378	501	374
	500					579	428	574	424
环境温度/℃		40	25	40	25	40	25	40	25
土壤热阻系数/(℃·m·W⁻¹)		—	1.2	—	1.2	—	2.0	—	2.0

注：1. 本表系铝芯电缆数值。铜芯电缆的允许载流量可乘以1.29。
2. 当地环境温度不同时的载流量校正系数如附表14(b)所示。
3. 当地土壤热阻系数不同时（以热阻系数1.2为基准）的载流量校正系数如附表14(c)所示．
4. 本表据 GB 50217—94《电力工程电缆设计规范》编制。

附表 14（b） 电缆在不同环境温度时的载流量校正系数

电缆敷设地点	空 气 中				土 壤 中			
环境温度/℃	30	35	40	45	20	25	30	35
缆芯最高工作温度/℃ 60	1.22	1.11	1.0	0.86	1.07	1.0	0.93	0.85
65	1.18	1.09	1.0	0.89	1.06	1.0	0.94	0.87
70	1.15	1.08	1.0	0.91	1.05	1.0	0.94	0.88
80	1.11	1.06	1.0	0.93	1.04	1.0	0.95	0.90
90	1.09	1.05	1.0	0.94	1.04	1.0	0.96	0.92

附表 14（c） 电缆在不同土壤热阻系数时的载流量校正系数

土壤热阻系数/（℃·m·W^{-1}）	分类特征（土壤特性和雨量）	校正系数
0.8	土壤很潮湿，经常下雨。如湿度大于9%的沙土、湿度大于14%的沙、泥土等	1.05
1.2	土壤潮湿，规律性下雨。如湿度大于7%但小于9%的沙土；湿度为12%～14%的沙泥土等	1.0
1.5	土壤较干燥，雨量不大。如湿度为8%～12%的沙泥土等	0.93
2.0	土壤干燥，少雨。如湿度大于4%但小于7%的沙土；湿度为4%～8%的沙-泥土等	0.87
3.0	多石地层，非常干燥。如湿度小于4%的沙土等	0.75

附表 15（a） 绝缘导线明敷、穿钢管和穿塑料管时的允许载流量

1. BLX 和 BLV 型铝芯绝缘线明敷时的允许载流量/A（导线正常最高允许温度为65℃）

芯线截面/mm²	BLX 型铝芯橡皮线				BLV 型铝芯塑料线			
	环 境 温 度/℃							
	25	30	35	40	25	30	35	40
2.5	27	25	23	21	25	23	21	19
4	35	32	30	27	32	29	27	25
6	45	42	38	35	42	39	36	33
10	65	60	56	51	59	55	51	46
16	85	79	73	67	80	74	69	63
25	110	102	95	87	105	98	90	83
35	138	129	119	109	130	121	112	102
50	175	163	151	138	165	154	142	130
70	220	206	190	174	205	191	177	162
95	265	247	229	209	250	233	216	197
120	310	280	268	245	283	266	246	225
150	360	336	311	284	325	303	281	257
185	420	392	363	332	380	355	328	300
240	510	476	441	403	—	—	—	—

2. BLX 和 BLV 型铝芯绝缘线穿钢管时的允许载流量/A（导线正常最高允许温度为65℃）

导线型号	芯线截面/mm²	2根单芯线 环境温度/℃				2根穿管管径/mm		3根单芯线 环境温度/℃				3根穿管管径/mm		4~5根单芯线 环境温度/℃				4根穿管管径/mm		5根穿管管径/mm	
		25	30	35	40	G	DG	25	30	35	40	G	DG	25	30	35	40	G	DG	G	DG
BLX	2.5	21	19	18	16	15	20	19	17	16	15	15	20	16	14	13	12	20	25	20	25
	4	28	26	24	22	20	25	25	23	21	19	20	25	23	21	19	18	20	25	20	25
	6	37	34	32	29	20	25	34	31	29	26	20	25	30	28	25	23	20	25	25	32
	10	52	48	44	41	20	32	46	43	39	36	20	32	40	37	34	31	25	32	32	40
	16	66	61	57	52	25	32	59	55	51	46	32	32	52	48	44	41	32	40	40	(50)

续表

导线型号	芯线截面/mm²	2根单芯线 环境温度/℃				2根穿管管径/mm		3根单芯线 环境温度/℃				3根穿管管径/mm		4~5根单芯线 环境温度/℃				4根穿管管径/mm		5根穿管管径/mm	
		25	30	35	40	G	DG	25	30	35	40	G	DG	25	30	35	40	G	DG	G	DG
BLX	25	86	80	74	68	32	40	76	71	65	60	32	40	68	63	58	53	40	(50)	40	—
	35	106	99	91	83	32	40	94	87	81	74	32	(50)	83	77	71	65	40	(50)	50	—
	50	133	124	115	105	40	(50)	118	110	102	93	50	(50)	105	98	90	83	50	—	70	—
	70	164	154	142	130	50	(50)	150	140	129	118	50	(50)	133	124	115	105	70	—	70	—
	95	200	187	173	158	70	—	180	168	155	142	70	—	160	149	138	126	70	—	80	—
	120	230	215	198	181	70	—	210	196	181	166	70	—	190	177	164	150	70	—	80	—
	150	260	243	224	205	70	—	240	224	207	189	70	—	220	205	190	174	80	—	100	—
	185	295	275	255	233	80	—	270	252	233	213	80	—	250	233	216	197	80	—	100	—
BLV	2.5	20	18	17	15	15	15	18	16	15	14	15	15	15	14	12	11	15	15	15	20
	4	27	25	23	21	15	15	24	22	20	18	15	15	22	20	19	17	15	20	20	20
	6	35	32	30	27	15	20	32	29	27	25	15	20	28	26	24	22	20	25	25	25
	10	49	45	42	38	20	25	44	41	38	34	20	25	38	35	32	30	25	25	25	32
	16	63	58	54	49	25	25	56	52	48	44	25	32	50	46	43	39	25	32	32	40
	25	80	74	69	63	25	32	70	65	60	55	32	32	65	60	56	51	32	40	32	(50)
	35	100	93	86	79	32	40	90	84	77	71	32	40	80	74	69	63	40	(50)	40	—
	50	125	116	108	98	40	50	110	102	95	87	40	(50)	100	93	86	79	50	(50)	50	—
	70	155	144	134	122	50	50	143	133	123	113	40	(50)	127	118	109	100	50	—	70	—
	95	190	177	164	150	50	(50)	170	158	147	134	50	—	152	142	131	120	70	—	70	—
	120	220	205	190	174	50	(50)	195	182	168	154	50	—	172	160	148	136	70	—	80	—
	150	250	233	216	197	70	(50)	225	210	194	177	70	—	200	187	173	158	70	—	80	—
	185	285	266	246	225	70	—	255	238	220	201	70	—	230	215	198	181	80	—	100	—

3. BLX和BLV型铝芯绝缘线穿硬塑料管时的允许载流量/A(导线正常最高允许温度为65℃)

导线型号	芯线截面/mm²	2根单芯线 环境温度/℃				2根穿管管径/mm	3根单芯线 环境温度/℃				3根穿管管径/mm	4~5根单芯线 环境温度/℃				4根穿管管径/mm	5根穿管管径/mm
		25	30	35	40		25	30	35	40		25	30	35	40		
BLX	2.5	19	17	16	15	15	17	15	14	13	15	15	14	12	11	20	25
	4	25	23	21	19	20	23	21	19	18	20	20	18	17	15	20	25
	6	33	30	28	26	20	29	27	25	22	20	26	24	22	20	25	32
	10	44	41	38	34	25	40	37	34	31	25	35	32	30	27	32	32
	16	58	54	50	45	32	52	48	44	41	32	46	43	39	36	32	40
	25	77	71	66	60	32	68	63	58	53	32	60	56	51	47	40	40
	35	95	89	82	75	40	84	78	72	66	40	74	69	64	58	40	50
	50	120	112	103	94	40	108	100	93	86	50	95	88	82	75	50	50
	70	153	143	132	121	50	135	126	116	106	50	120	112	103	94	50	65
	95	184	172	159	145	50	165	154	142	130	65	150	140	129	118	65	80
	120	210	196	181	166	65	190	177	164	150	65	170	158	147	134	80	80
	150	250	233	215	197	65	227	212	196	179	75	205	191	177	162	80	90
	185	282	263	243	223	80	255	238	220	201	80	232	216	200	183	100	100
BLV	2.5	18	16	15	14	15	16	14	13	12	15	14	13	12	11	20	25
	4	24	22	20	18	20	22	20	19	17	20	19	17	16	15	20	25
	6	31	28	26	24	20	27	25	23	21	20	25	23	21	19	25	32
	10	42	39	36	33	25	38	35	32	30	25	33	30	28	26	32	32
	16	55	51	47	43	32	49	45	42	38	32	44	41	38	34	32	40
	25	73	68	63	57	32	65	60	56	51	40	57	53	49	45	40	50
	35	90	84	77	71	40	80	74	69	63	40	70	65	60	55	50	65
	50	114	106	98	90	50	102	95	88	80	50	90	84	77	71	65	65

续表

导线型号	芯线截面/mm²	2根单芯线 环境温度/℃				2根穿管管径/mm	3根单芯线 环境温度/℃				3根穿管管径/mm	4～5根单芯线 环境温度/℃				4根穿管管径/mm	5根穿管管径/mm
		25	30	35	40		25	30	35	40		25	30	35	40		
BLV	70	145	135	125	114	50	130	121	112	102	50	115	107	99	90	65	75
	95	175	163	151	138	65	158	147	136	124	65	140	130	121	110	75	75
	120	206	187	173	158	65	180	168	155	142	65	160	149	138	126	75	80
	150	230	215	198	181	75	207	193	179	163	75	185	172	160	146	80	90
	185	265	247	229	209	75	235	219	203	185	75	212	198	183	167	90	100

注：1. BX 和 BV 型铜芯绝缘导线的允许载流量约为同截面的 BLX 和 BLV 型铝芯绝缘导线允许载流量的 1.29 倍。

2. 表 2 中的钢管 G——焊接钢管，管径按内径计；DG——电线管，管径按外径计。

3. 表 2 和表 3 中 4～5 根单芯线穿管的载流量，是指三相四线制的 TN-C 系统、TN-S 系统和 TN-C-S 系统中的相线载流量。其中性线（N）或保护中性线（PEN）中可有不平衡电流通过。如果线路是供电给平衡的三相负荷，第四根导线为单纯的保护线（PE），则虽有四根导线穿管，但其载流量仍应按三根线穿管的载流量考虑，而管径则应按四根线穿管选择。

4. 管径在工程中常用英制尺寸（英寸 in）表示。管径的国际单位制（SI 制）与英制的近似对照如下面附表 15（b）所示。

附表 15（b） 管径的国际单位制（SI 制）与英制的近似对照

SI 制(mm)	15	20	25	32	40	50	65	70	80	90	100
英制(in)	$\frac{1}{2}$	$\frac{3}{4}$	1	$1\frac{1}{4}$	$1\frac{1}{2}$	2	$2\frac{1}{2}$	$2\frac{3}{4}$	3	$3\frac{1}{2}$	4

附表 16 常用架空线路导线的电阻及正序电抗（环境温度 20℃）/（Ω/km）

1. LJ、TJ 型架空线路导线的电阻及正序电抗(环境温度 20℃)/(Ω/km)

导线型号	LJ 型导线电阻	几何均距/m									TJ 型导线电阻	导线型号
		0.6	0.8	1.0	1.25	1.5	2.0	2.5	3.0	3.5		
LJ-16	1.98	0.358	0.377	0.391	0.405	0.416	0.435	0.449	0.46	—	—	1.2	TJ-16
LJ-25	1.28	0.345	0.363	0.377	0.391	0.402	0.421	0.435	0.446	—	—	0.74	TJ-25
LJ-25	0.92	0.336	0.352	0.366	0.380	0.391	0.410	0.424	0.425	0.445	0.453	0.54	TJ-35
LJ-50	0.64	0.325	0.341	0.355	0.365	0.380	0.398	0.413	0.423	0.433	0.441	0.39	TJ-50
LJ-70	0.46	0.315	0.331	0.345	0.359	0.370	0.388	0.399	0.410	0.420	0.428	0.27	TJ-70
LJ-95	0.34	0.303	0.319	0.334	0.347	0.358	0.377	0.390	0.401	0.411	0.419	0.20	TJ-95
LJ-120	0.27	0.297	0.313	0.327	0.341	0.352	0.368	0.382	0.393	0.403	0.411	0.158	TJ-120
LJ-150	0.21	0.287	0.312	0.319	0.333	0.344	0.363	0.277	0.388	0.398	0.406	0.123	TJ-150

2. LGJ 型架空线路导线的电阻及正序电抗(环境温度 20℃)/(Ω/km)

导线型号	导线电阻	几何均距/m						
		1.0	1.5	2.0	2.5	3.0	3.5	4.0	4.5
LGJ-35	0.85	0.366	0.385	0.403	0.417	0.429	0.438	0.446	
LGJ-50	0.65	0.353	0.374	0.392	0.406	0.418	0.427	0.425	
LGJ-70	0.45	0.343	0.364	0.382	0.396	0.408	0.417	0.425	0.433
LGJ-95	0.33	0.334	0.353	0.271	0.385	0.397	0.406	0.414	0.422
LGJ-120	0.27	0.326	0.347	0.265	0.379	0.391	0.400	0.408	0.416
LGJ-150	0.21	0.319	0.340	0.358	0.372	0.384	0.398	0.401	0.409
LGJ-185	0.17				0.365	0.377	0.386	0.394	0.402
LGJ-240	0.132				0.357	0.369	0.378	0.386	0.394

附表17 电磁式电流继电器的主要技术数据

型号	整定范围/A	线圈串联/A		线圈并联/A		返回系数	时间特性	最小整定值时消耗的功率/(VA)	接点规格
		动作电流	长期允许电流	动作电流	长期允许电流				
DL—7	0.0025~200	0.0025~100	0.02~20	0.005~200	0.04~40	0.8	1.1倍于整定电流时,$t=0.12s$;2倍时,$t=0.04s$	0.08~10	1开,1闭
DL—31	0.0025~200	0.00245~100	0.02~20	0.0049~200	0.04~40	0.8			1开
DL—32									1开,1闭

附表18 电磁式电压继电器的主要技术数据

型号	作用	刻度范围/V	长期容许电压/V		接点规格	返回系数	消耗功率/(VA)	时间特性
			线圈串联	线圈并联				
DY—31	过电压	15~400	70~440	35~220	1常开	0.8	最小整定电流时,约1VA	1.1倍于整定电流时,$t=0.12s$;2倍时,$t=0.04s$;1/2整定电流时,$t=0.15s$
DY—32	过电压	15~400	70~440	35~220	1开,1闭	0.8		
DY—35	欠电压	12~320	70~440	35~220	1常开	1.25		
DY—36	欠电压	12~320	70~440	35~220	1开,1闭	1.25		

附表19 电磁式时间继电器的主要技术数据

型号	电流种类	额定电压/V	整定范围/s	热稳定性/V		功率消耗	接点规格	接点容量	接点的长期容许电流
				长期	2min				
DS—31C~34C	直流	24、48、110、220	0.125~20	110%额定电压	110%额定电压	25W	1常开	220V,小于1A时,100W	主接点5A 瞬间接点3A
DS—35C~38C	交流	100、110、127、220	0.125~20	110%额定电压	110%额定电压	20VA	1常开	220V,小于1A时,100W	主接点5A 瞬间接点3A

附表20 电磁式中间继电器的主要技术数据

型号	直流额定电压/V	接点数目		消耗功率/W	动作电压/V	热稳定性	线圈电阻/Ω	接点容量			
		常开	常闭					负荷特性	电压/V		长期通过电流/A	最大开路电流/A
									直流	交流		
DZ—203	24、110、220、380	2	2	额定电压时15	0.7	长时间110%额定电压	100~10000	无感负荷	220		5	1
									110		5	5
DZ—206	24~100	4					100~2150	有感负荷	220		5	0.5
									110			
										220	5	5
										110	5	10
DZB—213	24、48、110、220	2	2	电压线圈5 电流线圈2.5	0.7	电流线圈在3倍于额定值(1A、2A、4A)时,可历时2s		无感负荷	220		5	1
									110		5	5
									有感负荷	220		5	0.5
										110		
										220	5	5
										110	5	10
DZS—216	24、48、110、220	4	—	电压线圈3	0.7	长时间110%额定电压		无感负荷	220		5	0.5
									110		5	1
									有感负荷	220		5	5
										110		
										220	5	5
										110	5	10
DZS—233	24、48、110、220	2	2	电压线圈5	0.7	长时间110%额定电压		无感负荷	220		2	0.5
									110		2	1
									有感负荷	220		2	5
										110		
										220	2	5
										110	2	10

附表 21　电磁式信号继电器的主要技术数据

型号	接点规格	功率消耗/W	接点容量	电流继电器				电压继电器				
				动作电流/A	长期电流/A	电阻/Ω	热稳定/A	额定电压/A	动作电压/V	长期电流/A	电阻/Ω	热稳定/A
DX—31	不常开	0.3（电流继电器）3（电压继电器）	220V、2A时，30W（直流），220VA（交流）	0.01～1	0.03～3	0.2～2200	0.062～6.25	220～12	132～7.2	242～13.5	28000～87	110%额定电压
DX—41	不常开	0.3（电流继电器）2.2（电压继电器）	220V、2A时，30W（直流），220VA（交流）	0.01～1	0.03～3	0.2～2200	0.062～6.25	220～12	132～7.2	242～13.5	28000～87	110%额定电压

附表 22　GL-11、15、21、25 电流继电器的主要技术数据及其动作特性曲线

1. 主要技术数据

型　号	额定电流/A	整定值		速断电流倍数	返回系数
		动作电流/A	10倍动作电流的动作时间/s		
GL—11/10、GL—21/10	10	4、5、6、7、8、9、10	0.5、1、2、3、4	2～8	0.85
GL—11/5、GL—21/5	5	2、2.5、3、3.5、4、4.5、5			
GL—15/10、GL—25/10	10	4、5、6、7、8、9、10	0.5、1、2、3、4		0.8
GL—15/5、GL—25/5	5	2、2.5、3、3.5、4、4.5、5			

2.动作特性曲线

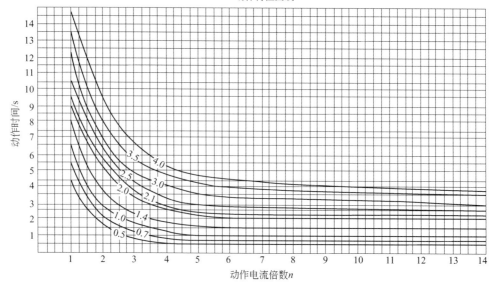

注：速断电流倍数＝电磁元件动作电流（速断电流）/感应元件动作电流（整定电流）。

附录

附表 23 10kV 级部分配电变压器的主要技术数据

1. SL7 系列配电变压器的主要技术数据

额定容量/(kVA)	空载损耗/W	短路损耗/W	阻抗电压/%	空载电流/%	额定容量/(kVA)	空载损耗/W	短路损耗/W	阻抗电压/%	空载电流/%
100	320	2000	4	2.6	500	1080	6900	4	2.1
125	370	2450	4	2.5	630	1300	8100	4.5	2.0
160	460	2850	4	2.4	800	1540	9900	4.5	1.7
200	540	3400	4	2.4	1000	1800	11600	4.5	1.4
250	640	4000	4	2.3	1250	2200	13800	4.5	1.4
315	760	4800	4	2.3	1600	2650	16500	4.5	1.3
400	920	5800	4	2.1	2000	3100	19800	5.5	1.2

2. SL9 系列配电变压器的主要技术数据

额定容量/(kVA)	空载损耗/W	短路损耗/W	阻抗电压/%	空载电流/%	额定容量/(kVA)	空载损耗/W	短路损耗/W	阻抗电压/%	空载电流/%
100	290	1500	4	2.0	500	1000	5000	4.5	1.4
125	350	1750	4	1.8	630	1230	6000	4.5	1.2
160	420	2100	4	1.7	800	1450	7200	4.5	1.2
200	500	2500	4	1.7	1000	1720	10000	4.5	1.1
250	590	2950	4	1.5	1250	2000	11800	4.5	1.1
315	700	3500	4	1.5	1600	2450	14000	4.5	1.0
400	840	4200	4	1.4					

注：本表所示变压器的额定一次电压为 6～10kV，额定二次电压为 230V/400V，连接组为 Y, yn0。

附表 24 阀形避雷器的基本特性

型号	额定电压/kV	最大工作电压/kV	预期短路电流/kA	内间隙距离/mm	外间隙距离/mm	冲击放电电压 (1.5～2.0) μs(有效值)/kV	工频放电电压干、湿(有效值)/kV
GSW_2—10	10	11.5	≥2.9	63±3	17±1(15)	≯60	≤26
FS—3	3	3.5				≯21	≤9 ≯11
FS—6	6	6.9				≯35	≤16 ≯19
FS—10	10	11.5				≯50	≤26 ≯21
FS—0.38	0.38					≯2.7	≤1.1 ≯1.6
FS—0.5	0.5					≯2.6	≤1.15 ≯1.65
FZ—6	6	6.9				≯30	≤16 ≯19
FZ—10	10	11.5				≯45	≤42 ≯52
FZ—35	35	40.5				≯134	≤84 ≯104
FCD_2—10	10	11.5				≯31	≤25 ≯30

附表 25 垂直管形接地体的利用系数值

1. 敷设成一排时（未计入连接扁钢的影响）

管间距离与管子长度之比 a/l	管子根数 n	利用系数 η_E	管间距离与管子长度之比 a/l	管子根数 n	利用系数 η_E
1	2	0.84～0.87	1	5	0.67～0.72
2		0.90～0.92	2		0.79～0.83
3		0.93～0.95	3		0.85～0.88
1	3	0.76～0.80	1	10	0.56～0.62
2		0.85～0.88	2		0.72～0.77
3		0.90～0.92	3		0.79～0.83

续表

2. 敷设成环形时（未计入连接扁钢的影响）					
管间距离与管子长度之比 a/l	管子根数 n	利用系数 η_E	管间距离与管子长度之比 a/l	管子根数 n	利用系数 η_E
1	4	0.66~0.72	1	20	0.44~0.50
2		0.76~0.80	2		0.61~0.66
3		0.84~0.86	3		0.68~0.73
1	6	0.58~0.65	1	30	0.41~0.47
2		0.71~0.75	2		0.58~0.63
3		0.78~0.82	3		0.66~0.71
1	10	0.52~0.58	1	40	0.38~0.44
2		0.66~0.71	2		0.56~0.61
3		0.74~0.78	3		0.64~0.69

参 考 文 献

[1] 关大陆,张晓娟. 工厂供电. 北京:清华大学出版社,2006.
[2] 杨兴. 工厂供配电技术. 北京:清华大学出版社,2011.
[3] 孙琴梅. 工厂供配电技术. 北京:化学工业出版社,2012.
[4] 刘介才,戴绍基. 工厂供电. 北京:机械工业出版社,2005.
[5] 李高建,马飞. 工厂供配电技术. 北京:中国铁道出版社,2010.
[6] 陈小虎. 工厂供电技术. 北京:高等教育出版社,2010.
[7] 张静. 工厂供配电技术(项目化教程). 北京:化学工业出版社,2013.